まえがき

　東海大学の創立者松前重義博士は、人類の無限の未来を「海洋」に見据え、「海洋」における人材育成に取り組むため、東海大学海洋学部を設置し、そのキャンパスを、「海」を学ぶための理想的な教育環境として、広大な太平洋へとつながる駿河湾を一望する三保半島に置きました。東海大学海洋学部は創設時から、駿河湾に面する清水港を母港として海洋調査研修船を就航させ、駿河湾から世界に向けて人材を輩出し、研究成果を発信してきました。

　駿河湾は日本で最も深い湾であり、最深部の水深は2,500mに達します。海底地形はとても急峻で、北端の富士川沖では海岸からたかだか2km沖で水深500mとなります。湾内ではしばしば深海魚の捕獲が話題となります。三保海岸では冬から春にかけてよくミズウオが打ち上げられています。由比、蒲原、焼津の特産品であるサクラエビは国内では駿河湾でのみ漁が行われています。戸田のタカアシガニも有名です。一方、湾の南側には黒潮が流れ、時折その分枝流が湾内に入り込むことで、伊豆半島北部の沿岸付近では美しい造礁サンゴ群落や熱帯性の魚も見ることができます。清水－土肥間のフェリーに乗れば、何種類かのイルカに遭遇することもあります。

　駿河湾の豊かな生態系を支える源は湾に流れ込む3本の大きな河川、富士川、安倍川、大井川からの栄養分です。いずれも標高2000mを越える南アルプスにその源流を持っています。標高3776mの富士山では、全域に降った雨や雪が地下に浸み込み、伏流水として流れ、山麓で湧水とし

て現れ、さらに黄瀬川や芝川に流れ込んで、最終的には駿河湾に到達します。富士沖の沿岸部では富士山からの湧水が直接湾内に流れ込んでいるとの報告もあります。

　このように駿河湾は、その地理的・地形的特長が複雑に作用しあって、多種多様な生き物を育み、沿岸に住む人々に豊かな恵みを与えてくれています。私たち海洋学部ではこの駿河湾の持つさまざまな特徴を明らかにし、そこに育まれている豊かな生態系について、多くの研究を行ってきました。その成果は1996年、『駿河湾の自然』と題して静岡新聞社より出版されました。ここでは、海洋地質、海洋物理、海洋化学、海洋生物、海洋環境、海洋工学、海洋資源の観点から駿河湾を総合的に解説しました。以来、すでに20年近くが過ぎています。この間、私たち海洋学部では、東海大学海洋調査研修船「望星丸」を用いて、駿河湾での海洋観測を続け、学生の教育と環境変動の研究成果を蓄積してきました。海洋の観測技術は近年、急速に進歩してきましたが、海洋環境の評価においては、長期間に渡る地道な観測の継続とその結果の蓄積が不可欠です。本書は、こうして得られた新たな情報を加えて、駿河湾の更なる魅力を発信することを目標に、東海大学海洋学部の研究者が中心となって執筆しました。「駿河湾」の豊かな恵みに気づいていただき、将来にわたり、この海を大切に守り、利用することを考えていただければ幸いです。

東海大学海洋学部　学部長　千賀康弘

prologue

海は命のゆりかご

　水の惑星、地球。わたしたちが生きるこの星は、このようによばれています。地球の表面の3分の2を海が占めているわけですから、地球は、また海の星であるともいえます。

　この地球で誕生した全ての生きものにとって、海はその環境として様々な役割を果たしてきました。現代の文明が抱えているさまざまな課題、気候変動、生物多様性の保全、資源の持続的利用、安心安全なエネルギーの開発など、こうした問題を解決し、この星の未来を考えていくためにも、わたしたちは海のことをもっと深く知ることが必要でしょう。

　この地球が誕生したのがおおよそ46億年前、そして原始の海洋ができたのが40億年前と考えられています。この原始海洋は大気に含まれていた水蒸気、亜硫酸や塩酸などからできあがっていました。この原始の海が、生まれて間もない灼熱の星・地球の表面を覆いつくし、その温度を下げていったのです。

　そして、海は、みずから海の底を作り上げていきました。マグマを冷やし海底を作り出したのです。急激に冷やされた海底は、その岩石の密度があがり、沈み込みが始まりました。このように沈み込んでいく海の谷を海溝と呼びます。一方で、地球の内側から上昇してきたマグマは、海嶺と呼ばれる海の山脈を作り出しました。

　これによって海底と地球内部（マントル）との間で物質循環（対流）が始まりました。地球内部に水が持ち込まれ、物質の融点がさがり、マグマ活動が盛んになり、花崗岩が形成されて大陸となっていったのです。このように海は、海底や大陸をつくり、海そのものの入れる「器」をつくりあげたといえるでしょう。

　原始の海洋が、陸地から溶け出した成分によって酸性から中和されはじめると、大気中の二酸化炭素を吸収し、温室効果を抑えていきました。水の惑星の誕生です。生命誕生の起源については、さまざまな説がありますが、海の誕生とほぼ同じ時期、38億年前の地層から細菌らしき化石が見つかっています。その後の生命の発達を考えると、まさに海は生命を育んできた「命のゆりかご」だといえるでしょう。

身近な海の誕生　海と人の歴史

　海は、人類の営みの歴史においても、密接な関わりをもっています。人類の祖先は、遠くアフリカ大陸で誕生したと考えられています。わたしたち現生人類ホモ・サピエンスが誕生したのがおおよそ20万年前、アフリカの地を出て、全世界への旅たちを開始したのが10万年から6万年前とされています。4万年前、更新世後期といわれる氷河期の終わりには、ホモ・サピエンスは、現在のオーストラリア大陸まで到着していました。当時のオーストラリア大陸は、海水面が下がっていたために今よりも陸地面積が広く「サフル大陸」と呼ばれていますが、このサフル大陸に到達するために、どうしても海を渡っていくことが必要でした。

　インドネシアの近く、東チモールの古代遺跡の中からは4万年前のマグロ属の魚骨や2万年前の貝製の釣り針が発見されています。人類は、アジアからサフル大陸へ移動するあいだに、海洋世界との直接的な出会いを経験し、海と共に生きる術を開発していったと考えられます。海は、人類にとっての遠い存在から、身近な存在へと変わり始めました。人類の海洋適応の開始です。

　ことさら四面海に囲まれている「海のくに」に暮らすわたしたちは、古くから海

に親しみ、海と共に生きてきました。日本語のなかに海に関わる言葉が多数みられることからも、海と日本人の関わりが密接であることがうかがえます。例えば、津々浦々という言葉は、わたしたちが日常よく耳にする言葉のひとつです。「津」とは「船着き場」、「浦」とは「入り江」を表していますが、津々浦々とは、たくさんの港と入り江、つまり「全国各地」という意味合いになります。そのなかでも特に「浦」という言葉は、陸地が湾曲して海が陸に入り込んでいる地形を指す言葉ですが、また同時に海岸の集落を示す言葉でもありました。平安時代の荘園制度では、「浦」が行政単位であったことが示されていますし、江戸時代には江戸城に新鮮な魚介類を献上する漁村地域が「御菜八ヶ浦」と称されていました。つまり、海と人とが関わって生活している場所が「浦」なのです。

このようにしてみるとわたしたち日本人は、海と陸地が緩やかに出会う地形を好み、それらを「浦」と名付けて生活を営んでいたことが分かります。近代に入って工業化が進み、わたしたちの生活領域が広がるにつれて、「津」は船着き場から近代化された「港」へと、「浦」は都市周辺の海を取り囲む地形である「湾」へと広がっていきました。津・浦は、港湾という言葉にとってかわりました。このように言葉ひとつをみても、海洋適応の変化、つまり海と人との関わりが大きく変わってきていることがわかってくるでしょう。

海を科学すること

　海に資源を見出し、海を活用することを学んだ人類は、20世紀になると高度に発達した科学と技術をもって、さらに海の世界へと乗り出し、知られざる海の姿を解明してきました。その探求は、深い海の中、そして海の底へと広がってきました。光も届かず酸素も少ない深海に生きる深海生物を発見したり、海底から噴出する熱水やその中に含まれる金属を発見したり。わたしたち人類の海洋適応は、見えない世界であった深い海へと海を科学することによって今も進められているのです。

　わたしたちが普段見ている海というものは、実は海の表面、「海面」にしかすぎません。また、この「海面」は、ただの気体と液体の境界面ではありません。「大気と海洋の境界面（インターフェース）」であって、大気と海洋のやり取りよって、大

気や海洋の構造と運動が作り出されています。つまり、海は、わたしたちの生活に重要な日々の気象現象から長期的な気候を決める大きな役割を担っているのです。

さらに海は、風、加熱と冷却、降水と蒸発の作用を受けて、その密度（水温と塩分）と運動量を変化させます。この影響は長い年月をかけて海洋全体ら浸透していきますが、直接的には海面直下の表層に顕著にあらわれてきます。雨が降ると塩分の値がすくなくなるのはその例でしょう。海水は、海中のなかで縦方向、つまり鉛直方向に層をなしています。

こうした海の縦の動きをとらえるためには、深い海を調べていくことが必要です。陸地との影響を考えると陸地近く、つまり身近に深い海があることが肝心です。さらに、ダイナミックな地球の動きが直接的にとらえられる海。そのような海がどこにあるのでしょうか。

こうした海を科学するうえで優れた条件をもっているのが、本書でとりあげる駿河湾です。日本列島のほぼ中央に位置する

駿河湾は、その成り立ちから言っても地球の動きが直結した自然が活きた湾です。その湾が育んできたものは、地表からは到底見えない深くて神秘的な海を伴っています。駿河湾を知ることによって、今、地球で何がおこっているのか。今、海は、どのようになっているのか。また、その生きものたちは。こうしたことが、ひとつひとつ解明されてくるわけです。

駿河湾は謎だらけ

　駿河湾は、日本一深い湾であり、その北部には日本一高い富士山を有しています。その標高差は、6000メートルを超えています。これだけでも、この駿河湾がいかに特異的であるのかわかるでしょう。駿河湾を理解していくためには、駿河湾の地形、その成り立ちを知り、そのうえで駿河湾に注ぎ込む海水を知り、そしてその海を環境とする生きものを知るといった多角的な見方が必要です。

　駿河湾を理解するために、まずはその生い立ちを見てみましょう。そのためには、駿河湾だけを見ていても、そのメカニズムは理解できません。日本列島全域を数千万年というスケールで眺めてはじめて駿河湾の成り立ちが見えてくるのです。また駿河湾の形は、海底地形を眺めてはじめて見えてきます。駿河湾の海水を抜き取ってみたら、どんな景観が広がってくるのでしょうか。まずは、地球の鼓動を感じながら駿河湾の誕生秘話に耳を傾けてください。

　さて、駿河湾を理解するためには、もう一つ重要な要素があります。それは、水の流れ、つまり河川水、外洋水、湧水を知ることです。駿河湾にはいくつもの大きな河川があり、それら淡水と物質の流入によって海水が作られています。また湾外からは深い湾口の断面を通過して流入出する外洋水（表層は黒潮、下層から親潮系水）があります。もうひとつは、海底湧水です。海底湧水は、陸から海への隠れた淡水と物質の供給ルートです。特に富士山周辺の豊富な地下水は、富士山と駿河湾の大きな高低差による圧力差によってかなりの量の海底湧水が想定されていますが、その詳細は不明です。

　こうした駿河湾には、どのような生き物たちが生息しているのでしょうか。駿河湾に生息する表層から深層に至る多くの生き物は、このような駿河湾の大気―海洋―陸域相互作用の中で生活しているわけですが、これらの生物を育む駿河湾という環境を理解することは、このようにとても難しいのです。駿河湾は今もって謎だらけといっても良いでしょう。

　謎だらけの駿河湾。そこでは、新たな観測機器の開発と海洋学者たちの弛まない挑戦が続けられています。観測には、2000mを超える海の深さとその大水圧が大きな壁となって立ちはだかってきます。太陽光の届かない200m以深はほとんど暗黒の世界です。また、海水は2000mの深さでは、1m^{2}あたり2000トンもの力がかかります。観測機器はまずこの強大な水圧に耐える強度が必要となります。さらに深海を調査するためには海面にいる船から2000mの超える長いワイヤーあるいはロープが必要です。

　駿河湾は魅力的です。しかし、今、科学でわかっていることはほんの少しだけ。大切なものは、まだ目に見えていません。

　星の王子さまの言葉を思い出しながら、深い海のお話をはじめていきましょう。

　心で見なくちゃ、
　ものごとはよく見えないってことさ

文　川﨑一平

THE DEEP SEA
日本一深い駿河湾

目　次

| 4 | プロローグ | 川﨑 一平 |

13	第一部　駿河湾のジオストーリー 監修：根元 謙次	
16	第一章　駿河湾の生い立ち	藤岡 換太郎
30	第二章　駿河湾の海底散歩	坂本　泉
52	第三章　駿河湾と東海地震	馬場 久紀

61	第二部　海のしくみ 監修：加藤 義久	
64	第一章　気候と海洋	植原 量行
98	第二章　現代深海研究	成田 尚史

111	第三部　深い海の生物たち 監修：福井 篤	
114	第一章　深海のプランクトン	松浦 弘行
138	第二章　ミステリアスな深海魚	福井　篤
166	第三章　駿河湾に生きるサメたち	田中　彰 堀江　琢

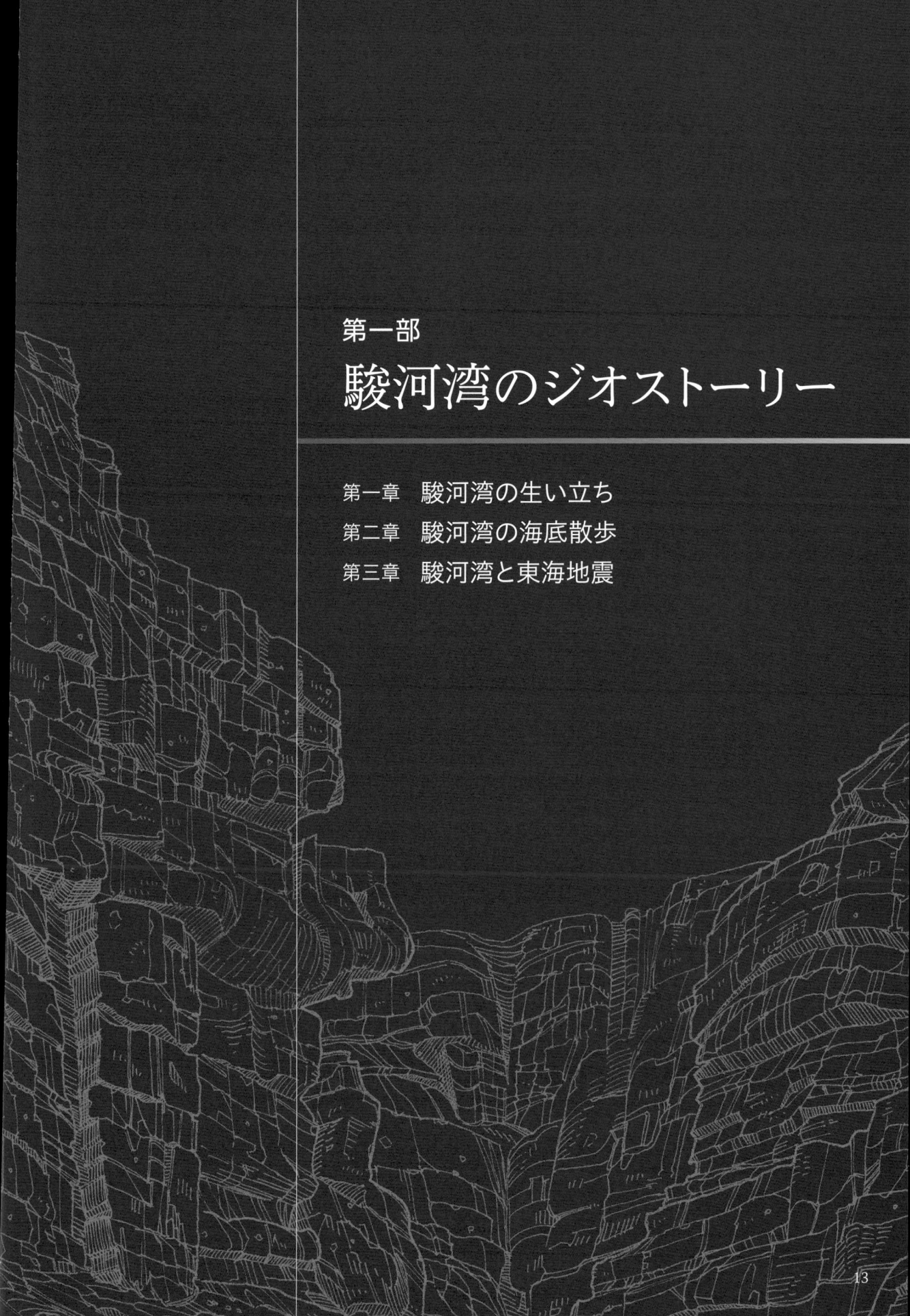

第一部
駿河湾のジオストーリー

第一章　駿河湾の生い立ち
第二章　駿河湾の海底散歩
第三章　駿河湾と東海地震

駿河湾の海底研究と
人々との関わり

　東海大学海洋学部は、砂嘴として有名な静岡市清水区三保半島の付け根付近にあります。キャンパス裏の浜辺から三保の松原に向かって歩くと駿河の紺碧の海と美しい富士山が望めます。三保の松原は、ユネスコ世界文化遺産「富士山─信仰の対象と芸術の源泉」の構成遺産として登録され、多くの観光客が訪れるようなりました。松原をふくめ、富士山の荘厳で美しい姿は、日本人の心のよりどころです。

　しかし、自然はこのような目に見える美しい姿となって現われているだけではありません。目には見えない三保沖の海底には、南に延びる駿河トラフと呼ばれる深い溝があります。この溝地形は東側のフィリピン海プレートと西側のユーラシアプレートとの境界に形成されています。両プレートの相互作用によって地殻には強大な力が加わっていますから、この駿河湾海域というのは地殻変動の最も活動的な海域というわけです。つまり、プレートの潜り込みとそれに伴う地殻の隆起と活断層の場でもあり、我々の生活を脅かす地震や津波、地滑り、活断層、火山活動によるさまざまな災害などの恐れがあることにも、わたしたちは注意を向ける必要があるのです。

　自然災害のどれひとつをとっても、人間の力でねじ伏せたり、打ち勝ったりすることはできません。例えば、岩手県宮古市田老地区では、これまで何度も歴史的な津波被害を被ってきました。そこで1966年には万里の長城と異名を持つ、高さ10m超、長さ2800mの防潮堤を完成させたのです。しかし、防潮堤の一部は、2011年3月に発生した東北地方太平洋沖地震による津波によって粉々に粉砕されてしまいました。その結果として町の殆どが失われたことは、記憶に新しいことです。

　人間の力が自然を上回ることはなく、わたしたち人類は自然と共に生きる道を探らなければなりません。そのためには自然のメカニズムを分析し、自然を正しく理解することが必要です。駿河湾の海底の姿はどのようになっているか、その特徴的な海底はいつどのように形成されたか、そして現在ではどのような地殻変動が進行しているのか。第一部では、最新の資料をもとに解説していくことにします。

　第一章では、「駿河湾の生い立ち」として約2000万年以降の駿河湾の姿を復元していきます。東アジアの東端における大規模な地質構造、特に日本海の海底拡大による運動は、東北日本と西南日本を分断するフォッサマグナを形成しました。駿河湾はその構造の南への延長と捉えられます。一方、フィリピン海プレートの東縁にある伊豆・小笠原弧の北上は日本列島への衝突により駿河湾と相模湾との分断を引き起こしました。こうした地球規模のダイナミックな動きが駿河湾を形づくっていったのです。

　続く第二章では、厚い海水に覆い隠された駿河湾の海底の姿を紹介していきましょう。海底地形はマルチ・ファン・ビームという最新鋭の装置により詳細に明らかにされます。ここでは高密度・高精度で海底地形を探査した成果により、プレート境界を境とした東西の海底の違い、海底地すべり、堆積の状況、海底断層などの海底の様子が紹介されます。

　明日に起こっても不思議ではないとした「駿河湾地震説」が公表されて40年が経過しました。このことをどのように考えたらよいのでしょうか。既に述べたように駿河トラフはプレートの境界であり、そこでは実際にプレートの沈み込みに伴う海溝型巨大地震の発生が、やはり、懸念されます。地震活動の様子は、陸上の地震観測が主に行われています。しかし、陸上だけでの観測では不十分だといえるでしょう。第三章では海底での地震観測を含めた駿河湾の地震についての詳細な研究成果を報告します。

　今なお続く太古からの地球の鼓動、ジオヒストリー。わたしたちはその物語を駿河湾に読み取ることができるのです。海がわたしたち人類にとって共通の財産であるように、万有の歴史をもつこの駿河湾は、わたしたちみんなの大切な故郷ではないでしょうか。その奇跡的な地形と継続的な変化は、今を生きるわたしたちに、実に多くのことを語ってくれているのです。

（根元 謙次　ねもと けんじ）

第一章　駿河湾の生い立ち

日本海、フォッサマグナ、伊豆・小笠原弧との深い関係

　駿河湾は静岡県東部の伊豆半島の西側にあります。駿河湾、静岡県といえば何と言っても日本一の山、世界遺産になった富士山でしょう。図1-1-1は田貫湖（たぬきこ）から見た富士山の写真です。しかし、富士山は海の上から見るのが一番でしょう。葛飾北斎（かつしかほくさい）の「富岳三十六景」の「神奈川波裏」は駿河湾の波間から見た富士山だと思われます（図1-1-2）。ここからの富士山の眺めは最高です。昔、学生の時に清水から戸田へ行くフェリーから富士山を眺めた時に深い感動を覚えたことを思い出しました。

　日本の湾はほとんどが水深200mより浅いものですが、3つだけ水深が1000mを越えるものがあります。富山湾と相模湾そして駿河湾で、三大深海湾とも呼ばれています。これら3つの湾はいずれも中部地方のフォッサマグナと呼ばれる地域にあります。富山湾は日本海に、駿河湾と相模湾はフィリピン海（太平洋）に面しています（図1-1-3）。実は駿河湾は日本で一番深い湾なのです。そして駿河湾の一番深い2500mのところから日本で一番高い富士山を見上げるとそれはおよそ6276mもの山になります。このような高い山は南米のアンデス山脈やヒマラヤ山脈にしか見られません。あるいは上村直巳さんが行方不明になった北米の最高峰マッキンレー（6194m）を海岸から眺めたようなものです。なぜこのような急峻な地形が駿河湾周辺に見られるのでしょうか。また駿河湾は深海ザメなどの深海の生物がたくさん生息する生物の宝庫でもあります。なぜ駿河湾は生物の宝庫なのでしょうか。

　これから日本列島でもたぐいまれなる地形をしている駿河湾の謎に迫ってみたいと思います。駿河湾の謎を解明するには駿河湾だけを見ていても答えは出てきません。駿河湾を含む周辺の広い地域の地形や、地質の成り立ちを見ていくことでおのずから明らかになってきます。ここでは駿河湾の成り立ちを理解するために、日本海から中部日本、そして駿河湾そのものとその南に広がるフィリピン海の成り立ち

▲図1-1-1　田貫湖から見た富士山
田貫湖の水が少ない時なので逆さ富士があまり明瞭ではない。

▲図1-1-2　北斎の波裏の富士
神奈川沖とされているが駿河湾からの景色だと思われる。
北斎筆　富嶽三十六景　静岡新聞社より

▲図1-1-3　中部地方の地形
日本の三大深海湾である富山湾、相模湾、駿河湾は赤丸で、プレートの境界は黄色の線で示してある。
JAMSTEC　横浜研 井上智尋氏

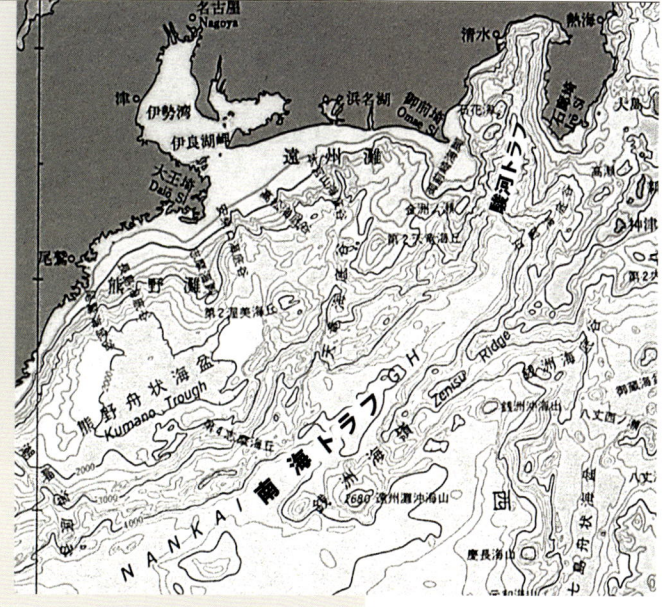

▲図1-1-4　駿河湾と南海トラフ
（水路協会による）

駿河トラフはほぼ北北東の方向から御前崎の沖あたりで北東方向へと代わり水深4,000mを越える南海トラフへとつながる。
250万分1海底地形図「日本南方海域」
©（一財）日本水路協会2014

について見ていきながら駿河湾をみていきたいと思います。

駿河湾の地形と地質

　駿河湾の地形と地質については本書にも書かれているのでここではその概略について述べたいと思います。駿河湾は富士川の河口から伊豆半島の先端と御前崎を結んだ線より陸側をいいます。御前崎と伊豆半島を結んだ線の長さがほぼ60km、富士川河口からこの線までの長さはおよそ80kmで、駿河湾はちょうど漏斗をさかさまにしたような形をしています。湾というよりは太平洋が伊豆半島によってせき止められたように見えます。

　駿河湾の真ん中には南北に細長く伸びた顕著な谷地形が見られます。この谷は駿河トラフと呼ばれています。トラフとは日本の昔の舟の底のような形をした地形で、舟状海盆（州状海盆）ともいいます。駿河トラフはここから方向を変えて南西方向へ最大水深4800mの南海トラフへと繋がっていきます

（図1-1-4）。南海トラフは静岡県の天竜海底谷の出口を通って紀伊半島、四国の沖を通って九州の日向灘の沖で九州—パラオ海嶺にぶつかります。南海トラフに沿って南のフィリピン海プレートが沈み込んでいて、東海、東南海、南海地震などの巨大地震が起こっています。

　実はこの駿河トラフという顕著な地形は地球の表層を取り巻く厚さ100kmほどの岩盤、「プレート」の境界なのです。駿河トラフは伊豆半島から南にあるフィリピン海プレートと西日本などを含めたユーラシアプレートの境界に相当するのです。このことが、駿河湾が日本で一番深い湾であることの原因です。

　図1-1-5には駿河湾の海底地形のモザイク図を示します。駿河湾の地形はその形態などから西部、中部そして東部に三分されます。西部は御前崎から広がる大陸棚（たいりくだな）を主とした浅い海です。中部は大陸棚の縁から駿河トラフを含んで東側の伊豆半島の斜面の付け根までです。東部は

17

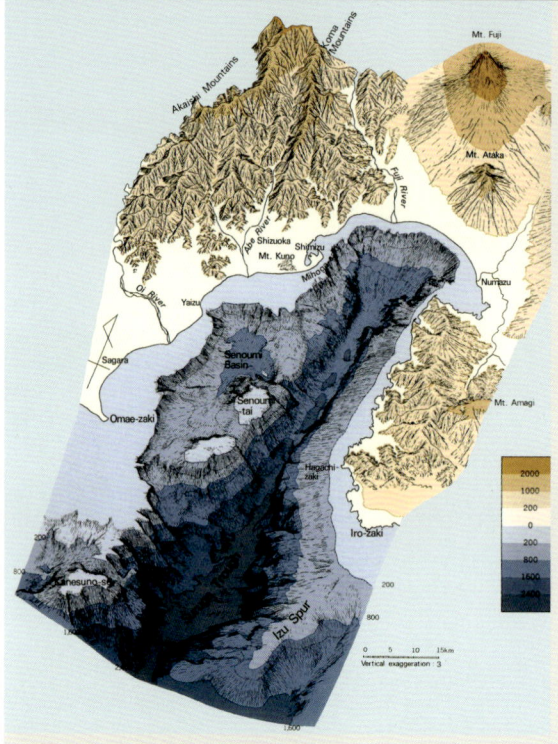

◀図1-1-5
駿河湾のモザイク
峡谷上の地形やバンク(堆)が明瞭にみられる。真ん中にプレートの境界が通っている。流入する河川としては富士川、安倍川、大井川などがある。

Akio Mogi "An Atlas of the Sea Floor around Japan" (1979, University of Tokyo Press)

▼図1-1-6
南海トラフの付加体
南海トラフに堆積した堆積物はプレートの沈み込みで押されて変形を開始し逆断層によって陸側がせりあがって高い地形を作りやがて陸に山を作っていく。

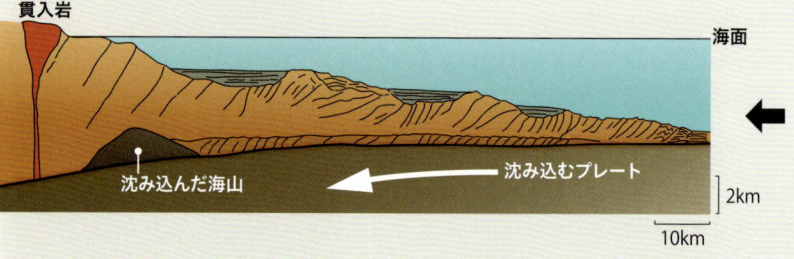

伊豆半島の西側の斜面になります。
　西部は斜面が急激に立ち上がって三保の松原のある清水あたりでは水深は100mより浅くなっています。この斜面の途中には何段かの平坦な面が見られます。一番浅いバンクは金洲の瀬と呼ばれるバンク（堆）です。これらの平坦な面が逆断層によって隆起した深海底の堆積物がたまった面です。南海トラフから続く駿河トラフの底にたまった堆積物がフィリピン海プレートの移動に伴って陸側に押し付けられてできたものです。同様の堆積体は「付加体」（ふかたい）と呼ばれ、南海トラフでは詳細に研究がなされています

（図1-1-6）。それは瓦を少しずつずらして何枚も立てかけたような構造、ドミノ倒しのような構造をしています。
　中部は駿河トラフですが、これは陸上を流れてきた富士川がそのまま海へとつながったように見えます。富士川は河口には顕著な三角州がありません。そのために河川水や水によって運ばれてきた土砂が直接海のなかにまで入り込んでいるのです。富士川の延長線の海底にはダムをせき止めたような狭い峡谷のような地形がみられます。これをゴージ（のど仏の意味で峡谷とでもいえばいいでしょうか）と呼んでいて、安良里ゴージとか松崎

ゴージなどの名前で呼ばれています。これは伊豆半島側と御前崎側がほとんど点でつながっているような狭い場所で、ちょうどダムそのもののように見えます。実際、富士川によって運ばれてきた土砂はこのゴージにたまっています。その堆積物の厚さは2000mを越えるともいいます。

駿河湾の東部は伊豆半島の西側の斜面そのものです。伊豆半島の西側にいくつかの火山が見られますが、その西の延長部とでも言うべきところに小さな火山のような円錐形の地形がみられます。斜面はおおむね海岸線に平行な等深線で形成されています。この斜面の傾斜は西部の斜面に比べてやや緩やかであることがわかります。これは伊豆半島を含むフィリピン海プレートの表面の形そのものを表しています。

図1-1-7は駿河湾の鯨瞰図（げいかんず）と呼ばれる図です。陸上の地形は鳥が空から見たような絵、鳥瞰図（ちょうかんず）といいますが、海底の地形を鳥は見ることができません。なぜなら水深200mより深いところには光はとおらないからです。鯨は音を使って交信しています。イルカは超音波を使って海底の障害物を察知します。鯨やイルカは音で海底の地形を見ているのです。そこで海底の立体的な地形を鯨瞰図と名付けました。駿河湾を南から見た鯨瞰図です。上に述べてきたような表現はこの図を1枚みればよくわかると思います。まず左手には西部の急な斜面があり、何段かのやや平坦な面が見られますがこれは逆断層によって左手の陸側が上がっています。中部は平坦な底を持った舟状の地形で、ゴージがよく見えます。駿河トラフは左手奥の方へ少し曲がっていきます。右手側が伊豆半島の斜面ですが、御前崎川の斜面に比べていくらかは緩い傾斜であることがわかります。そして円錐形に少し盛り上がった地形はおそらく火山でしょう。鯨瞰図はその精度が高いと細かい地形や構造が見てとれます。

プレートとプレートテクトニクス

駿河湾の真ん中にある駿河トラフはプレートの境界であると述べてきました。約6400kmの半径の地球の表層は硬い、プレートと呼ばれる、厚さ最大で約100kmの岩石の板で覆われています。これは仮に半径6.4cmの円でいえばプレートは1mmの厚さにしかなりません。プレートというより紙のようですね。しかしこれらの板のことを「プレート」と呼んでいます。このプレートは海の真ん中にある山脈、中央

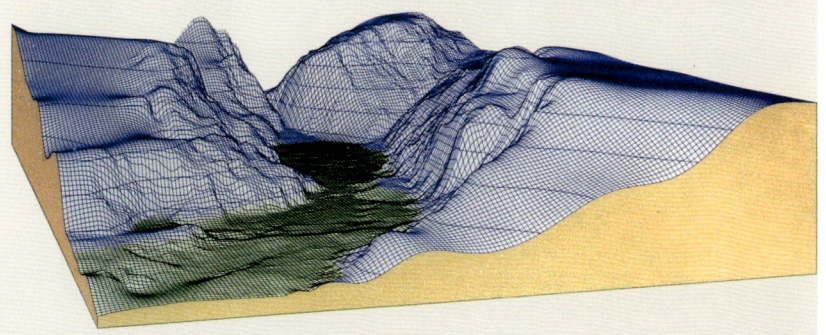

◀図1-1-7 駿河湾の鯨瞰図
鯨が見たような絵。南海トラフと駿河トラフの交わるあたりから見た絵。平坦なトラフ亭の両側には急峻な斜面が見られる。御前崎川（図の左側）には何段かのやや平坦な面が見られる。伊豆側には半島の付け根に谷（石廊崎海底谷）が入っている。

海溝Ⅱ研究グループ編「写真集日本周辺の海溝―6000mの深海底への旅」(1987年、東京大学出版会)

19

海嶺で形成され、水平方向に年間数cmから10数cmで移動してきて、海溝という水深6000mより深い溝状の地形のところで地球の内部へと沈み込んでいきます。プレートは互いにすれ違うことがあって、断層になっています。そのような断層はトランスフォーム断層と言われています。このプレートは地球の表層を取りまく10枚程度の岩盤ですが、日本列島の近くには、4枚のプレートがあります。中央海嶺のようなプレートを生産する境界では火山活動が起こっています。一方、プレートが沈み込む境界では地震活動や火山活動そして地殻変動が起こっています。プレートが地球の内部へと沈み込むために駿河湾と富士山のような落差の大きい地表の凹凸ができるのです。

日本列島の周辺にあるプレートにはまず日本の東に太平洋プレートという地球上で最大のプレートがあげられます。東北日本や北海道には北米プレート（または東北日本マイクロプレート）が、日本の南にはフィリピン海プレートが、そしてアジア大陸から日本海にはユーラシアプレートがあります。駿河トラフはこのうちフィリピン海プレートとユーラシアプレートの境界になっています。そのために駿河湾の周辺やその延長である南海トラフでは大きな地震が頻繁に起こっています。東海地震や東南海地震などです。駿河湾は地震活動や地殻変動など地球科学的な現象にきわめて活発に起こっている地域なのです。それでは過去はどうだったのでしょうか。

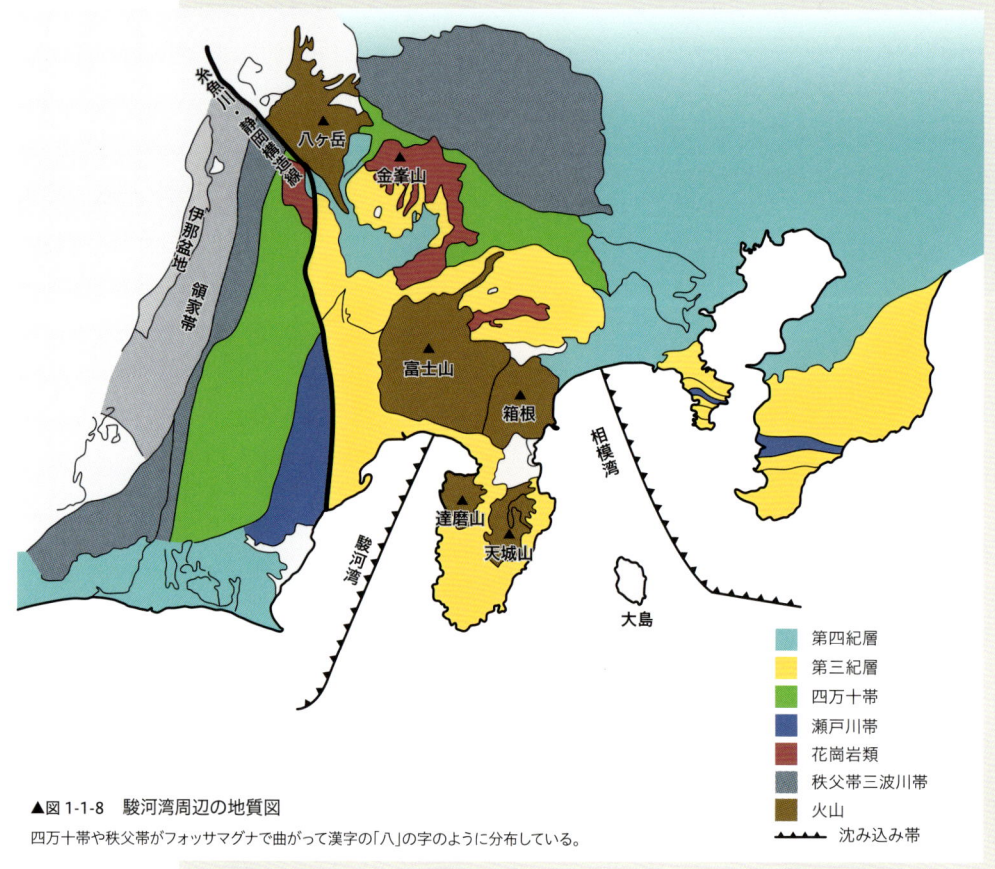

▲図1-1-8　駿河湾周辺の地質図
四万十帯や秩父帯がフォッサマグナで曲がって漢字の「八」の字のように分布している。

駿河湾を巡る地域の地質

駿河湾の中の地形や地質を見てきましたが、その周辺にはどのような地形や地質があるのでしょうか。時間を戻してみてみましょう。図1-1-8には駿河湾周辺の地質図を示します。

深海の餌環境

■ 富士山と丹沢山

まず新しいところから見ていきますと火山活動で有名な富士山があり、その南には愛鷹山があります。これらは活火山で、第四紀（今から258万年より若い時代）に溶岩や火山灰などが噴出して大きな山体を形成した成層火山です。それに対して伊豆半島の西側にある達磨山やもう少し小さな火山は単性火山です。伊豆半島の北には箱根山があります。これらの火山はいずれも伊豆半島を含む伊豆・小笠原の島弧―海溝系の下へと沈み込んだ太平洋プレートのなせるわざです。沈み込む太平洋プレートが地下100kmほどのところで水を周辺のマントルへ供給すると、その周辺の岩石の融点が下がってマグマができ、そのマグマが地表へ上がってきて火山を作ります。

■ 四万十帯と瀬戸川帯

静岡県の焼津の近くに瀬戸川という名前の小さな川があります。この川は安倍川と大井川の間にあり、その源流は清笹峠のあたりにあって、焼津港から駿河湾に注いでいます。この川がなぜ重要かと言うとこの川の名前のついた地質帯が広く西南日本に分布しているからです。静岡県の南部にほぼ東西から北東―南西方向に同じような性質を持った地質帯が連なっています。それらは砂岩、頁岩の互層で静岡県全体から一部は西の紀伊半島、四国そして九州まで、東は房総半島にまで連なっています。その距離は優に1000kmにも達します。瀬戸川帯はどこも同じような岩石からできていてこれらは同じようなプロセスで形成されたものです。

瀬戸川帯の北には今度は四国の川、四万十川にちなんだ四万十帯が分布しています。四万十帯は瀬戸川帯より年代が古いものです。瀬戸川帯同様に砂岩、頁岩の互層からできています。瀬戸川帯はよく四万十帯に含まれて四万十帯南帯などと呼ばれることもあります。

これらの地質帯に共通する性質はそれを構成する岩石がかつて海溝にたまってその後海溝の陸側に押し付けられて付加体を作って陸上に顔を出してきたものなのです。このような地層や地質帯のことを付加体と呼んでいることはすでに述べました。四万十帯や瀬戸川帯は今から1億年以上前の白亜紀から新真第三紀（今から2300万年前）に至るあいだ付加体としてできたものなのです。そしてこの付加体を作る付加の現象が駿河湾の西部で現在も起こっているのです。付加体が形成されるときには逆断層が起こって陸側の地面が上がるためにそれが累積していくと海底にあった付加体はついには陸上に顔を出しやがて高い山脈を形成します。赤石山脈や木曽山脈などがその例です。これらの山を作っている

地層は、もとは海の底、それも海溝にたまった砂や泥、火山の破片や深海底にたまった生物の遺骸などなのです。

これらの西南日本の帯状の構造は九州から、四国、紀伊半島を経てさらに静岡県にまでつながります。その方向は四国や紀伊半島ではほぼ東西方向ですが静岡県に入ると北東―南西方向へと向きを変えます。そして糸魚川から静岡に至る南北に連なる大きな断層によってなくなってしまいます。その延長は数10km離れた関東山地へとつながります。関東山地ではその分布の方向は北西―南東方向へと代わります。つまり図1-1-8で示したように緑色の地層（四万十帯）は東西から北東―南西になりさらに北西―南東方向へちょうど漢字の「八」の字のように折れ曲がっているのです。そしてこの地層を切っている大きな断層を境にして東北日本と西南日本がひらがなの「く」の字を逆にしたように折れ曲がっているように見えます。このことと駿河湾の形成は関係があるのです。このことは後に述べます。

■日本海の拡大

日本列島の北には日本海が広がっています。その向こうにはアジア大陸があります。日本海は昔からあったのでしょうか。実は2000万年ほど昔には日本海は存在しなくて、日本列島はアジア大陸の縁にくっついて大陸の一部になっていました。今から1700万年前頃から大陸の縁に大きな裂け目が形成され始めていきます。そして、日本海に相当する部分には湖や池がたくさんできてそこに淡水性の生物が棲息し陸上では火山活動が起こります。この割れ目はリフトと呼ばれる地面を引き裂いたような地形を形成します。やがてこのリフトが拡大し、海ができますが海底には海洋地殻をもつ新しいプレートが生産されます。その結果日本列島は南へと移動します。そして今から1500万年前頃には日本列島が現在の位置にきますが東北日本はほとんどが海であってその形は海が多い多島海の様でした。南から黒潮が今の日本海へと注いでいました。現在の北陸や瀬戸内地方には温かい

▼図1-1-9　日本海の拡大モデル

6枚の絵は、2,000万年前（にほんれっとうがまだ大陸の縁にあった時期）、1,700万年前（大陸が割れて日本海ができ始めた時期）、1,500万年前（日本海の拡大が終わった時期）、1,200万年前（東北日本が一番沈んでいる時期）、500万年前（丹沢の衝突期）、現在の駿河湾を含む地域の変遷を示している。

糸魚川 - 静岡構造線
白い破線：火山弧
海溝（沈み込み帯）
拡大軸
古い拡大軸
Ma　100万年
20Ma
糸魚川・静岡構造線
17Ma
日本海
伊豆・小笠原弧
フィリピン海
15Ma

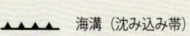

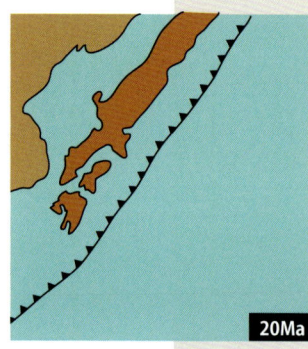

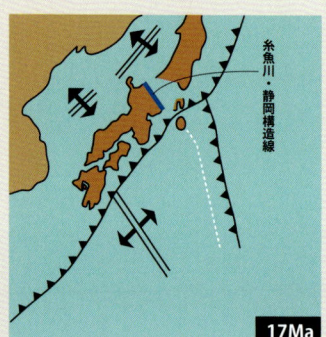

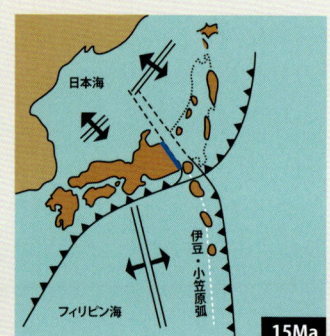

海に棲むサンゴや貝の化石がたくさん出土しています。

日本海が大陸移動によってできたことを初めて提唱したのは物理学者の寺田寅彦でした。それ以前には日本海は現在の位置にあって、当然日本列島も今の位置にあって巨大な陥没によってできたと考えられていました。現在では日本列島が大陸移動によって今の位置に来たということをほとんどの人は疑っていません。しかし日本海の成因に関しては、海洋底の拡大によってできた、2つの横ずれの断層の組み合わせによってできた、トランスフォーム断層によってできたが東北日本が反時計回りに西南日本が時計周りに回転することによってできた、オラーコジェンという巨大な3つの割れ目によってできた、など様々な考え方があってまだ決着はついていません。**図1-1-9**は日本海拡大のモデルを示します。

フォッサマグナの形成

日本列島は大きく見ると東日本と西日本に分かれます。面白いことに日本の家庭用の電気が西日本では50Hzで東日本が60Hzであるのと似ています。東日本と西日本を分けているのが「フォッサマグナ」と呼ばれる大きな地溝（凹地）です。このフォッサマグナの西端ははっきりしていて新潟県の糸魚川から静岡へとつながる大きな断層です。日本列島の真ん中を南北に連なる大きな構造です。

明治の初めに東京大学の地質学教室初代教授になった若きドイツ人のナウマンが地質旅行の最中に野辺山近くの平沢という場所から南アルプスを眺めた時に大きな壁を見て、そこに南北に走っている大きな溝状の低地の構造を「フォッサマグナ」と名付けました。それ以来多くの研究者がその成因に関して調べましたがいまだに結論が得られていません。

フォッサマグナは日本の真ん中を南北にぶった切る大きな凹地で、その深さは6000m以上もあったことがボーリングでわかっています。フォッサマグナの西端を画している断層は、新潟県の糸魚川から静岡にまで連なる断層、糸魚川—静岡構造線ですが、東の端に関してはいろいろな考えがあります。フォッサマグナの凹地は周辺からの堆積物が急速に埋めていったようです。また海底火山活動の産物などもこの

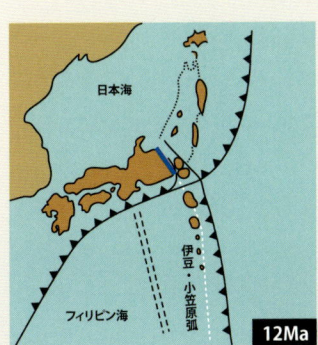
12Ma

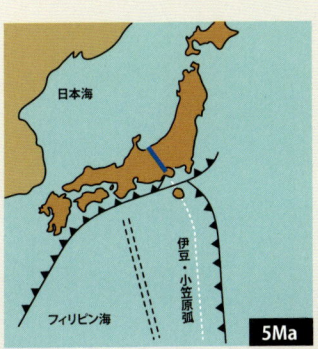
5Ma

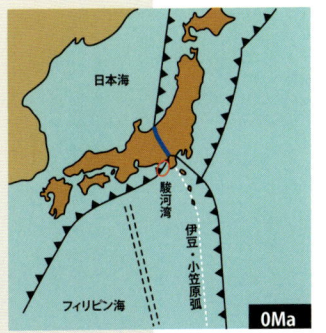
0Ma

凹地を埋めていきました。そして第三紀の終わりから第四紀にかけてはたくさんの火山活動によってできた火山岩や火山性の堆積物が供給された場所でした。図1-1-10にはフォッサマグナの断面を示します。

静岡市からよく見える山に竜爪山があります。これは頂上付近がふたこぶラクダのように分かれた2つのピークを持つなだらかな山です。その近くには真富士山や十枚山、高草山などの山々があります。これらの山はほぼ南北に並んでいて富士山などとは違った化学成分を持ち、それより古い第三紀の山で、高草山アルカリ岩と呼ばれる特異な山です。一部は静岡の市内の浅間神社にも露出しています。この山の成因に関してはなかなか難しい面があります。これらはフォッサマグナの中にあるのです。

伊豆弧の衝突

駿河湾や伊豆半島の南には火山島が南北に1200kmも連なっています。これは伊豆・小笠原弧と呼ばれています。島弧とは弓のように島が並んだものをいいます。そこには火山フロントと呼ばれる火山の列が並び、それと並行に海溝が走って島弧―海溝系という一つの大きな構造を作っています。伊豆・小笠原弧は八ヶ岳から箱根そして相模湾の中にある大島、南は三宅島、八丈島と南鳥島にまで連なっています。伊豆・小笠原弧の地形図を図1-1-11に示しました。

伊豆・小笠原弧は、今から5200万年前に太平洋プレートの沈み込みによって海底火山列としてでき始め、3400万年前頃には最初の島弧として成長しました。島弧はその後、分裂・移動して現在の九州－パラオ海嶺と伊豆－小笠原弧に分かれました。その2つの島弧の間にはパレスベラ海盆や四国海盆が日本海の拡大と同じように拡大して移動したのです。火山活動が活発な時期は、5200万～3400万年までと800万年から現在までで、その間の時代は比較的静穏でした。この間に四国海盆の拡大と、拡大の停止・フィリピン海プレートの北上という事件が起こりました。

今から800万年前以降は、火山フロントでの火山活動と、新たに形成された背弧凹地という火山フロントのすぐ背後にある凹地での火山活動の二つの方式の火山活動が起こり、第四紀にはカルデラの形成に伴う酸性の火山活動などが起こります。また600万～500万年前頃から南部フォッサマグ

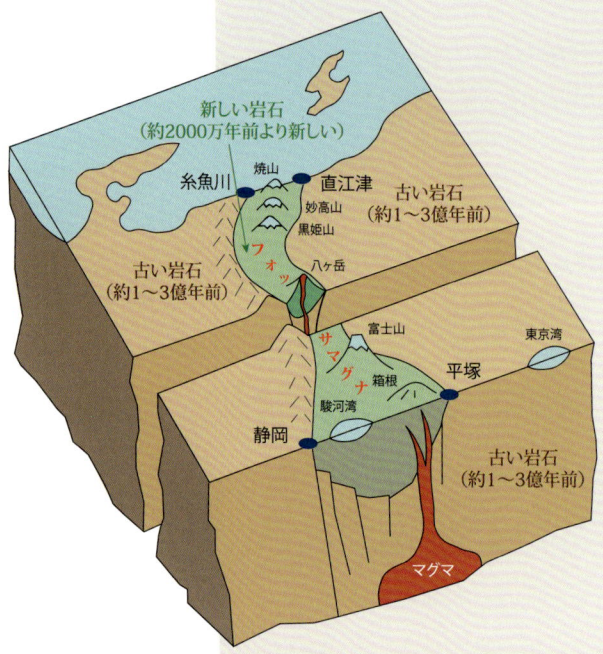

▲図1-1-10 フォッサマグナの断面図
中部日本の真ん中にフォッサマグナと呼ばれる大きな凹み(地溝)が形成された。
提供 フォッサマグナミュージアム

ナへの丹沢地塊の衝突が、そして約100万年前頃には伊豆地塊（伊豆半島）の衝突が起こりました。南部フォッサマグナは伊豆・小笠原弧の度重なる衝突によってその陸地が太平洋の方へと進出してきて現在の伊豆半島が出っ張っているような形になっているのです。

駿河湾は実はこの伊豆地塊の本州への衝突によって相模湾と同時にできたのです。それまで沈み込んでいた南海トラフが伊豆の衝突にとって2つに分かれたためです。駿河湾も相模湾もおよそ100万歳なのです。

駿河湾の発達史

駿河湾はどのようにしてできたのでしょうか。その歴史は今から2000万年ほど前にまでさかのぼります。当時、日本列島はアジア大陸の縁にありました。その南には太平洋プレートが大陸に平行する海溝、古い南海トラフ、に沈み込んでいました。駿河湾や相模湾に相当する海溝はこの一部を作っていました。1700万年前頃に大陸の縁に巨大な台地の裂け目であるリフトができました。このリフトは現在の東アフリカリフトゾーンと同じように、地下深くから上がってきたホットプルームによって台地が引き裂かれたものと思われます。そして現在の日本海に相当する部分には淡水の湖ができました。リフトの形成に伴う火山活動が起こりましたがこれは主に陸上の火山噴火でした。その後、このリフトは拡大軸に代わって日本海が拡大します。東北日本は反時計回りに、西南日本は時計回りに回転して現在の位置にまできました。この時西南日本と東北日本の

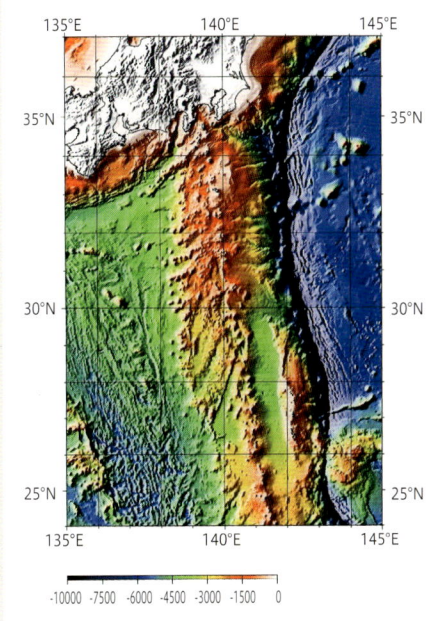 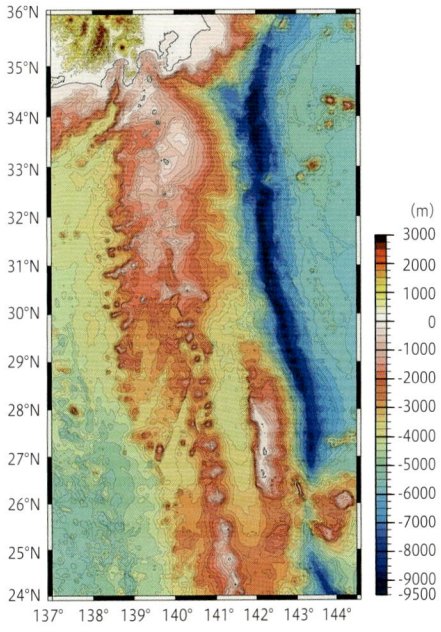

▲図1-1-11　伊豆・小笠原弧の地形
南北に1,200km連なる伊豆・小笠原弧には大きなブロックがいくつもあって、これらが将来本州に衝突していく。

間にはフォッサマグナと呼ばれる大きな溝が形成されました。この溝は日本列島を胴切りにする大きなもので、その深さは6000m以上もあったとされています。日本海の拡大は1500万年前頃には収束しますが、1700万年前頃から今度は伊豆・小笠原弧がフィリピン海プレートに乗って南から北進してきて諏訪湖の南側にぶつかりその間にあった堆積物を付加して巨摩山地を作ります。さらに時間が経つと今度は甲府の花崗岩が貫入し、やがて丹沢山地が衝突して巨大な山を作ります。丹沢山地の中央部には花崗閃緑岩が貫入します。伊豆・小笠原弧の衝突はその後も引き続いて起こり100万年前頃には現在の伊豆半島に相当する部分が衝突します。このことによって衝突する以前からあった古い南海トラフの一部である駿河海溝から相模海溝に相当する部分は、互いに離れてそれぞれ別の海溝になります。それが駿河湾と相模湾です。2つの深海湾はほぼ同じころに形成されたと考えられます（図1-1-12）。伊豆半島の衝突後もフィリピン海プレートは毎年3.5～4cmの速度で北へと移動するために衝突の境界線は内陸へと押されて現在のような形をしています。駿河湾の成り立ちはこのように長いストーリーを持っています。

駿河湾にはなぜ多くの生物がいるのか

駿河湾は相模湾や富山湾とともに生物の宝庫と言われています。なぜ駿河湾には生物が多いのでしょうか。それにはこれら3つの深海湾を比較してみる必要があります。共通点はプレートの境界を持つことです。富山湾はどうやら日本海を拡大させた時のリフトの痕跡が残っていて、駿河湾と相模湾はプレート沈み込み帯を持っています。そのために水深が大きいのです。水深が大きいと浅い海から深い海までに生息する生物が存在することになり、東京湾のように浅い海に比べて生物

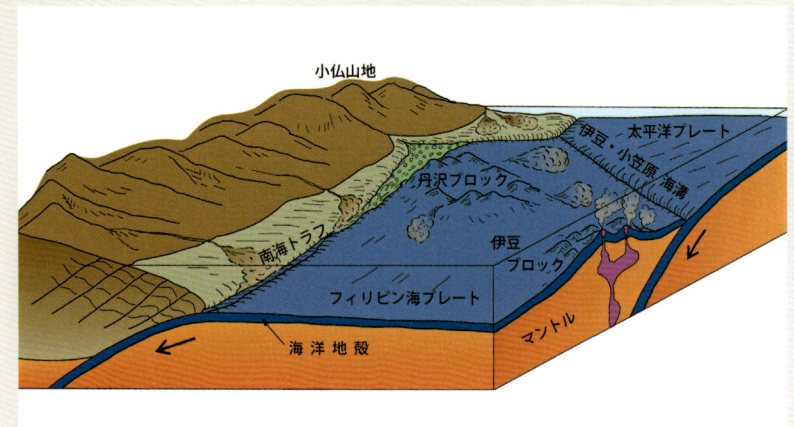

▲図1-1-12　駿河湾と相模湾の誕生
駿河湾と相模湾は伊豆半島に相当する部分が南海トラフにぶつかって今から100万年前頃に形成された。南海トラフが伊豆半島の衝突によって相模湾と駿河湾の2つの湾に分かれた。
神奈川県立生命の星・地球博物館編「岩石・鉱物・地層」有隣堂（2000年）

の多様性に富むようになります。そして陸から来る淡水や相模湾や駿河湾の場合には地下からメタンに富んだ水が上がってきます。これらは3つの湾に共通の性質ですが、富山湾や相模湾が陸に囲まれているのに比べると駿河湾は湾と言っても外洋である太平洋に大きく口を開けています。そのため太平洋そのものが沿岸にまで入っていると言っていいでしょう。また、駿河湾は富士川、安倍川や大井川などの河川から淡水や陸上の堆積物が供給されています。富山湾では黒部川に代表される3000m級の山から勢いよく雪解け水や堆積物が湾へと供給されています。相模湾では東京湾からの水や相模川、酒匂川の水や堆積物が供給されています。

　駿河湾が深海の生物のみならず生物の多様性を持つのはこのようなことが関係していると考えられます。

　日本一深い駿河湾は複雑なプロセスで現在のような湾になり生物の多様性を持つ湾へと成長してきました。

おわりに

　駿河湾の成り立ちを考えるために日本海からフィリピン海にまで至る地域の約2000万年もの間の出来事について見てきました。日本列島は約5億4千万年の歴史を持ちますがその大部分は大陸の縁にありました。その歴史のきわめてあたらしい時代に日本列島が現在の位置へ地移動するという大きな現象があり、南のフィリピン海からもたらされる物質がたまることによって成長してきました。その成長の過程で駿河湾が形成されたのです。

このような歴史は皆さんの思いもよらないものであったかもしれませんが、今後駿河湾の中に生息する深海魚やさまざまな生物、底を形成しているさまざまな地質について考えるときには大いに参考になるでしょう。

（藤岡 換太郎　ふじおか かんたろう）

参考図書

(※ここでは一般書のみを取り上げています)

- フォッサマグナミュージアム編 『フォッサマグナってなんだろう』 フォッサマグナミュージアム 2011.
- 藤岡換太郎 『深海底の科学―日本列島を潜ってみれば』 NHKブックス 1997.
- 藤岡換太郎「山はどうしてできるのか」 講談社ブルーバックス.2012.
- 藤岡換太郎・有馬眞・平田大二編著 『伊豆・小笠原弧の衝突―海から生れた神奈川』 有隣堂 2004.
- 藤岡換太郎・平田大二編著 「日本海の拡大と伊豆弧の衝突―神奈川の大地の生い立ち」 有隣堂新書、2014.
- 今井功「黎明期の日本地質学」 ラティス 1968.
- 今永勇・蟹江康光編 「伊豆・小笠原の形成―伊豆小笠原弧のテクトニクスと火成活動」― 『神奈川県立博物館調査研究報告・自然科学9』 1999.
- 今永勇・蟹江康光編 『海から生まれた神奈川―伊豆小笠原弧の形成と活断層』 神奈川県立生命の星・地球博物館、横須賀市自然・人文博物館 1999.
- 海上保安庁水路部、100万分の1海底地形図第6313号【中部日本】1982.
- 貝塚爽平ほか『日本の地形4 関東・伊豆小笠原』東京大学出版会 2000.
- 活断層研究会編『新編 日本の活断層』 東京大学出版会 1991.
- 神奈川県立博物館編『南の海からきた丹沢―プレートテクトニクスの不思議』 有隣堂 1991.
- 神奈川の自然をたずねて編集委員会編著 『新訂版 日曜の地学 神奈川の自然をたずねて』 築地書館 2003.
- 紺野義夫「日本海の謎」 築地書簡、1975.
- 小山真人編『富士を知る』 集英社 2002.
- 槇山次郎・森下晶・糸魚川淳二、日本地方地質誌 「中部地方」改訂版 朝倉書店 1975.
- 見上敬三「神奈川県の地質」―『神奈川県史 各論編4自然』 神奈川県 1978.
- Mogi, A., An Atlas of the Sea Floor around Japan Unversity Tokyo Press, 1979
- 日本地質学会編『日本地方地質誌3 関東地方』 朝倉書店 2008.
- 日本の地質「関東地方」編集委員会編 『日本の地質3 関東地方』 共立出版 1986.
- 新井田秀一『宇宙から見た日本―地球観測衛生の魅力』 東海大学出版会 2006.
- 西村三郎 日本海の生物 築地書簡、1974.
- 奥村清編著『新版 神奈川県地学のガイド 神奈川県の地質とそのおいたち』 コロナ社 2003.
- 静岡県地学会編、「えんそくの地学―静岡県の地学案内―」 黒船出版、1983.
- 静岡県地学会編、「駿遠豆 大地見てあるき 続えんそくの地学―静岡県の地学案内―」 黒船出版、1996.
- 平朝彦『日本列島の誕生』岩波新書 1990.
- 高橋正樹・小林哲夫編『フィールドガイド 日本の火山(1) 関東・甲信越の火山1』 築地書館 1998.
- 田中収編著、山梨県 地学のガイド 山梨県の地質とその生い立ち コロナ社、1987.
- 山下昇訳「日本地質の探求 ナウマン論文集」 東海大学出版会 1996.

第二章　駿河湾の海底散歩

駿河湾の地形

　東京で会議があると静岡から新幹線を使うことがあります。静岡でシートに着くと、すぐ眠ってしまうのですが、新幹線が清水を超え由比のトンネル群を走り抜け、富士川の鉄橋を渡りはじめると、カシャ・カシャという携帯カメラの音で目が覚めます。他県の乗客なのでしょう、携帯電話で思い思いの富士山を撮影しているのです。特に冬場は空気が乾燥しており、ここでは雄大なパノラマが私たちを迎えてくれるのです。日本一高い富士山、日本人の心に深く焼き付いている証なのでしょう。しかし、反対側の駿河湾にカメラを向けている乗客は殆ど居ません。もしも、満々とたたえる海水が無いなら、グランドキャニオンのような壮大な絶景が現れ、乗客は、駿河湾にも携帯カメラを構えるのでは?とふと思うのです。

　そうです、駿河湾は日本一深い湾なのです。東西幅56km、奥行きである南北方向に60kmの規模を有し、南端の湾口は水深2500mに達します（図1-2-1）。一方海底をのぞいてみましょう。湾の中央部には幅250mほどの峡谷が南北方向に発達し、その両側は比高1500mを超える切り立った崖が発達する石花海（せのうみ）や、伊豆地塊がそびえ立っています。この南北に発達する峡谷の底は、駿河トラフと呼ばれ、約200kmにわたりほぼ直線的に分布し、湾口より東西方向に発達する南海トラフに連続しています。駿河湾底（水深2000m）から富士山頂（3776m）までのほぼ中間に富士の街が存在しているわけで、新幹線から海底下の駿河湾が眺められたら、さぞかし驚きの連続に手足が竦んでしまうことでしょう。

　この駿河湾、南北に発達する駿河トラフを境にして、その東側の伊豆地塊と西側の静岡地塊では異なった地質体から構成されています。東の伊豆地塊の陸上では、温泉や火山で特徴づけられ地下からのマグマの活動により形成された風光明媚な観光地となります。これに対しトラフ西の静岡地塊では、相良の油田、焼津・藤枝、静岡平野で特徴づけられるなだらかな地形や山地から運ばれた堆積物で構成され、全く異なった地質で構成されています。

　本章では、駿河湾で見られるこれらこの地形・地質的な特徴について、たくさんある名勝の中から選りすぐりのポイントについて、紹介します。ハイキングをする感覚で深海から陸上までご一緒に観察しませんか。さぁ、海底散歩の始まりです。

巨大なスロープ
富士川海底崖

　日本三大急流の一つに挙げられる富士川は、長野県の鋸山に発し、山梨県甲府盆地を南流し、富士山の西側から駿河湾に注ぐ総延長128kmに達する大河川です。この富士川が駿河湾に注ぐ場所は、富士山の撮影地に良く選ばれますが、実はこれが富士川の最終地点ではありません。富士

トレンチとトラフ

日本海溝・マリアナ海溝などのように長く狭い深海の凹地（溝）で、両側の斜面が急峻なものを海溝（trench: トレンチ）といいます。同様な地形では南海トラフ・駿河トラフ等に代表される、トラフ（trough）という言葉が海底地形の用語に出てきます。トラフとは舟状海盆（しゅうじょうかいぼん）のことで、細長く両側を比較的緩やかな斜面で構成された海底の凹みです。もともと飼馬桶のことをいいます。両側の斜面の角度でトレンチとトラフを区別しています。

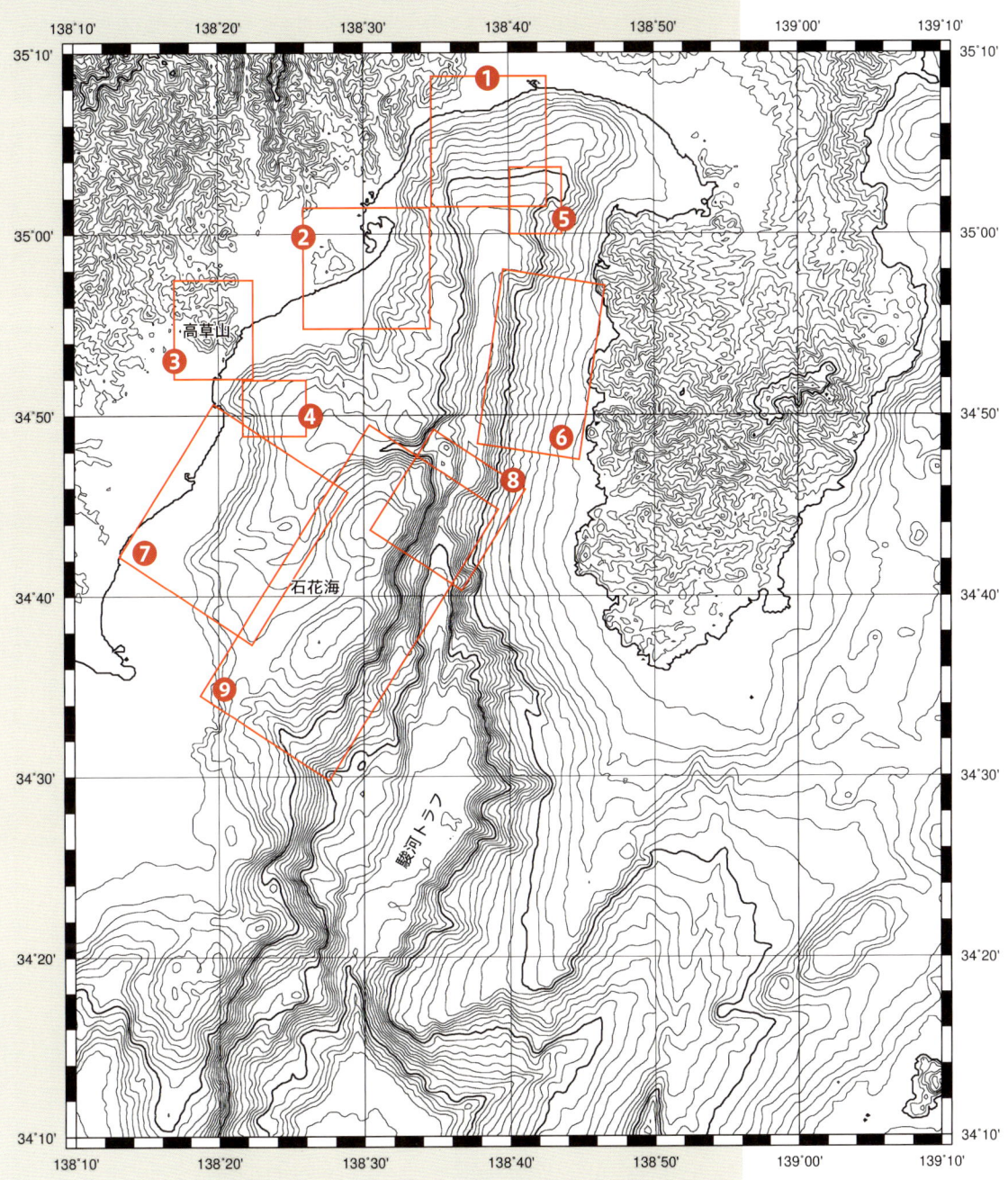

▲図1-2-1　駿河湾全体海底地形図　太い線は１０００ｍ間隔、細い線は１００ｍ間隔の等深線

隆起と沈降

地質学的に見ると、海面より上の部分（陸域）は物が削られる（浸食）場所であり、海面より下の部分（海域）は物が溜まる（堆積）場所です。

中部地方ではアルプス域を中心に隆起量(1-4mm/年)大きく、言い換えれば削られる量も大きくなります。隆起部周辺には大量の土砂が移動し、河川を通じて海に供給されています。日本の河川は、日本が変動帯に位置していることもあり、河川の長さは短いが、標高差は高く急流であるのが特徴です。

川の延長部は、さらに南に約100kmの北緯34度付近まで南下し、駿河トラフとなり、その南端で方向を南西方向に曲げ四国海盆（南海トラフに）に達する巨大河川なのです。駿河トラフを含めると富士川の総延長は約330kmに達しますが、それでも世界の大陸域に発達する河川と比べると、総延長距離順位150位（ヒラ川1015km）にも達しません。しかし、そこでの高低差は6700mもあり、大陸域と比べ如何に日本の地質が、隆起に富む変動帯であるかを示しています。

実は、富士川が駿河湾に注ぐ地点から海底下の水深約1500m付近までは、駿河湾にしては比較的なだらかな地形が20kmほど連続（傾斜角度=約13度）しています（図1-2-1❶、図1-2-2）。なだらかと言っても、富士川河口から約2km沖では、水深500mに達する訳で、巨大なスロープが南に向け発達している事になります。その海底下には富士川から供給される大量の堆積物が約1200m以上も堆積しています。富士川上流が南アルプスなどの隆起帯に属していることから、上流からの浸食量が大きいためです。駿河湾奥部、特に富士川河口付近から沼津付近までは、礫浜が発達しています。この礫の多くは、富士川から供給され、暴浪時の波により海岸線に沿い移動することで広がっているのです。海底には、南北に延びた海脚状地形（河口に向かって尖っ

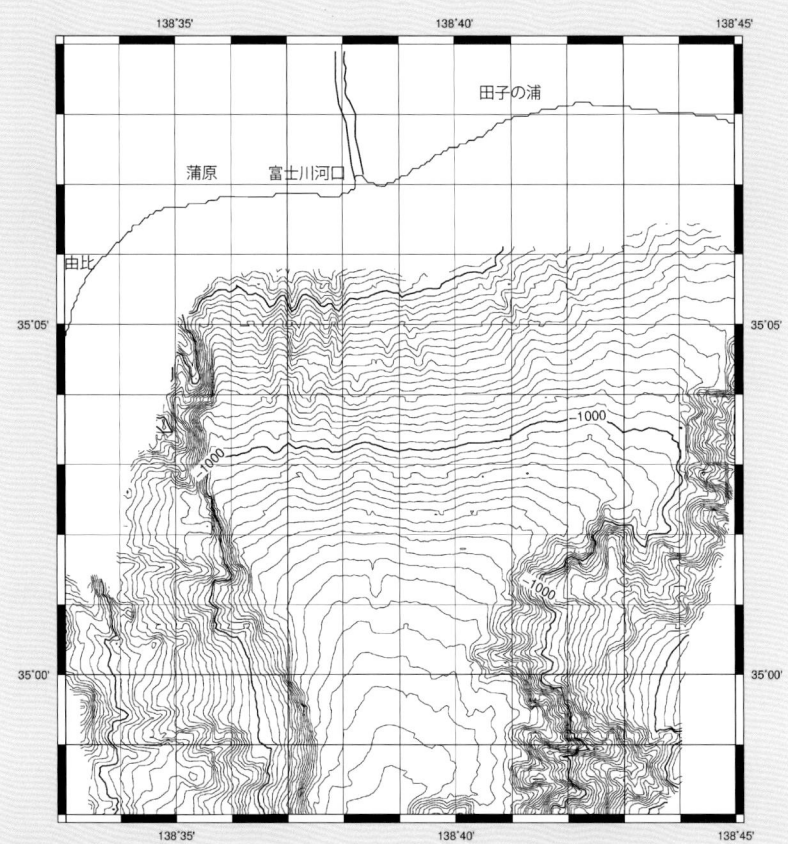

▲図1-2-2　駿河湾奥部海底地形図　太い線は1000m間隔、細い線は50m間隔の等深線

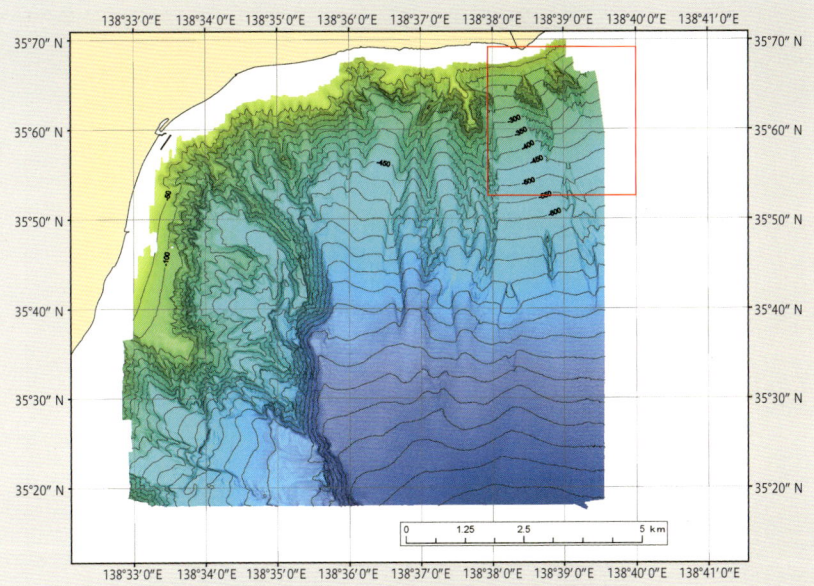

▲図1-2-3 駿河湾奥部海脚地形図 （荒井・佐藤 2014に加筆）

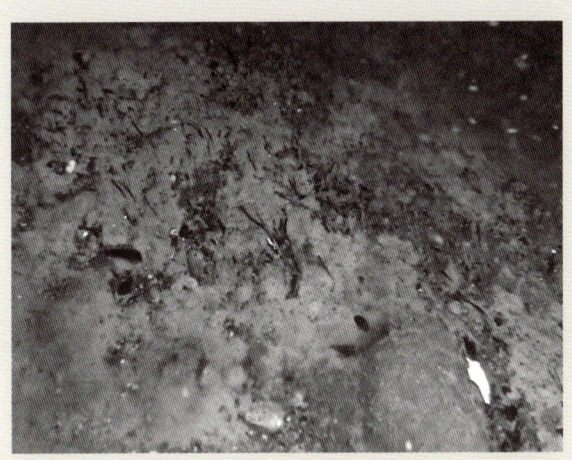

▲図1-2-4 海脚周辺の底質写真 水深350mの深海に分布する砂礫

海脚（Spur）

海山・海嶺・大陸斜面などの大きな高まり側面から突き出した尾根状の高まりのことです。

た形状を呈する）が水深150mから400m付近に発達（最大比高約100m）しています（図1-2-3）。富士川河口から2000m沖、水深350mの海底（海脚状地形）で行った深海ビデオ撮影（図1-2-4）には、5-20cmの不淘汰な礫が映っており、これらの礫を含む堆積物は富士川から沖合方向に移動した結果と思われます。つまり富士川河口沖の急斜面の存在が、礫を含む堆積物の移動に関与しているのです。

富士川河口域には、防災上重要と思われる、富士川河口断層帯が分布しています。これは、富士川河口付近から富士山南西麓にかけて分布する南北方向の全長約20kmに達する活断層です。本断層帯は、フィリピン海プレートが沈み込む駿河トラフの陸上延長部にあり、伊豆半島を乗せたフィリピン海プレートと本州弧を含む

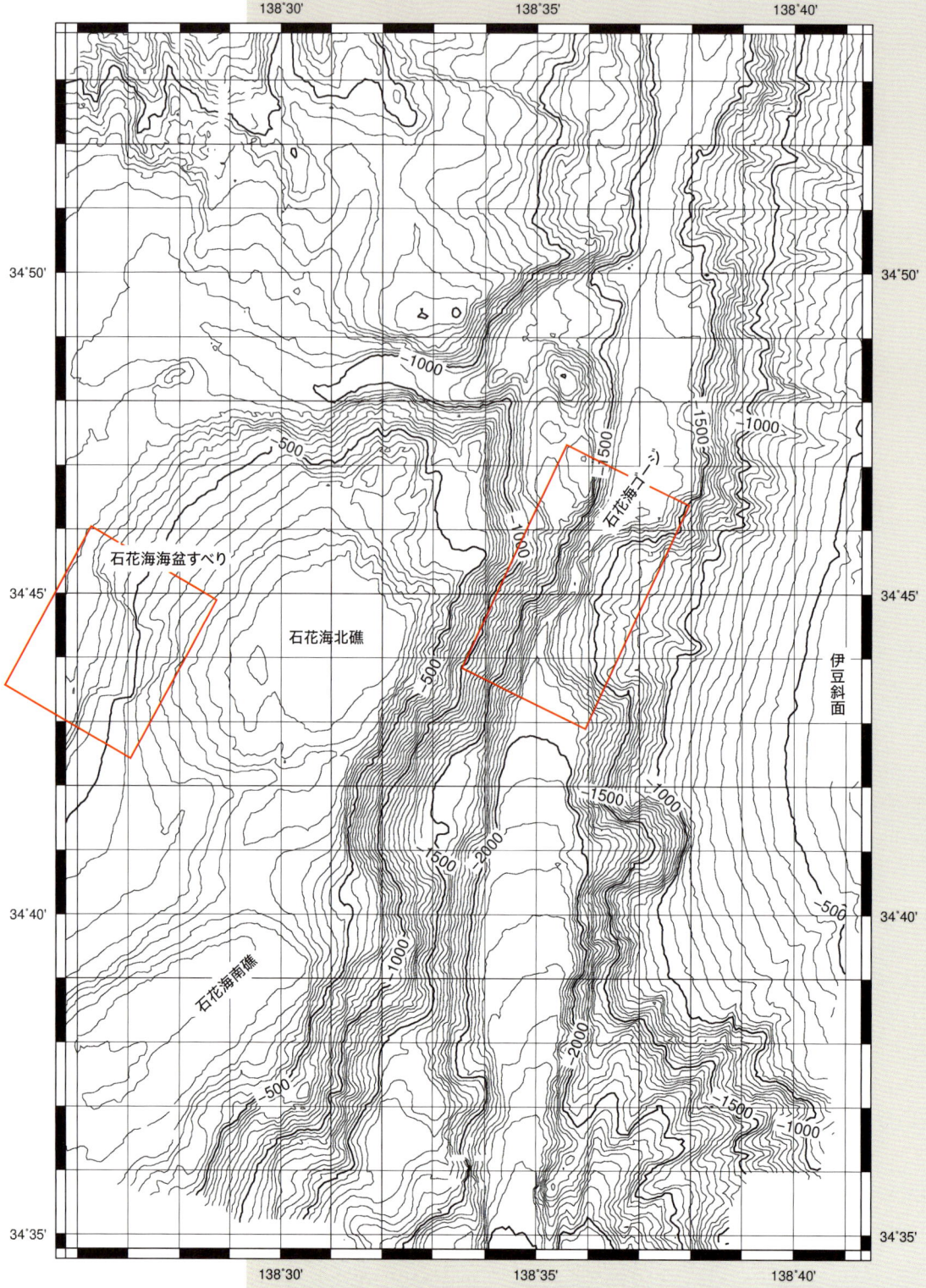

▲図1-2-5　駿河湾中央部海底地形図　太い線は1000m間隔、細い線は50m間隔の等深線

ユーラシアプレートとの境界なのです。富士川河口断層帯は、おもに東端の入山瀬断層および西端の入山断層であり、これら断層の平均変位速度は入山瀬断層で7m/千年、入山断層で0.25m/千年と推定されています。本地域では新幹線、東海道線や東名高速道路、国道1号線等の主要幹線が本断層帯を横切っており、これらの断層の活動が物流をはじめとする経済的な影響が強く、その為、国の研究機関も注目し調査研究が行われています。

石花海（せのうみ）

駿河湾のほぼ中央から湾口にかけ、海底からせり上がった南北二つの比較的平らな頂上を持つ山（石花海）が発達しています（図1-2-1❾、図1-2-5）。北側を北礁、南側を南礁と呼んでいます。北礁の山頂は水深約45m、南礁は約70mであり、日本一深い駿河湾の中央部に位置しながらも極端に浅いのです。山頂を撮影した深海映像でも、砂紋の発達する、まるで沿岸域のような海底が映し出されています（図1-2-6）。山頂は主に砂質の堆積物で覆われ、所々貝の破片が散在しているのが観察されます。付近はイサキ・マダイ・カツオ・カサゴ・イカ等多種多様に富んだ魚をターゲットとした釣りが盛んです。

これら石花海の東側は、一転して荒々しい地形が発達します。そこには水深1700-2500mに達する駿河トラフに向け、階段状の急崖が発達しているのです。特に水深100m付近から水深2000mまでは、平均45度の急崖が約4km続き、日本平南側久能海岸に発達する崖（30-50度）に匹敵する急崖が延々と続きます。水深1400m付近を撮影した映像には、切り立った急崖が荒々しく映し出されています（図1-2-7）。まさしく米国グランドキャニオンの山頂から谷底をのぞき込む心境です。

石花海の西側は、東側に比べなだらかな傾斜地形（約15度）で特徴づけられます。さらに西側には、焼津との中間に石花海-海盆（最大水深900m）という南北方向に軸を呈する凹地上の地形が発達しています（図

沿岸から深海までの地形

沿岸から深海底までには、大陸棚・大陸斜面・コンチネンタルライズ等の様々な地形が発達しています。

大陸棚は沿岸から沖合に発達する緩やかな地形を言い、第四紀ウルム氷河期（約2万年前）の氷河の発達により汎地球的に起こった海面低下により侵食され形成されました。外縁水深は地域により異なりますが、水深100m～140mとされています。大陸斜面は、大陸棚より沖合に発達する急勾配（3-6度）な斜面地形のことを言います。大陸斜面の裾に位置する勾配の緩やかな地形をコンチネンタルライズと呼び、この地形は深海底に連続します。

石花海（せのうみ）の由来

図1-2-5にも示されるように、水深約2000mを超える深海からそびえ立ち、水深50m弱の浅瀬を有する山塊のため、"浅瀬の海"という意味を持つと思われます。また頂上付近からは、石花（サンゴ）が発見されていた事から名付けられたと思われます。しかし、このサンゴは本当のサンゴでは無く、細胞膜に石灰質を持つ硬い石灰藻のようです。

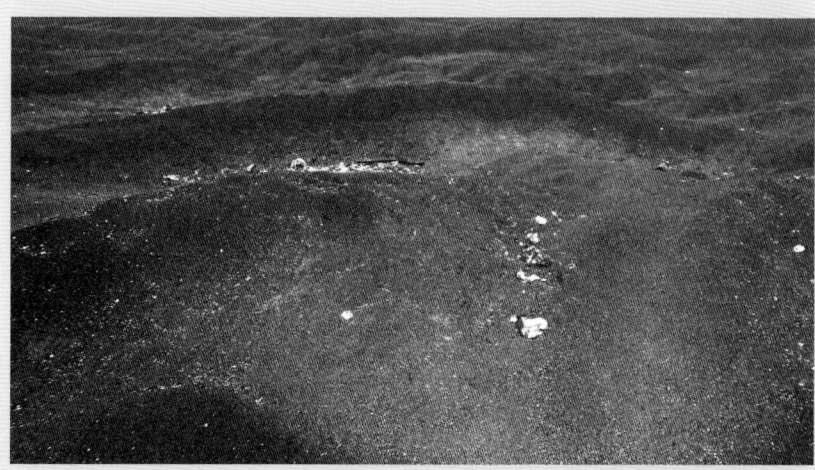

▲図1-2-6　石花海山頂部写真　山頂は平で砂質である。

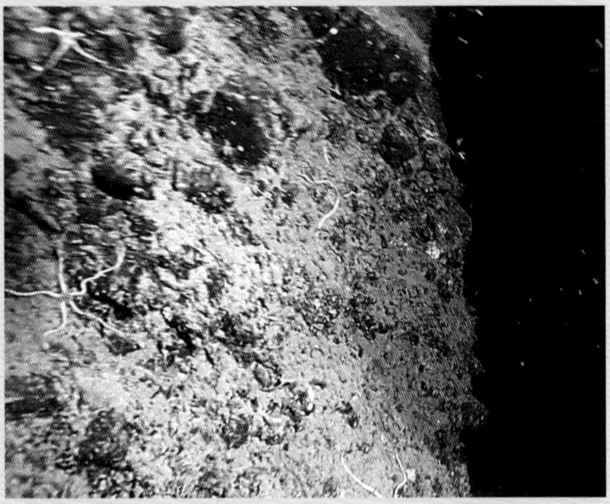

▲図1-2-7　石花海斜面写真　水深1400m付近の急崖写真

海の資源

海洋エネルギー資源と海底鉱物資源

日本周辺の海底には石油・天然ガス等のエネルギー資源が分布（特に日本海側）していますが、次世代の海底エネルギー資源とされるメタンガスハイドレートも太平洋側（南海トラフ周辺も含まれる）を中心に約7兆立方メートルの資源量があると見積もられています。

日本周辺の海底には、マンガン団塊・コバルトクラスト・海底熱水鉱床・レアアース泥等の鉱物資源も多く分布しています。特に海底熱水鉱床は有望で伊豆小笠原・沖縄トラフ周辺海域で発見されています。

頁岩（けつがん）
1/16mm以下の泥質物が固化した岩石で、堆積岩の一種です。

凝灰岩（ぎょうかいがん）
2mm以下の火山灰が固化した岩石で、火山性堆積物です。

深成岩（しんせいがん）
マグマが地下深部でゆっくりと冷却固化した完晶質（全てが結晶）岩石です。地表付近で急速に冷却固化した岩石は火山岩（かざんがん）といいます。

1-2-1❼）。このような凹地状地形と石花海のような凸状地形の組み合わせは、駿河湾の西側から南海トラフ陸側斜面において特徴的に発達し、そこには有機物を含んだ多量の堆積物で埋められています。明らかに構造によって支配された地形形態である凸状地形が周辺に発達しているため、底層水の循環が悪く、嫌気的な環境（酸素の無い条件）下で堆積物が分解され初期の続成作用（堆積物が固まって堆積岩になる作用）が起こっているのです。石花海海盆西方の相良地域では、約1500万年前の海底（過去の石花海海盆状な地質背景）に堆積した地層から構成され、我が国の太平洋岸で唯一の油田が実存しています。このような時空を超え類似した嫌気的堆積条件の発達は、偶発的な結果なのでしょうか。また南海トラフ域では、次世代エネルギー資源とされるメタンハイドレートが広く分布しています。海底エネルギー資源の生成過程における地質学的背景が、本地域には隠されており、今後の研究のテーマとなるでしょう。

■ 石花海の地質有度丘陵と双子の兄弟

石花海を構成する海底地質に話題を戻しましょう。東海大学では海洋調査船"望星丸"を用い、これまで海底調査や石花海周辺急斜面上から数多くの岩石試料を採取してきました。石花海斜面からの採取試料はいずれも礫岩であり、礫種は砂岩が最も多く、次いで火山岩、凝灰岩等となります。これらの礫を供給する可能性のある河川は、大井川、安倍川、富士川が挙げられます。周辺地質の特徴から、大井川は上流の四万十累層（白亜紀〜古第三紀）に起源を持つ砂岩・頁岩・火山岩起源の礫を多産し、安倍川は砂岩・頁岩と少量であるが竜爪層群（新第三紀中新世）起源の火山岩・凝灰岩・深成岩起源の礫を多産し、富士川は砂岩・頁岩などの堆積岩や、安山岩質などの火山岩起源の礫を多産するのが特徴です。

石花海の礫と上記河川礫とを比較すると、安倍川を構成する礫と一致（柴ほか、1991）し、さらには有度丘陵久能山礫層（図1-2-8）とも類似する事がわかりました。つまり、有度丘陵と

▲図1-2-8　久能山礫層

▲図1-2-9　石花海から採取された破断礫

石花海両者は、安倍川を起源とする同一の堆積物で構成され、200万年以降、おそらく数十万年前に日本列島周辺で起こった隆起過程により山地化した双子の兄弟なのです。有度丘陵付近で判明している褶曲構造は、大陸棚下を連続し石花海周辺まで延長しており、この隆起過程を強く支持します。駿河湾底から石花海を持ち上げる隆起運動では、無論、強い力がかかったと推定され、石花海東側斜面部からは破断礫が多数採取され、深海部で撮影された海底面には破断した礫が多く分布しているのが確認されます（図1-2-9）。このように破断した礫は、隆起に伴う地震活動によるものと考えられ構造運動の激しさを物語っているのです。

■ 石花海の巨大海底地すべり

　石花海西側斜面には、西方に開口した凹地上地形（最大幅3km、長さ3km、凹地山頂水深250m、凹地末端水深700m）が発達しています（図1-2-1❾、図1-2-5）。この凹地の詳細な地形・地層探査および採泥調査を行った結果、地すべりに典型的な馬蹄形の凹地である事が判明し、その規模は7km²の広がりで、15-20億トンの物質が滑動した可能性が示唆されました。音波探査においても凹地内において約100mにおよぶ地層の欠落現象が確認され、地質試料の古生物学的研究から地すべりは中世以降とされています。

　地すべりの発生要因として、駿河湾域において100-150年周期で起きているマグニチュード8以上の巨大歴史地震が推定されています。歴史地震として明応地震（1488年、マグニ

褶曲構造
(しゅうきょくこうぞう)

地殻の運動により水平方向や垂直方向の圧力を受け、地層が波状に変形することを褶曲構造といいます。山の部分を背斜、谷の部分を向斜と呼びます。

▲図1-2-10　三保の松原と富士山　写真提供　佐藤 武氏

チュード8.6)、宝永地震（1707年、マグニチュード8.6)、安政地震（1854年、マグニチュード8.4）があり、沿岸地域は大津波に襲われてきました。明治26年にまとめられた安政元年11月4日のいわゆる安政地震に関する静岡県調査報告（東京大学地震研究所、1977）の中には、安政地震直後の石花海周辺での津波の発生についての伝聞が記述されています。これによると地震直後に石花海周辺に巨大な水柱が隆起し、水輪となって広がっていったこと、さらに目撃した村人は海底火山の爆発ではないかという自分の感想をそえて話しています。しかし、石花海周辺に海底火山は存在しません。爆音は、おそらく石花海周辺での地震ないしは、それに誘発された海底地すべりにより生じたものと推定されます。翌日には深海魚と思われる大口魚が多数浜に打ち上げられており、地すべりにより表層堆積物が短時間に崩落移動したため多くの"底もの魚類"が地すべりに巻き込まれたと推定できます。2011年3月11日の東日本大震災時でも、地震により海底が広い範囲に渡り50mほど移動し、大津波が発生しています。今後も地震により海底地すべりが誘発され、同時に津波が発生する一連の現象が推定されます。

三保の形成と海岸浸食

■ 三保周辺の海底地形・三保沖海底谷

　名勝「三保松原」は、駿河湾に突き出た三保半島の海岸線に沿って、7kmにわたり約5万4千本の黒松が茂る松原で、この松原から見る富士山は美しく（図1-2-10）、ユネスコの世界文化遺産にも登録されています。

　この三保半島沖における海底地形はどのようになっているのでしょうか。久能海岸から三保半島にかけての大陸棚は、三保より南にある静岡大谷付近で最大に発達（約6kmの幅）し、北の三保に向かうにしたがい狭くなり、三保飛行場の沖では大陸棚は分布せずたった500mほどで水深100mに達します（図1-2-11）。三保沖の大陸棚には通常水深5-20m、水深

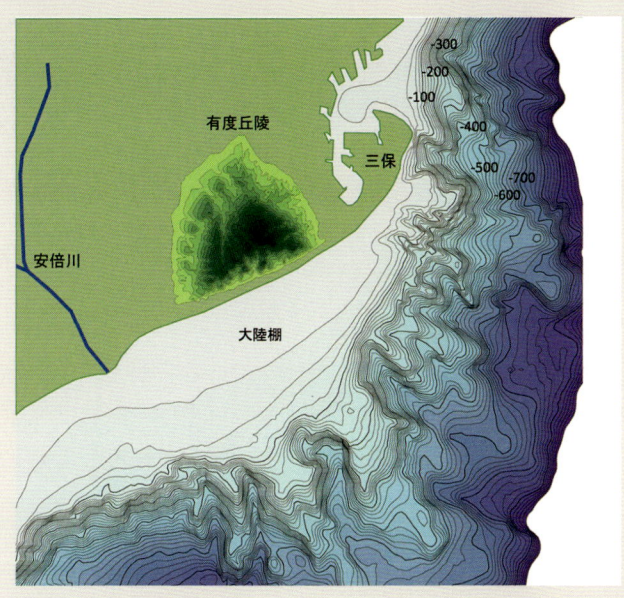

▲図1-2-11　三保沖海底地形図
三保沖における大陸棚は狭く、有度丘陵や安倍川沖の大陸棚の発達が目立つ。

20-30m、水深30-60m、水深60-105mの海底段丘面が確認され、それぞれ段丘面の外縁には礫層や粗粒堆積物が発達しています。これら礫層や粗粒堆積物はかつての海岸線（古汀線）であったと考えられ、氷河期に伴われる海水面の低下の結果形成されたものと考えられます。

さらに、三保半島の沖合では、東に約8000mで水深約1200mに達するほどの大陸斜面と呼ばれる急斜面が発達します。これは、富士川沖から駿河トラフへと続く巨大海底斜面以上の急崖です。また三保沖から久能海岸沖にかけての大陸斜面上には、多くの谷地形が存在し、対岸の伊豆斜面とは全く異なった海底地形の様子を示します。この大陸斜面に沿っては、礫岩や泥岩等の堆積岩が分布しています。

■ 三保半島の成長

三保半島の海岸の波打ち際には、大小様々な扁平な礫が観察されます（図1-2-12）。これらの礫は、砂岩・頁岩・礫岩等の堆積岩起源、火山岩、および少量だが蛇紋岩化したかんらん岩から構成されます。火山岩を除くこれらの礫は、安倍川を構成する礫と類似し、有度丘陵や石花海を構成する礫と同様の起源と考えられます。蛇紋岩化したかんらん岩礫の数および大きさは、安倍川河口から三保真崎にかけ減少することが観察されます。また火

かんらん岩

主にカンラン石や輝石（きせき）等の鉱物からなる深成岩です。マントルを構成している岩石です。

蛇紋岩

かんらん岩中のカンラン石や輝石等が地下深部である一定の水と温度条件下で変質し形成された岩石のことです。

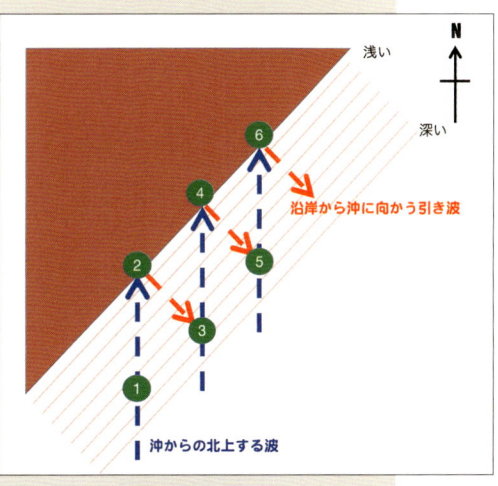

▲図1-2-12　礫移動様式解説図
図中の緑丸は礫を示す。①～⑥へ礫が移動する。

▲図1-2-13
三保海岸に観られる扁平礫

礫・砂・泥の区分

堆積物である礫・砂・泥は、その粒径により区分しています。礫は直径2mm以上のもの、砂は2mm～1/16mm、1/16mm以下のものを泥としており、それぞれの堆積岩を礫岩・砂岩・泥岩と言います。

沸石(ふっせき)

火山岩や堆積岩中の空隙(くうげき)に産する低温熱水変質により形成される鉱物で、静岡県内では大崩海岸沿いの枕状溶岩中にたくさん観察することができます。

山岩の多くは、部分的に発砲し、空隙を白い鉱物（沸石）で埋められた特徴を持っており、これらは安倍川より西方に位置する大崩海岸に分布する火山岩なのです。つまり、三保半島より西方にある大崩海岸や安倍川河口から供給された礫や砂質堆積物が、北東方向へ移動し、三保半島の海岸を作っているのです。

どのようにして礫は東北方向へ移動するのでしょうか？　三保沖の沿岸流は沖合を南西方向へ流れており、礫の移動方向とは異なります。そもそも礫は沿岸流により浮かんで移動する事はありません。実は駿河湾は南北に軸を持つ細長い湾であり、湾口から入る波は湾軸に沿って北上するため、それに直行する東西方向に波の峰が発達します。大崩海岸から三保半島にかけての海岸線は、北上する波に対し約45-60度の角度で斜交しています。このため海岸線に斜交しながら打ち上げる波は、引き波時に地形の最大傾斜方向である海岸線に直交した方向（水深が増す方向：約90度）に移動します（図1-2-12：図中の赤、矢印の方向）。浅い海底に分布する砂礫は、海岸線に対し45度の方向で沿岸に打ち上げられ、90度方向の引き波に乗って沖に移動します。これを繰り返すことで、砂礫は北上するのです（図1-2-12）。しかし、三保半島の様な巨大な砂州（堆積体）は、どのように形成されたのでしょうか。大崩海岸や安倍川からの移動物質だけではなさそうです。この手がかりは、隆起する有度丘陵にあります。現在我々の見る丘陵は、本来の姿の一部でしか無く、丘陵の南部は浸食により欠落したのです。丘陵を作る土砂も浸食され、北へと運ばれ、現在の三保半島の土台を作ったと考えられます。このように大崩海岸や安倍川河口から供給された砂・礫堆積物は、北東方向に移動し、三保の砂嘴をかつては1年に2mほど成長させていたのです。

▲図1-2-14　海岸侵食によりノコギリ状に変化した海岸　写真提供　佐藤　武氏

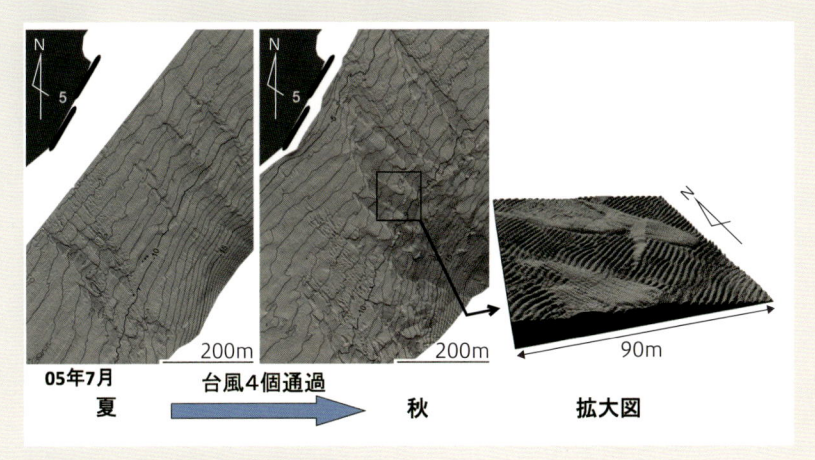

▲図1-2-15　三保沖詳細海底地形図（吉川, 2007）
台風襲来後の秋の海底地形計測の結果、海底表面の砂質堆積物が、沖に向かい移動している状況が観察された。

■ 深刻な海岸侵食

　1970年から安倍川河口静岡海岸付近で海岸侵食が始まりました。この海岸侵食は、砂礫の移動方向と同じに北東に向かい、年平均270mほどの速度で拡大して行き、約30年後には清水（三保）海岸まで達したのです。海岸の侵食は、昭和30年代高度成長期に、建設資材としての砂利を安倍川から多量に採取したことが主な原因となっています。また、河川整備工事や上流部での砂防ダム等の整備による、堆積土砂流出量の減少もその一因であります。つまり安倍川河口からの堆積物供給が減少し、安倍川河口以北の海岸線が徐々にやせ細ってきたのです。この海岸侵食現象は、安倍川河口-清水海岸間に限ったことではありません。太平洋岸の高知の桂浜、千葉の九十九里海岸、日本海側の直江津海岸、糸魚川・青海海岸など、日本全国においてほぼ同時期に発生した現象なのです。高度成長期における人間社会の豊かさの追求が、海岸侵食というかたちで逆に人間活動を脅かすことになってしまったのです。

　このため、海岸沿いにテトラポットで出来た離岸堤の設置が行われています。しかし、離岸堤付近では浸食が進行しないものの、離岸堤下手では波の影響で海岸が鋭角に浸食され、海岸はノコギリの歯状に凸凹となり、自然の美しい海岸は消えつつあります（図1-2-14）。海岸侵食の対策として、養浜（浜を構成する砂などを、別の場所から運搬・設置する）作業も併用して行われるようになってきました。しかし、何百台のトラックで持ち込まれた土砂も、数回の台風後には跡形も無く消え去ってしまいます。三保周辺には多くの海底谷が発達することはすでに述べてきましたが、養浜された土砂の一部は人工物の設置により北東方向には移動せず、海底谷に向かって移動する現象が観察されています（図1-2-15）。

　安倍川では、すでに大規模な砂利採取が禁止されており、河口周辺では砂浜の回復も見られています。またサンドバイパスやサンドリサイクルなどの養浜作業など海岸保全が計画・実行されており、一部では効果が期待さ

離岸堤

海岸に設けられる波の力を弱め海岸の侵食を防止する構造物のことで、水深2-5mの沿岸に、海岸線と平行に設置されています。

41

れます。しかし、元の海岸が戻るのは何時になるのでしょうか。自然と人間活動との共存を、考え直さなくてはならない時期に来ています。

伊豆側斜面

伊豆半島は駿河トラフの東に位置しています。南北に約50km延び、相模湾と駿河湾を隔てる半島です。北端の沼津・熱海地区から南端の下田地域にかけ、多くの温泉が存在し、山海の郷土料理を目当てに多くの観光客が訪れています。

本地域の生い立ちは、1) 基盤として2000-1000万年前の海底噴出物（仁科層群・湯ヶ島層群）で構成され、その上を2) 1000-200万年前の浅海火山噴出物（白浜層群）が部分的に覆っています。3) 200-100万年前から本州に衝突しはじめ、陸上火山噴出物が確認され、4) 60万年前には天城火山や達磨火山の活動が始まり、5) 20万年からは伊豆半島の東部を中心に単成火山の活動が始まります。単成火山としては約4000年前に活動した大室山が有名で、噴出した溶岩は相模灘に流入し城ヶ崎海岸を作りました。伊豆半島中央部から西部地域にかけては、土肥の金山をはじめとする多くの金属鉱床が存在しています。これら多くの地質現象から、伊豆半島は火山の活動により形成された地塊と考えられています。つまり、駿河トラフを隔てて西側の静岡地塊とは全く成因の異なる地質地塊であることが明らかなのです。これら地塊の異なりは、大陸棚の発達状況（伊豆側=最大約2km、静岡側=最大約10km発達）からも推定されます（図1-2-1）。

さて伊豆側における海底の様子を見てみましょう。伊豆側斜面上には、いくつかの東西方向に直線的に延びる谷が発達しています（図1-2-1❻）。こ

基盤

対象とする地域・地層に対する、下位の地層または古期岩類のことです。伊豆半島の場合、基盤として仁科層群・湯ヶ島層群がありその上位層として白浜層群が存在します。

岩石の区分

岩石は数種類の鉱物の集合体をいいます。これはその成因により火成岩・堆積岩・変成岩に区分されます。
火成岩は、マグマが冷えて固まったもの（例：玄武岩、花崗岩）で地球表層物質における95%を占めています。
堆積岩は、地表や海底にたまった堆積物が固まったもの（例：砂岩、石灰岩）です。
変成岩は、火成岩や堆積岩が高温・高圧の地殻変動を受け別の岩石に変わってしまった（例：高圧変成=片岩、高温変成=ホルンフェルス）岩石です。

▲図1-2-16　伊豆側海底斜面から採取された白浜層相当岩石試料

▲図1-2-17　海底で発見された枕状溶岩

の様子は樹枝状に発達（堆積岩域に特有な構造）する静岡側斜面とは異なります。伊豆側斜面からは、白浜層類似の火山岩もしくは火山噴出物起源の岩石が採取され（図1-2-16）ています。また、音波探査結果からは、音響基盤（地下深部の土台）が火山岩および火山噴出物類から成り、その上位層も火山噴出物から構成されていること示しています。石花海東側に発達する峡谷部（石花海ゴージ）では、伊豆側斜面より白浜層群相当の火山岩が「しんかい2000」の潜水調査により採取されています（小山、1992）。

2010年、大瀬崎より西方約8kmの沖合深さ約1100m海底に、長さ100m幅30mの陰影が、海洋研究開発機構（JAMSTEC）の海洋調査船から曳航された音波探査機により発見されました（図1-2-1❺）。当時JAMSTECは、この陰影を19世紀に沈没したロシア海軍の軍艦ディアナ号の可能性があるとし、無人潜水調査船（ハイパードルフィン）で潜航調査

を行いました。残念ながらこの陰影は人工物では無く、海底からそびえ立つ立派な岩石であり、ハイパードルフィンはいくつかの映像と小さな岩石試料をお土産に戻ってきました。著者がその試料の観察を行い、記載した結果、試料は非常に新鮮なカンラン石玄武岩（火山岩）だったのです。この岩石にはガラス質の急冷縁が発達しており、海底で噴出したことが推定されました。岩石記載後、JAMSTEC研究者に採取時の映像を見せて頂いたところ、やはり立派な枕状溶岩（海底に噴出した溶岩）である事が判明したのです（図1-2-17）。その後岩石年代分析を行った結果、なんと約7万年という若い年代（坂本、未公表）が測定されました。先に記したように、伊豆半島の特徴として、20万年以降から現在まで伊豆半島の火山活動は、東部域を中心とした単成火山の活動で特徴づけられていましたが、駿河湾内（伊豆西側）でも新規の海底火山活動が確認できたのです。また、大瀬

音波探査と音響基盤

海中や海底では、陸上と異なり、可視光線・電波等の電磁波は減衰してしまいます。よって海洋域での探査には、弾性波である音波を利用しています。深さを測る作業でも、船底から音波を海底に向け発射し、音波が海底にぶつかり跳ね返ってくるまでの時間を計ることで、深さを測っています。この他にも周波数を変えることで、海底下の地質構造を測ったり、海水中の海水の流れを測ることにも使われています。

音波探査においては、物性（多くの場合地層）の違いが反射面として現れます。音波探査記録において、広域にわたり連続して認識できる最も下位の反射面を音響基盤と呼びます。

ゴージ（gorge）

峡谷などの狭まった空間。長時間を有し浸食により削られたものや、構造的に異なった地質体が接することで形成されます。

JAMSTEC

国立研究開発法人海洋研究開発機構のことで、"しんかい6500"、無人潜水船、地球深部探査船ちきゅう等の調査船を用いた海洋・地球変動の研究、さらに大型計算機用いた地球シミュレーターによる気候変動等の研究開発を行っている国立研究開発法人です。

崎沖西方水深900m付近でも新規活動と推定される溶岩露頭が、地形調査および深海映像調査で明らかになっています。このように未だ駿河湾の海底は未知の世界であり、今後も新しい事実が多く発見されることでしょう。

陸に上がった海底火山

海底の火山活動により噴出した溶岩は、枕状（図1-2-17）を示すことが特徴です。溶岩の断面は円ないし楕円形に近く、枕の名の由来は、まさに寝具の枕からとっており、英名もピローラバー（pillow lava）です。静岡-焼津間に位置する高草山（図1-2-1❸）は、地質時代（中新世：約1500万年前）の海底火山噴出物から構成されています。特に県道416道静岡焼津線を用宗から焼津方面に行く道は、断崖絶壁に近い大崩海岸沿いを通り（図1-2-18、図1-2-19）、多くの海底火山噴出物が観察されます（図1-2-19）。これらの岩石はアルカリ岩という岩石化学組成的に特殊な岩石で、大洋底からそびえ立つ海洋島（海山）を構成する岩石と類似しています。日本列島の太平洋岸では、アルカリ岩の分布はきわめて珍しい岩石であり、その成因について議論がされています。本岩体の西側は古第三系の瀬戸川層群と南北性の断層で接し、東側を中部中新統の

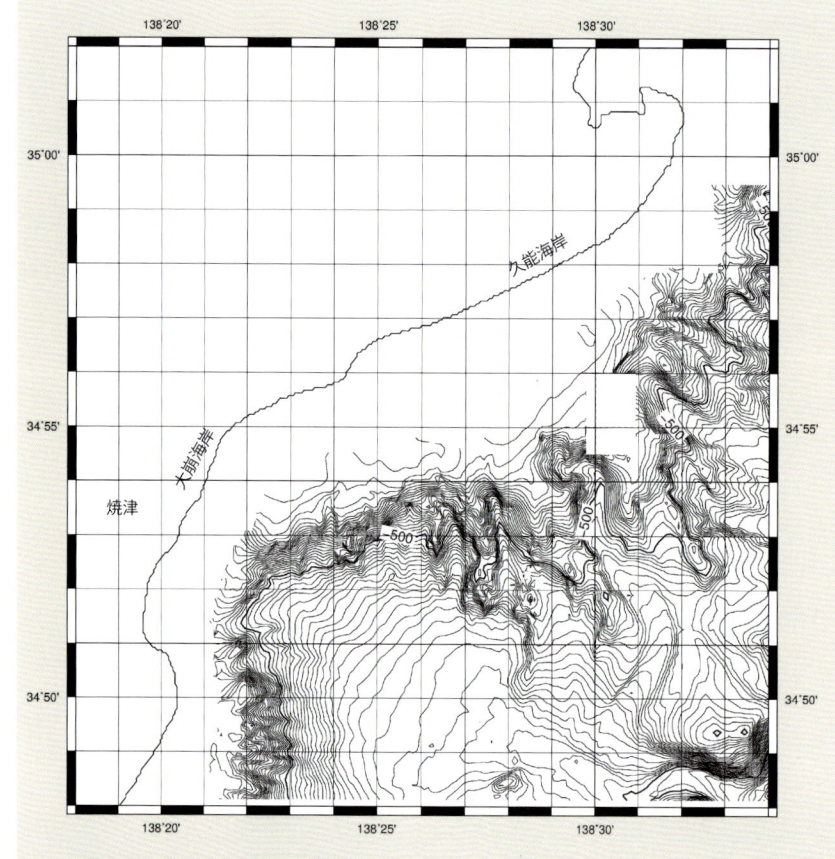

▲図1-2-18　駿河湾北西側海底地形図
久能海岸から大崩海岸にかけ、大陸棚が発達しています。また沖には、海脚および谷が入り組んで発達しているのが観察されます。

▲図1-2-19　大崩海岸周辺の航空写真

▲図1-2-20　大崩海岸での枕状溶岩

静岡層群（泥岩・シルト岩質堆積岩）とやはり南北性の断層と接しているため、高草山を形成している海底火山がどのような地質活動で形成されたかは不明です。

枕状溶岩をはじめとする海底火山噴出物は、日本の古第三系（約6600万年～2300万年前）の地域に特徴的に分布しています。これらは、海底に噴出後、海水により急激に冷却されるため、岩片の周囲が非晶質のガラスで縁取られていることが特徴です。また急激に冷却されるため、細かく破砕される岩片も多いのです。これら破砕岩片やガラス質急冷縁は、変質を被りやすく、粘土鉱物に置換されやすい特徴を有しています。これら粘土鉱物に置換された岩石は、風化を受けやすくもろいのが特徴であり、大雨の後の地すべりや斜面崩壊災害を起こしやすい地質でもあります。静岡-焼津間の地質体も、これら変質した海底火山噴出物から構成され、その名もまさしく大崩海岸と呼ばれています。大崩海岸の一部は崩落し2013年から2015年5月現在、たけのこトンネル（小浜）-當目トンネル間（約1.2km）は通行止めとなっています。

鉱物と結晶

通常鉱物は原子やイオンで出来ています。原子-イオンが規則正しく配列し、それぞれ特有の外形を有している固体を結晶（例えば水晶、黄鉄鉱等）といいます。原子やイオンが不規則に配置し、特定の外形を示さないもの（ガラス）を非晶質（ひしょうしつ）といいます。

風化と災害

風化とは地表の岩石が大気や風雨にさらされ、物質が変質し、結果として岩石が破砕・脆弱化する現象のことをいいます。機械的・化学的・生物的風化作用に区分されます。変質は、岩石が生成されたときとは異なった条件（温度・圧力など）の下で、鉱物組成・化学組成が変化する現象のことです。

風化を被った地表物質（地質構成物）において、大雨・乾燥・地震等の要因により、地質構成物が変質し、脆い粘土鉱物などに置換され、結果として地すべり・崩壊等の災害が発生します。

大崩海岸南方沖には約3kmに渡って大陸棚が発達しています（図1-2-18）。この平坦な大陸棚中には、火山の様な高磁性体を示す地磁気異常の分布が観測されています。海底下に陸上の高草山と同様な海底火山が潜在している可能性が高く、同時に延長部の大陸斜面（水深100～600m）に発達する比高500mの急崖には、海山の裾が存在している可能性があるのです。

2009年8月11日御前崎北東沖35km（石花海北域）、深さ23kmでマグニチュード6.5の駿河湾地震が発生しました。震度6弱は御前崎市、牧之原市、焼津市で、著者の住む静岡市清水区は5強の揺れでした。この地震による東名高速道路相良牧之原IC－菊川IC間の路肩の崩落や、静岡県庁周辺駿府城址の崩れた石垣のニュースがよく知られています。実はこの地震により、焼津-大崩海岸沖付近（図1-2-1❹）で海底地すべりが発生しました。静岡県の所有する海洋深層水取水管の一つ（水深687m）が破壊され、約2km下方に移動してしまったのです。県はこの取水管での取水をあきらめ、もう一つの水深397mにある深層水取水管を再開しました。震災後調査を行ったJAMSTECは、この海域において幅約450m、比高10-15mにおける馬蹄形の滑落崖と海底泥流の痕跡を発見、さらに破損した取水管が確認されたことを報告しています（図1-2-21）。東海大学では海底泥流周辺での柱状試料採取に成功し、泥流に特徴的な礫混じり堆積物（図1-2-22）を記載しています。この礫は円礫～角礫質の形状を示し、堆積岩礫に混じり高草山起源の火山岩礫も確認出来ました。滑落崖は大崩海岸沖の大陸斜面上に位置しています。この滑落崖上に瀬戸川層群起源の堆積岩礫や高草山起源の火山岩礫を含む泥流が発生し、取水管を飲み込み破壊しながら、

▲図1-2-21 焼津沖海底地すべりで破損した取水管　写真提供　JAMSTEC

▲図1-2-22
焼津沖海底地すべり周辺から採取された礫混じり堆積物

下方へと移動したのでしょう。海底地震に伴い発生した海底地すべりによる構造物破壊は、古くは1929年大西洋グランドバンクスで発生した地震による海底地すべりの発生で、海底電線の切断が起こったことが有名で、その後も2006年台湾南部地震による海底ケーブル切断など各地で発生しています。

海底峡谷　駿河トラフ

これまでいくつか駿河湾における地形・地質景勝地を案内してきましたが、なんといっても次に示す駿河トラフは、駿河湾の中でも最もダイナミックで変化に富む景色を堪能出来るルートなのです（図1-2-23）。

まずは富士川河口から約20km続く長大スロープをジェットコースターに乗った感じで駆け下りましょう（図1-2-2❶、図1-2-2、図1-2-3）。目の前には両側が切り立った石花海東急崖と伊豆斜面が現れます。特に石花海北碓付近では両側から急崖が押し迫り、なんと250mの幅しかない峡谷（石花海ゴージ）へと進入するのです（図1-2-1❽）。この峡谷では2ノットを超える海水の流れがあり、かつて有人潜水船"しんかい2000"で潜水したパイロットは、潮の流れが速すぎて、潜水船を観測のために止めることが出来ず、オペレーションが難しかったことを語ってくれました。まさに激流下りさながらです。この峡谷の静岡側は堆積岩で構成され、反対側の伊豆側は火山岩および火山噴出物で構成されるなど、地質的にも大変変化に富んだ海底が5kmも続く地域なのです。また石花海側は地震が多発する地帯でもあります。

この石花海ゴージを超え南下すると、幅2kmに広がったやや幅の広い海底谷に到達します。この海底谷は南北に15kmほど連続し、その間に水深約500mの変化を伴い、湾口付近で水深2500mに達し、駿河湾での最深部に到着します（図1-2-1❾）。湾口付近からさらに南下すると、比較的なだらかな海底（水深約2500mから2900m）が25kmほど続きます。しかし水深2900m付近からまた両側から急崖が迫りはじめます。伊豆ゴージ（図1-2-23、34°20′ N、138°30′ E）の始まりです。ここは石花海ゴージよりも幅が広い（約500m）ものの、両側は

海洋深層水

海洋深層水は、一般に水深200m位深のものを示します。栄養が豊富で、低温、清浄の特徴があり、水産養殖・発電・健康増進分野で注目を浴びています。

異なった地質体から成る急斜面が発達しており、再び流れも急となります。しかもこのゴージはなんと7kmも続くのです。

水深約3500mに達したところで、ようやくあたりが開け、最大15kmの幅を持つトラフ底に到着しました。ここを約20km南下すると正面に北東-南西方向に発達する比高3500mの海嶺（銭洲海嶺）が現れます（図1-2-22）。この海嶺の北側急斜面は、主に玄武岩～安山岩質の火山岩、南側は砂岩・泥岩等の堆積岩からなる階段状の地形が発達しています。この海嶺に沿って進路を約90度変えて南西に向かうと、さらに最大30kmと幅の広い南海トラフに侵入します。実はこの付近まで富士川からの堆積物が確認されているのです。地形的に比高差がなくなり、約50km南西に進み、四国海盆に到着します（図1-2-22）。ここが富士川の終着点となります。

駿河湾の海底は、陸上域と同様に起伏に富んだ地形が発達し、異なった地質体がぶつかり合いせめぎ合うことで形成された特殊な湾であることがご理解頂けましたでしょうか。

（坂本　泉　さかもといずみ）

コラム ● 海底鉱物資源と海洋の利用

日本は狭い国土ながら、海洋に関しては世界6位の排他的経済水域（EEZ）を有する海洋国家です。近年日本周辺海域からメタンハイドレート等のエネルギー資源や熱水鉱床等の海底鉱物資源が次々と発見されています。特に海底熱水鉱床は、日本近海に位置し、水深1000m以浅の比較的浅い海底に分布するため注目されています。この熱水鉱床は、マグマ活動の盛んな海底火山山頂付近に発達するカルデラと呼ばれる火口内に位置しています。付近では海底下の深部に浸透した海水が、マグマの熱により熱せられ、熱水が地殻中に含まれる有用元素を抽出しながら循環し、海底に噴出冷却される過程で、熱水に溶け込んでいた金・銀・銅・鉛・亜鉛などの重金属を沈殿させ、チムニーと呼ばれる煙突状の噴出口を形成していきます。他の鉱物資源と異なり成長速度が速く、約10日程度で1cm成長します。現在石油天然ガス金属鉱物資源機構（JOGMEC）や海洋研究開発機構（JAMSTEC）が中心となり、探査・開発技術の調査を行っています。

またハイテク製品に不可欠な鉱物資源であるレアアースが、日本のEEZ内の海域に存在している事が報告されています。レアアースに富む分析結果からは、濃度は6600ppm以上の所（南鳥島沖）もあり、1000km^{2}の広さの海底に日本の年間需要の300年分以上があると推定されています。

このように日本の周辺には、宝が眠っているのです。これらの資源に対し環境に配慮した開発が求められています。2015年夏政府は海洋資源の開発強化に向け、海洋調査や掘削技術者を2030年までに現在の5倍の1万人に増やす方針を表明しました。東海大学でも2014年より海洋調査船望星丸を用いた海底鉱物資源調査が、JOGMECおよび産業技術総合研究所の委託で行われております。今後産官学の連携のもとで海洋を舞台にして働くパイオニア達が育成され、世界の海で活躍する未来も近いと思われます。

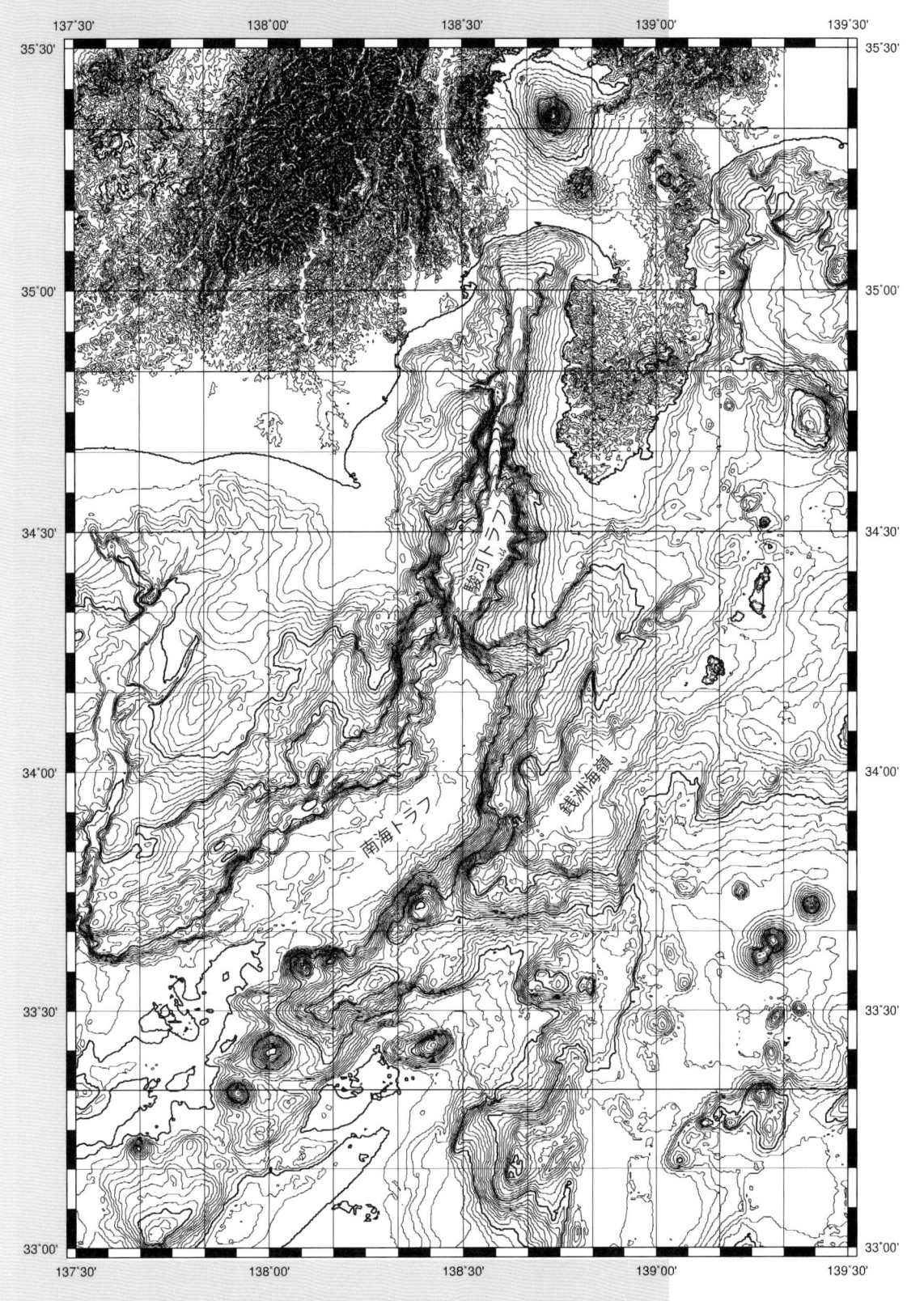

▲図1-2-23　駿河湾および南海トラフ周辺海域地底地形図　太い線は１０００ｍ間隔、細い線は１００ｍ間隔の等深線

コラム ● 東海大学調査船"望星丸"に新観測機器搭載

東海大学海洋調査船「望星丸」は、1993年10月1日に竣工した。客船としての機能と調査船としての機能を兼ね備えた我が国唯一の多目的船です。総トン数2174トン、全長87.98メートル、航海速力15.0ノットの第一種船です。2013年11月〜2014年1月にかけ望星丸船底に新しい海底観測機が搭載（図1-2-23、図1-2-24）されました。この観測機は、マルチナロービーム測深機であり、一度に指向角の狭い音波を250本海底に向け発信（30度から150度の幅で）する事で、水深の2-5倍の幅の精密海底地形情報を得る事が出来る機器なのです（図2-3-26）。また船底から海底間の水柱に存在する魚群や熱水プルームの現象もとらえる事ができ、今後の水産資源・海底エネルギー資源・海底鉱物資源の開発に期待されています。

▲図1-2-24　ドライトドックでしか見られない望星丸の船首船底

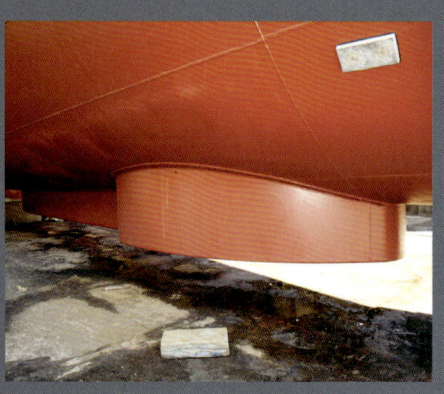

▲図1-2-25　望星丸船底に取り付けられたソナードーム

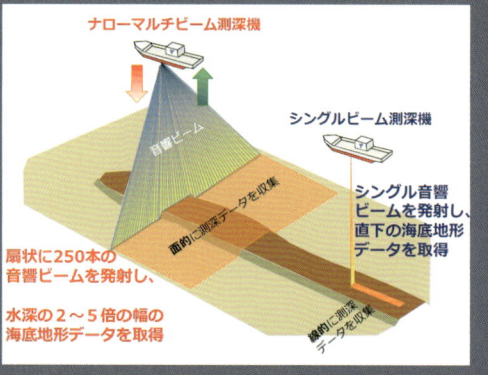

▲図1-2-26　マルチナロービーム測深装置の概要

第三章　駿河湾と東海地震

**大・中・小規模地震の
M（マグニチュード）
について**

巨大地震　　M8以上
大規模地震　M7以上M8未満
中規模地震　M5以上M7未満
小規模地震　M3以上M5未満
微小地震　　M1以上M3未満
極微小地震　M1未満
※なお、最小Mは-2.0程度

　この第一部で述べてきたように、駿河湾はユーラシアプレート東端とフィリピン海プレート北端が接し、「駿河トラフ」と呼ばれる舟状海盆（細長い溝）が南北に走っている特異な湾です。この駿河トラフは、湾口付近で南西に方向を転じ南海トラフへと連なり、ここはフィリピン海プレートがユーラシアプレートの下に沈み込む「プレートの境界」であると考えられています。そのためこの海域では、プレート境界地震（または海溝型地震）と呼ばれるマグニチュード（以下、M）8クラスの巨大地震、つまり「東海地震」が過去に繰り返し発生してきました。繰り返し発生してきたという証拠は、書き残されている大地震の記録（古文書）、津波堆積物の調査結果、あるいは考古学的な発掘調査などからも明らかです。そして現在、何よりも私たちが不安に感じていることは、東海地震がいつ発生するかということだと思います。

　想定されている東海地震とは、今から40年前の1976年に当時東京大学理学部の石橋克彦氏によって提唱されました。石橋氏は、1944年に発生した東南海地震（M7.9）と、相次いで起こった1946年南海地震（M8.0）の2つの巨大地震により、南海トラフ沿いで地震を起こす歪みエネルギーは解放されたと考えました。その一方で駿河トラフから御前崎沖の南海トラフの領域では、歪みエネルギーは蓄積されたままになっていて、推定される歪みエネルギー量からも「駿河湾地震」（後の東海地震）が「明日起こっても不思議ではない」との見解を発表しました（図1-3-1は、そのことを報じる当時の静岡新聞の記事）。この石橋氏の見解が発端となり、大規模地震対策特別措置法をはじめとする様々な東海地震に関する政策が取られてきましたが、現状ではまだ東海地震は発生していません。このことは、駿河トラフのプレート境界では、依然として歪みエネルギーがたまり続けていることを意味しています。私たちはいつ起こってもおかしくない東海地震の切

▲図1-3-1　石橋克彦氏による「駿河湾地震説」発表記事
（1976年8月27日　静岡新聞）

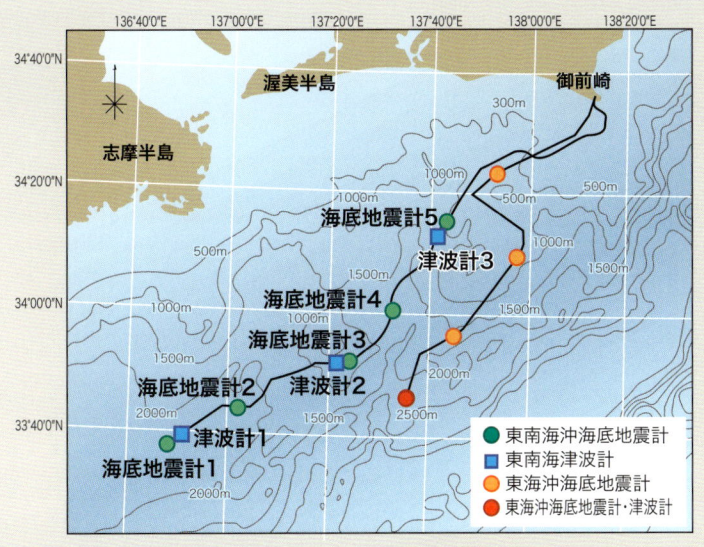

▲図1-3-2　御前崎沖に設置されている海底地震計（気象庁より）

大規模地震対策特別措置法

地震防災対策の強化を図り、社会の秩序の維持と公共の福祉の確保に資することを目的として制定された法律のことで、地震防災対策強化地域、地震観測体制の整備、地震防災体制の整備、地震防災応急対策など、地震防災に関して特別の措置を定めています。

古文書に残る東海地震の爪痕

東海地震の震源域付近では、過去100～150年の間隔で繰り返しM8クラスの大地震が発生してきました。もっとも最近では、1944年（昭和19年）の東南海地震、その2年後の1946年（昭和21年）には南海地震が発生しましたが、ここでは東海地震は発生しませんでした。その前は1854年（安政元年）の安政東海地震で、この地震の32時間後に安政南海地震が発生しました。さらにその前には、1707年（宝永4年）に宝永地震が発生、この時には富士山も噴火しました。

安政南海地震では、一人の老人が地震後に津波が襲ってくることを予感し、収穫した大切な稲村に火を放ち、多くの村人を救ったという「稲むらの火」のエピソードが有名です。

切迫感を失ってはいけないのです。

私たちが、東海地震に対して切迫感をもって防災、減災に努めるためには、「いつ起こってもおかしくない」から、「いつ地震が起こるのか」を前もって知るための手がかりをつかむ必要があります。そこで私たちは、東海地震の性質や発生時期を推測するために駿河トラフで発生する地震を詳細に把握することが重要であると考えています。現在、東海地方や南海トラフ沿いの海域における地震観測は、主として気象庁によって行われています。まず、東海沖・東南海沖には、ケーブル式海底地震観測点が4点設置（2008年にはさらに5点設置）されています（図1-3-2）。また陸域には、数多くの定常的な地震観測網が展開されています。しかし東海地震震源域の駿河トラフでは、陸上の地震観測網のみに頼っているのが現状です。

陸上地震観測網から見た駿河湾の地震分布

駿河湾において気象庁によって決められた震源分布を見てみましょう。図1-3-3は、2000年1月1日から2008年12月31日までの9年間、駿河湾およびその周辺で発生した地震の震源位置を赤点で示したものです。図中(A)は震央分布図、(B)は(A)の東西方向の地震深さ断面、(C)は(A)の南北方向の地震深さ断面を示しています。震源の位置を示す赤点は全部で4226個あります。

(A)の震央分布図の特徴として、駿河湾では

- 北部（北緯34°50′より北側）では、相対的に地震が少ない。
- 石花海（せのうみ）北堆と呼ばれる浅瀬の北側に地震が集中して発生している。
- 石花海北堆の南東方向でも地震活動度が高い。
- 焼津沿岸域大陸棚斜面でも、地震が活発に起こっている。

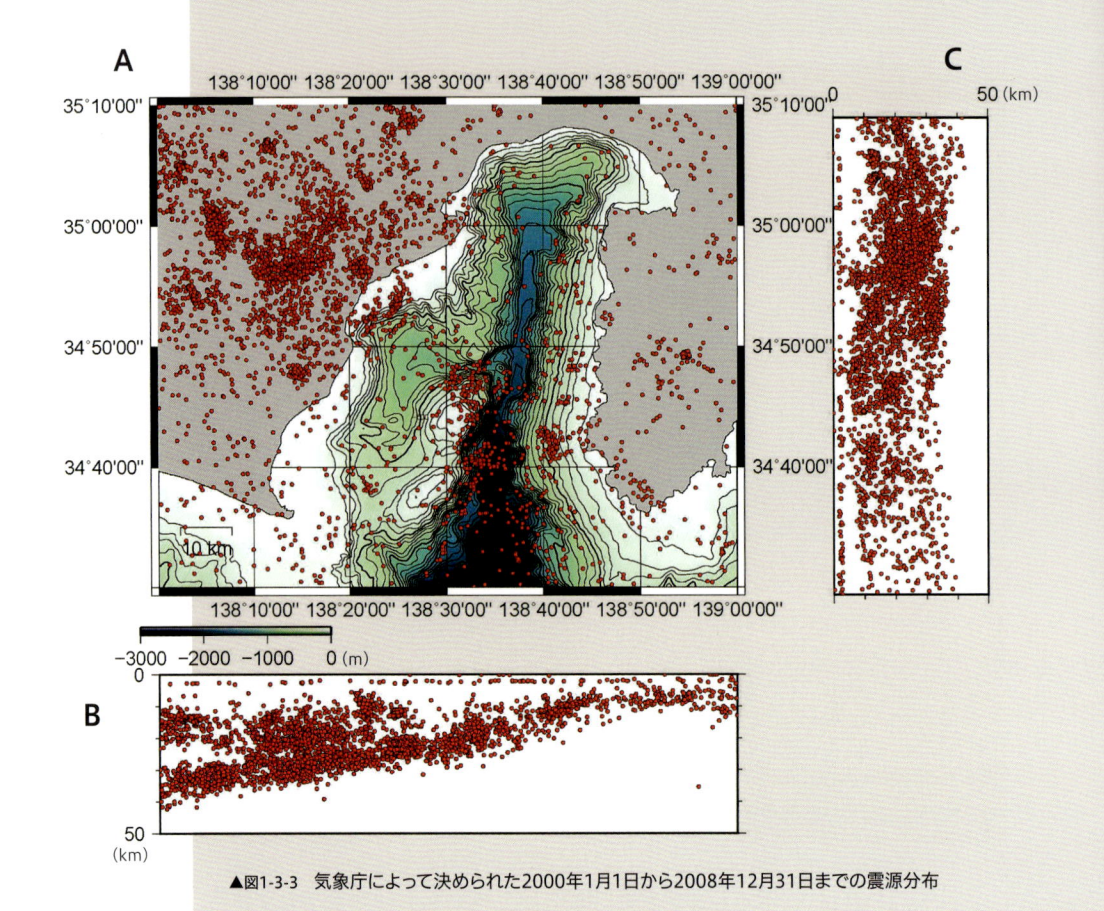

▲図1-3-3　気象庁によって決められた2000年1月1日から2008年12月31日までの震源分布

地震のマグニチュード（M）

地震のMとは、地震そのもののエネルギー規模を表す単位です。Mが1増えると地震のエネルギーは31.6倍となりますが、対数であるためMが2増えると地震のエネルギーは1000倍になります。

1995年に発生した兵庫県南部地震ではM7.2でした。2011年東北地方太平洋沖地震は、M9.0なので、兵庫県南部地震が同時に100個発生した場合と同じエネルギーとなります。

一方、陸域では

- 焼津市から川根町にかけての広い範囲で地震が多い。
- 伊豆石廊崎断層に沿って地震が発生している。（これは、1974年伊豆半島沖地震（M6.9）の余震の名残りであろう。）

などの特徴があるといえます。

次に、駿河トラフから沈み込むフィリピン海プレートに沿ったプレート境界地震の分布を見てみましょう。まず、(B)の地震の深さ分布の東西断面図の特徴としては、地震発生帯の下限が明瞭なことです。

すなわち、

1) 伊豆半島西端から西方向に向かって次第に深くなっていく。
2) この境界から下側ではほとんど地震が発生していない。
3) 駿河湾内の深さ10km付近には、地震がほとんど発生しない薄い層が存在する。

などの特徴が見いだされます。

以上のことから、次に述べるような疑問が生じます。

疑問1：この地域のプレート境界は駿河トラフである。にもかかわらず、地震発生帯の境界は伊豆半島から始まっているように見えるのはなぜか？

疑問2：駿河トラフ付近下の浅部で地震が少ないのはなぜか？

疑問3：そもそも駿河湾で起きる地震が少ない。本当にプレートの沈み込みに伴って発生する地震はないのだろうか？

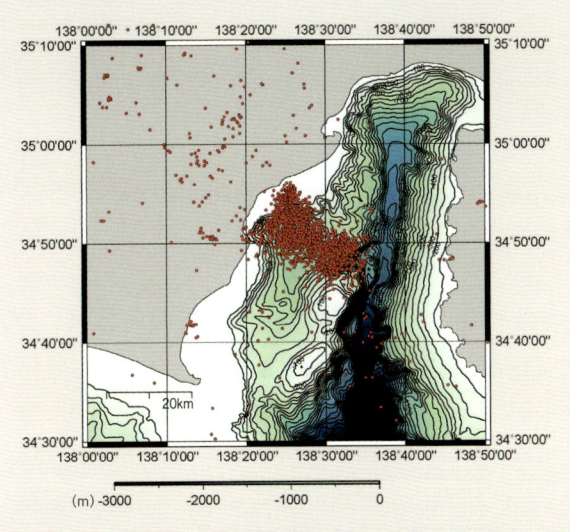

▲図1-3-4 2009年8月11日に駿河湾南東部石花海北堆付近で発生したM6.5・深さ約23kmの地震(☆マーク)とその余震 分布（気象庁による）

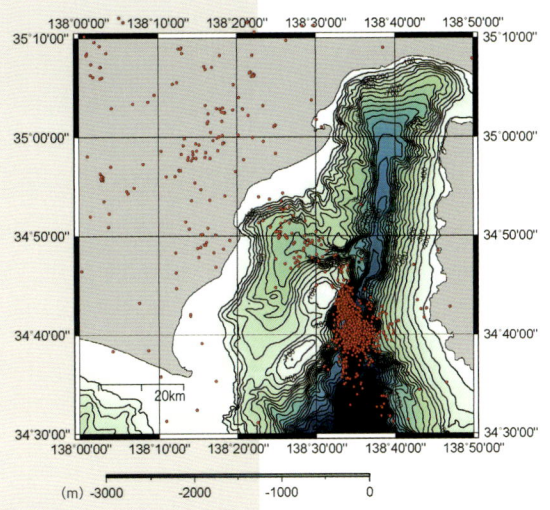

▲図1-3-5 2011年8月1日に駿河湾南部で発生したM6.2・深さ約23kmの地震(☆マーク)とその余震分布（気象庁による）

これらの疑問を解決するためには、現在ある陸上の地震観測網のみでは、極めて不十分である可能性が強いと考えられます。

2009年・2011年に発生したM6クラスの地震

大規模地震の直前に出現する地震活動の静穏期を除けば、プレート境界付近ではその沈み込む境界に沿って多数の中規模地震・小規模地震が発生しているのが普通です。しかし駿河トラフでは、図1-3-3からわかるように今問題にしている期間内ではそのような傾向は不明瞭です。

そのような状況の中、次のような注目すべき2つの中規模地震が発生しました。最初の地震は、2009年8月11日に駿河湾南東部石花海北堆付近で起こったM6.5、深さ約23kmの地震です（図1-3-4）。この地震では、駿河湾に面した焼津港・御前崎港で津波

が観測され、東海地震観測情報が出されました。そして1979年に気象庁に「地震防災対策強化地域判定会」が設置されて以降、史上初となる臨時の判定会が招集されました。委員会のメンバーらにより観測値が検討された結果、東海地震との関連については、

● 震源の深さからみて、フィリピン海プレート内で発生したとプレート内地震と推定される
● 地震のメカニズムが北北東－南南西方向に圧力軸を持つ横ずれ断層型である

ことなどから、「想定される東海地震に結びつくものではない」と判定されました（気象庁、2009）。

次に注目すべき2つ目の地震は、東北地方太平洋沖地震発生以降の、2011年8月1日に駿河湾南部で起こったM6.2、深さ約23kmの地震です（図1-3-5）。この地震の震央は、石花海北堆の南東に位置します。この地震の場合も、震源の深さからみて、フィリ

地震防災対策強化地域判定会

東海地域で地震に関する異常な現象が捉えられた場合、大規模地震に結びつく前兆現象と関連するかどうかを緊急に判断するための判定会のことです（気象庁による）。

55

ピン海プレート内で発生したと考えられること、メカニズムが南北方向に圧力軸を持つ逆断層型であることなどから、想定される東海地震のメカニズムとは異なっており、直ちに東海地震発生に結びつくものでないと判定されました（気象庁、2011）。

もし、このような中規模の地震がプレート境界付近で起こり始め、それら地震のメカニズムが想定されている「東海地震」と一致する場合は、その後の地震活動の推移を注意深く監視していく必要があります。

駿河湾における海底地震観測

これまで述べてきたような駿河湾における地震活動は、現状からみてさらに精度の高い詳しい調査や観測が必要であるといえます。その場合、プレート境界である駿河トラフは、南海トラフや他の海溝域と異なり、東西両側に陸地が迫り、海域での観測にも有利な好条件を備えているといえましょう。海溝型巨大地震の震源域を、このように間近に見ることのできる絶好な場所は他にないと考えられます。そこで、東海大学海洋学部と気象庁気象研究所では、共同で2011年10月から駿河湾中軸部付近で自己浮上式海底地震計（Pop-up type Ocean Bottom Seismograph：以下、OBS）による地震観測を開始しました。

OBSによる地震観測は、微小地震を含む海底下で発生する地震の震源決定精度を飛躍的に高めるのに大変有効です。OBS（図1-3-6）とは、浮力のある耐水圧カプセル（直径432ミリのガラス球：図1-3-7）に地震計と記録収録装置・必要なバッテリーがコンパクトに収められている装置です。海底に沈めるために、超音波によって動作する切り離し機構を備えた鉄の錘を取り付け、船舶から海に投入します。

▲図1-3-7　OBSのガラス球耐圧容器とその内部構造

▲図1-3-6　OBSの投入直前の様子（左）と回収時に錘を切り離し海面に浮上した様子（右）

そのため、任意な海底に設置することが可能な、機動性を備えた地震観測点の役割を果たすことができます。OBSは、一定期間（本研究では3ヶ月間）の地震観測を行った後、船舶からの超音波信号を受けて切り離し機構を作動させ、錘を切り離し、浮力により自己浮上を開始します。海面に浮上すると電波発信とフラッシュによる発光で発見を容易にします。OBSを回収した後、得られた記録を解析して詳細な地震活動の様子を知ることができるというわけです。

このようなタイプのOBSは、海域での地震観測に大変有効ではありますが、他方、観測期間中にリアルタイムで記録を得ることが出来ないこと、また場合によっては機器のトラブル等により回収できないリスクもあります。

OBSが捉えた地震活動の様子

駿河湾の海底で、OBSによって捉えられた地震記録例を図1-3-8に示します。図1-3-8(A)の記録は2012年2月1日の24時間の記録で、数多くの地震が観測されていることが見て取れます。特に、髭のように見える小さなスパイク状

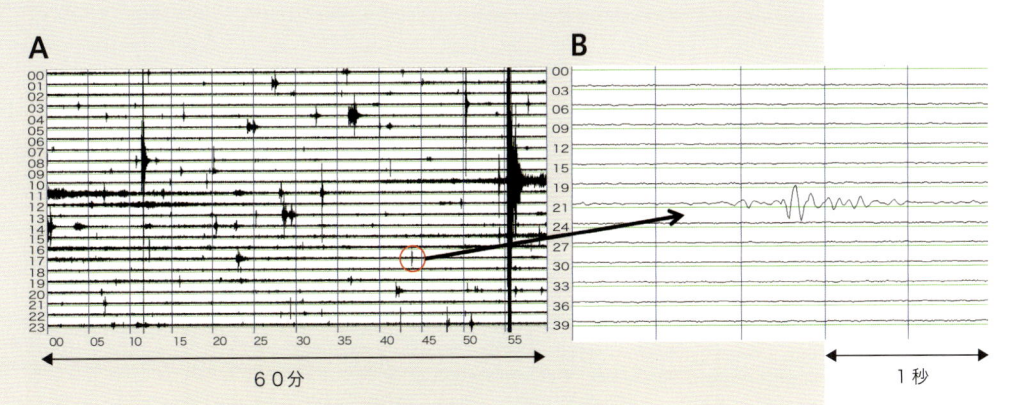

▲図1-3-8　(A)2012年2月1日の24時間の記録例と(B)極微小地震の記録拡大

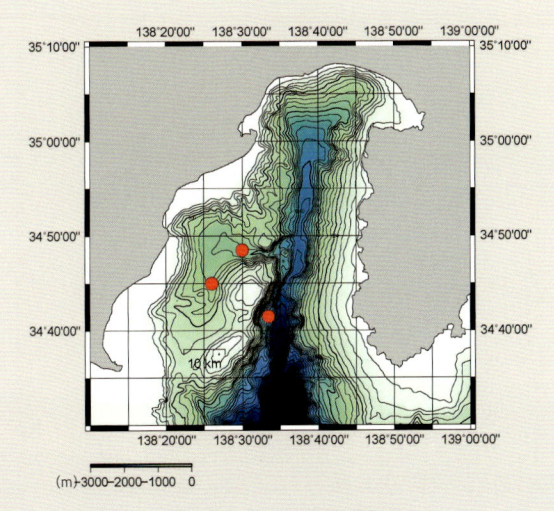

▲図1-3-9　駿河湾におけるOBS設置位置

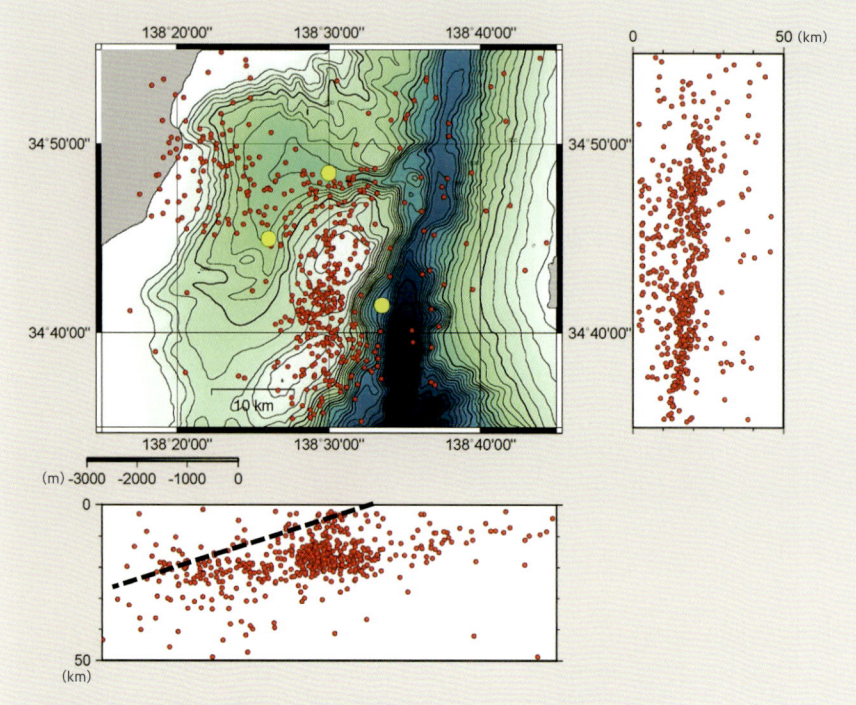

▲図1-3-10　OBSによって決められた2012年10月〜2013年5月の震源分布の例
図中、波線は弘瀬他（2007）による推定プレート境界位置

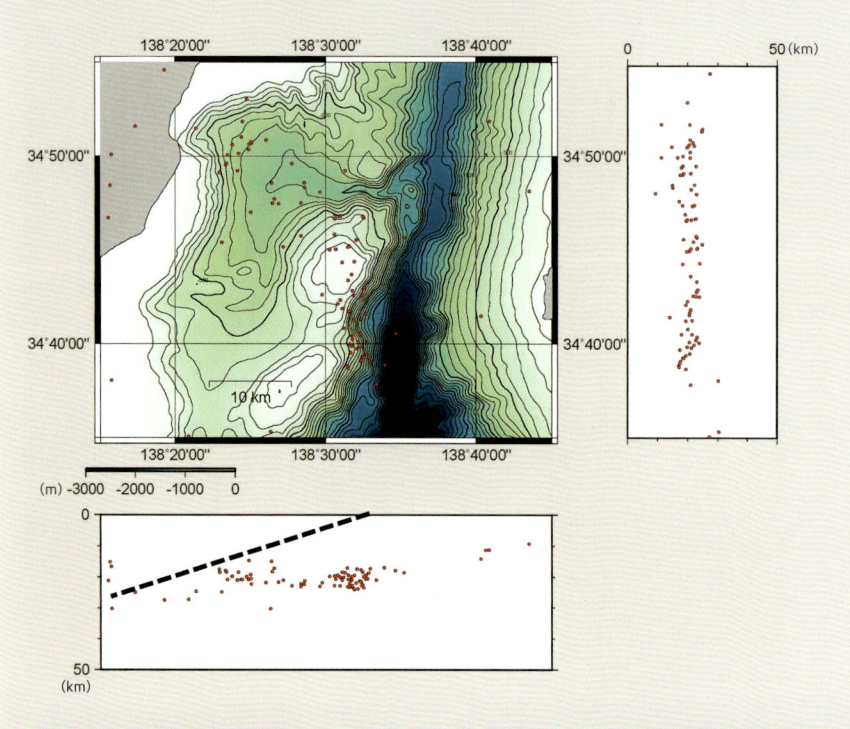

▲図1-3-11　気象庁の陸上観測網によって決められた2012年10月〜2013年5月の震源分布の例
図中、波線は弘瀬他（2007）による推定プレート境界位置

の地震は、比較的海底面に近い地下浅部で発生したと考えられ、規模もM1.0未満の極微小地震と呼ばれる地震です。図1-3-8(A)の17時43分頃に発生した地震波形を拡大したものを図1-3-8(B)に示します。このような極微小地震は、陸上に設置されている地震計ではまず観測することができません。つまりこの記録は、駿河湾では陸上のみの観測点では記録することのできない極微小地震が、数多く発生していることを示しているのです。

地震の震源位置を決めるためには、最低でも3つの観測点が必要です。そこで、図1-3-9に示すように、3カ所観測点を選びOBSを3台以上設置して現在も地震観測を継続しています。図1-3-10には、OBS観測によって得られた2012年10月〜2013年5月の震源分布の例を示しました。決められた地震のMは、−0.8〜2.2程度の極微小〜微小地震に分類される小さい地震です。東西方向の地震の深さ断面に示す波線は、弘瀬他（2007）によるフィリピン海プレートの形状から推定されたプレート境界位置を示しています。この震源分布図の特徴は、次の通りです。

- 震源は、駿河トラフ軸の西側で偏在して観測されている。
- 駿河トラフ軸直下付近から東側では地震があまり観測されていない。
- 石花海北堆直下では浅い地震が数多くみられる。
- 震源の深さ分布を示す東西断面を見ると、駿河トラフ軸より西に向かって次第に震源が深くなっている。これらの地震は、沈み込むフィリピン海プレートの境界で発生したプレート境界地震とプレート内地震であると推定される。
- 深さ分布の南北断面を見ると、震源が北に向かうにしたがって徐々に深くなっている。

以上、我々の海底地震観測結果を、同期間に観測された気象庁のデータと比較してみましょう。

図1-3-11は、同じ観測期間内に、気象庁の陸上観測網によって決められた駿河湾石花海周辺海域の震源分布を示しています。図1-3-10と比較すると、OBSによる観測結果の優位性は一目瞭然です。つまり、現存の陸上の地震観測網のみでは、プレート境界付近で発生するMの小さい微小地震・極微小地震を含めた地震活動の全体像を把握するには限界があるといえるのです。このことは、大規模地震の「手がかり」となる地震活動を見逃す可能性があることを意味します。したがって、これらのことは、駿河湾におけるOBS観測が大変重要であることを物語っているのです。

今後の「東海地震」と地震観測

東海地震では、気象庁等によって地震発生に向けて世界きっての地殻変動観測網が密に配置され、政府によって大規模地震対策措置法の法律が制定され、万一異常な現象が観測された場合は地震防災対策強化地域判定会によって判定されるという体制が整っています。つまり、東海地震は地震予知が行われていて、地震が発生する前に、唯一政府によって警戒宣言が発令される可能性がある地震です。東海地震の地震予知のシナリオは、①これらの観測網に有意な異常が検出され、②政府によって警戒宣言が発

警戒宣言

大規模地震対策措置法に基づいて行われている地震予知について、異常な現象が観測された場合、被害を最小限に抑えるために発せられる宣言です。内閣総理大臣により発せされ、様々な取り組みが行われます。

令し、③避難が完了して、④東海地震が発生する　という展開が期待されているのです。地震予知とは、「いつ」・「どこで」・「どのくらいの大きさ」について、地震が発生する前に科学的根拠に基づいて発表されて、はじめてできたことになります。東海地震は、「どこで：静岡県沿岸域を震源」・「どのくらいの大きさ：M 8 クラス」がすでに決まっており、実は「いつ」が判れば地震予知となるのです。しかし「明日起こっても不思議でない」とされてきた東海地震の発生時期の「いつ」については、いわれ続けて40年が経過して発表もされず・発生もせず、すでに想定外の事態となっていることは周知の通りで、もはや今まで以上に踏み込んだ東海地震発生の可能性を考え、その準備をしなければならない時期に至っていると思います。

2012年8月に「南海トラフ超巨大地震」による被害想定の第1次報告が内閣府中央防災会議で発表されました。この想定は、東海地震のみならず南海地震・東南海地震の複数の巨大地震が連動して発生した場合の想定で、M 9 クラスの超巨大地震のことを指しています。これは、想定される最悪のシナリオの一つといってよいでしょう。現状で東海地震の発生時期が想定外であったにせよ、南海トラフ超巨大地震へとさらに危険度が高まったにせよ、いずれにしても駿河湾を震源域に含む巨大または超巨大地震の脅威が消えてなくなったわけではありません。いずれ地震が必ず起きることは、歴史が物語っています。

駿河湾の海底に設置されたOBS観測によって、陸上の観測網ではとらえることのできない海底下で起こるさまざまな地震があることがわかってきました。このことは陸上の地震観測網のみでは、プレート境界付近で発生するMの小さな地震を含めた地震活動の全体像を把握するには限界があることを示しています。もしかすると、陸上のみの観測網ではとらえられないようなプレート境界近傍で発生する小さな地震が、巨大地震の前駆的地震活動であるかもしれません。そう考えると、地震のメカニズムを明らかにする上で、駿河湾の海底に設置したOBSによる観測がいかに重要であるかおわかりいただけると思います。私たちは巨大地震の手がかりとその兆候を見逃さないよう、注意深く観測を継続していく必要があると考えています。

駿河湾のような海域での観測では、OBSは重要な観測機器のひとつです。しかしながら現状のOBSは、海底に設置している期間は地震データを見ることができません。今後、駿河湾にもケーブル式OBSを設置することができれば、リアルタイムでデータを得ることができ、巨大地震の手がかりが早い段階でつかめる可能性が一段と高くなります。これは、地震の防災・減災に貢献できると考えられます。

「いつ起こっても不思議でない」とされてきた東海地震。その「いつ」から40年が経ちました。「いつ」の持つ時間的な幅をsome day（いつか）へと風化させてしまってはならないと考えます。そのために海の中で地震の観測を。これが私たち海洋学者の想いなのです。

（馬塲　久紀　ばば　ひさとし）

南海トラフ超巨大地震とは

南海トラフ超巨大地震とは、南海トラフ沿いで発生すると想定される最大クラスの地震のことで、主に「東海地域（東海地震）」「東南海地域（東南海地震）」「南海地域（南海地震）の連動地震を指します。想定されているMは、9.1で、2011年東北地方太平洋沖地震に匹敵する超巨大地震となります。

第二部
海のしくみ

第一章　気候と海洋

第二章　現代深海研究

気候と海のメカニズム
駿河湾という海を理解するために

　18世紀半ばから19世紀にかけて起こった産業革命は、人間社会の構造をまさに革命的に変えました。同時に産業革命は、「人間活動」という地球環境に対する人間の影響を表す言葉を生み出すきっかけとなる出来事でもありました。20世紀半ば以降、「人間活動」がますます活発となり、「工業化」は人間社会の利便性、物質的な豊かさを著しく向上させましたが、その副作用として、環境破壊や、二酸化炭素を代表とする温室効果ガスの増加により、地球温暖化問題が顕在化しました。

　地球温暖化という気候変化の現象は、大気圏、海洋圏、地圏、生物圏などのさまざまな構成要素の個々の変化に加えて、それぞれが相互作用する極めて複雑な現象です。現在、地球温暖化問題は、世界中の海洋学者や気象学者などの気候に関係する多くの研究者と、政治家・行政に関わる人々を巻き込んで、まさに地球規模で議論されています。私たち個人も、近年の凄まじい猛暑や集中豪雨などの"異常気象"を経験すると気候変化に無関心ではいられません。とくにこの気候変化の幾分かが人為起源であればなおさらです。人為起源による地球温暖化があるとするならば、私たちは、私たちの文明社会のあり方を考えることがとても重要であるのと同様、"気候とその変化"を科学的に理解することが極めて大事といえるでしょう。

　さて、「気候」という言葉は日常生活でもよく使われるのですが、その割に、その意味を明確に答えられる人は少ないように感じます。「気候」とは、「地球上のそれぞれの場所で長期間平均された大気や海洋の状態」のことです。「大気や海洋の状態」というのは、大気であれば気温や湿度など、海洋であれば水温や塩分などの値のことです。ポイントは、このような気温や水温などの「状態量」が「長期間平均された」という点が重要です。つまり、「気候」は日々の変化を示すような短い時間スケールではなく、数十年以上の、場合によって数万年というとても長い時間スケールを指す言葉です。人の一生の時間スケールは100年程度ですから、人間社会を基準として考えるならば、「気候」のスケールとして数十年を考えるのは妥当です。気象庁では、30年間の平均値をいわゆる「平年値」と呼んでいます。

駿河湾の鳥瞰図

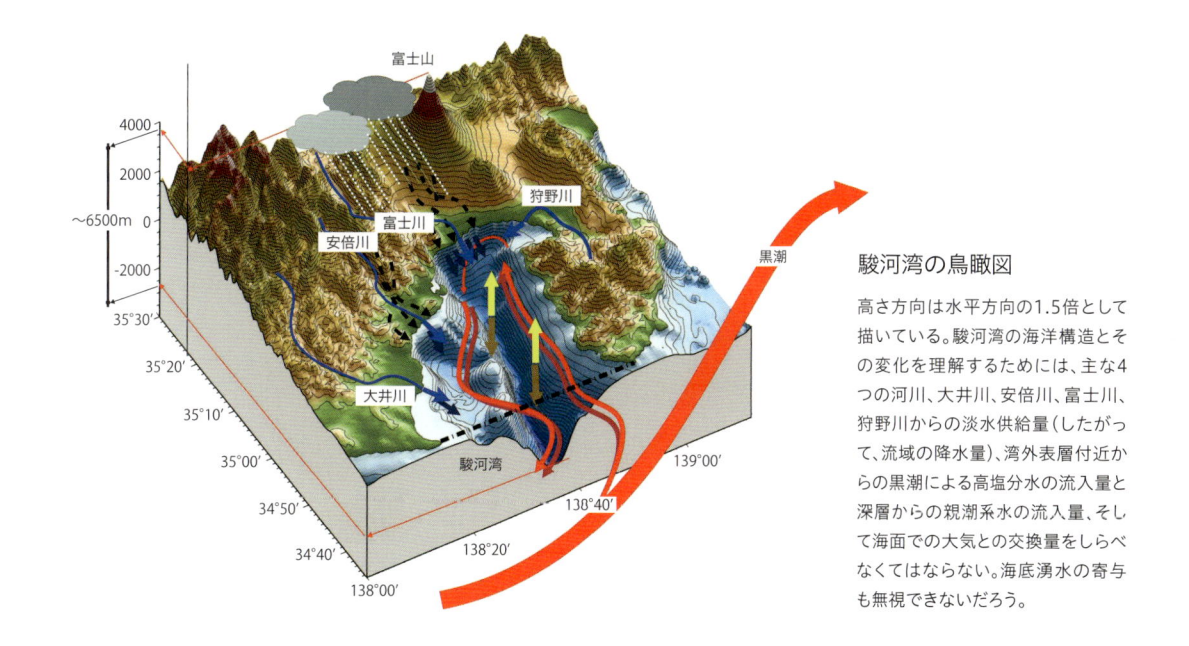

高さ方向は水平方向の1.5倍として描いている。駿河湾の海洋構造とその変化を理解するためには、主な4つの河川、大井川、安倍川、富士川、狩野川からの淡水供給量（したがって、流域の降水量）、湾外表層付近からの黒潮による高塩分水の流入量と深層からの親潮系水の流入量、そして海面での大気との交換量をしらべなくてはならない。海底湧水の寄与も無視できないだろう。

　第二部では、駿河湾のはるか上空、さらに離れて地球全体を俯瞰してみましょう。まず、地球表層環境を形成する気候システムというものを考え、気候がどのように決まっているのか、気候システムに対する海洋の役割を考えます。そして、海洋の運動（海洋における海水の運動＝海洋物理学的なメカニズム）や物質循環（水や生物に関わる無機・有機物の生物地球化学的サイクル）などの仕組みについて考えます。

　海洋の仕組みを理解するには、海や大気を調べなくてはなりません。私たち人類が、海というものをどのように認識してきたか、現在、どのような観測を行っているのかについても紹介したいと思います。第一章、二章の中にはさまざまな数式、数値、単位が出てきます。ぜひ紙と鉛筆で実際に計算してみてください。海の大きさや地球の表面温度など海の仕組みをより実感できるかもしれません。

　駿河湾は、海を理解するための絶好のフィールドです。地球スケールまで俯瞰することができる海は、なかなか見当たりません。そんな海が、街のすぐ近くにある。清水港から駿河湾を横断するフェリーに乗船すること30分。みなさんは、1000メートルを超える深海底の上を航行していることになるのです。海表面で起こっている水の流れと大気の循環。そして目に見えない深海に形作られている水の塊とその流れ。それを想像できる身近な深海、それが駿河湾なのです。

（植原 量行　うえはら かずゆき）

第一章　気候と海洋

気候と海洋

　地球は水の惑星と呼ばれています。それは地球表面の71％を海洋が占めているからです。私たちが地球という惑星しか知らなければこの環境はアタリマエのことで、海があることが特異だとは思えません。しかし、今や人類は、地球以外の惑星をつぶさに調べることができ、地球だけに海洋があることを知っています。そう考えると、地球表層環境の特殊性はまさに海洋の存在にあるといえそうです。地球表層環境を決定づける気候システムは、大気圏、水圏、地圏、生物圏、人間圏などから構成される複雑なシステムですが、地球を地球たらしめる"海洋"が、この気候システムの中でどのような役割を持っているのでしょうか？そもそも私たちは海というものの大きさをどの程度理解しているのでしょうか？

海洋の大きさ＝
海を全部集めて
海球を作ってみよう〜

　海が地球表面の7割を占めているということは有名な事実ですが、ここでは見方をちょっと変えて、海を全部集めて"海球"にして地球の大きさと比べてみましょう。地球は回転していますから回転楕円体ですが、わかりやすくするためにここでは球であると仮定します。円周率 π、半径 r である球の体積が $4/3\pi r^3$ ですから、地球の半径を R_e とすると、地球の体積 V_e は $V_e = 4/3\pi R_e^3$ です。今、$R_e \approx 6400$ km、$\pi \approx 3.14$ とすると、$V_e = 4/3 \times 3.14 \times 6400^3 \approx 1.1 \times 10^{12}$ km^3 となります。では海の体積はどのように計算するのでしょうか？「海は地球表面の7割」を表現すると、$0.7 \times 4\pi R_e^2$ となります（半径 r の球の表面積は $4\pi r^2$）。海の平均深さを h とすると、底面積×高さが体積ですから、海の体積 V_o は、

$$V_o = (0.7 \times 4\pi R_e^2) \times h$$

ですね。$h \approx 3.8$ km とすると、

$$V_o = 0.7 \times (4 \times 3.14 \times 6400^2) \times 3.8$$
$$\approx 1.4 \times 10^9 \text{ km}^3$$

と計算されます。10のべき乗を比較すると、地球の体積は 10^{12}、海の体積は 10^9 ですから、海の体積は地球の1000分の1しかないということになります。海を球とみなしてその半径 R_o を計算してみましょう。
$V_o = 4/3 \times \pi R_o^3$ ですから、

$$R_o = \sqrt[3]{\frac{3}{4\pi} V_o}$$
$$= \sqrt[3]{\frac{3 \times 1.4 \times 10^9}{4 \times 3.14}} \approx 700 \text{km}$$

となって、海は半径約700kmの球ということになります。700kmという距離は、だいたい東京と広島くらいの距離です。これを絵にしたのが図 **2-1-1** ですが、百聞は一見にしかず、海の体積は驚くほど小さいということがわかります。このことは、海は地球の表面にとても薄い膜のように存在しているということを示しています。これで

は地球は水の惑星といえるだろうかと思ってしまいます。しかし、がっかりするのはまだ早い。それでも海洋は「気候システム」にとって極めて重要です。

海洋と気候システム

「気候システム」は、図2-1-2にあるように、大気圏、水圏（海洋圏）、地圏、生物圏というサブシステムから成りますが、さまざまな波長の太陽光によるエネルギー放射を受けて、それぞれの圏あるいは圏間でさまざまな物理過程、化学過程、生物過程による自然現象が生じ、地球放射という形で宇宙空間にエネルギーを放出しています。言い換えると、太陽光によるエネルギー（太陽放射）によって地球が暖められ、暖められることで大気や海洋の運動が生じ、暖められた分の熱を宇宙空間に放出（地球放射）するというわけです。これは、光や物質が持つエネルギーを足した全エネルギーは保存されるという「エネルギー保存則」が、気候システムを理解するもっとも基本的な原理であるということを教えてくれます。

しかしながら、前述したように、気候システムにはさまざまなサブシステムが存在しており、それぞれのサブシステムが変化するのに要する時間は、サブシステム固有の時間スケールに依存します。このために、一口に「気候変動」といってもさまざまな時間スケールの変動があって簡単ではありません。大雑把に見積もると、サブシステム固有の時間スケールはそのサブシス

▲図2-1-1
海洋の水を全部集めて球にして、地球の大きさと比べてみた。
海洋球は地球の1000分の1程度の体積しかない。

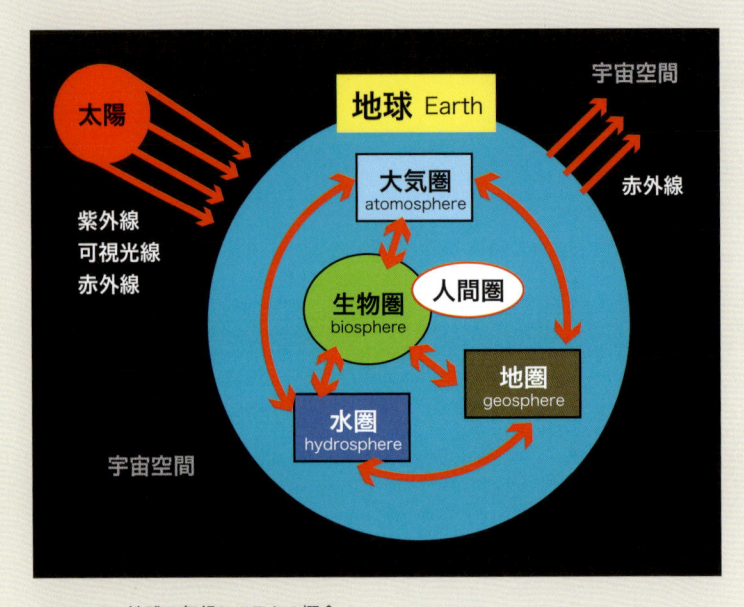

▲図2-1-2　地球の気候システムの概念
地球の気候システムの概念。地球は、紫外線、可視光線、赤外線といった様々な波長の太陽光によるエネルギー放射を受け、地球の各圏および各圏間でエネルギーのやり取りをし、地球放射という形で宇宙空間にエネルギーを放出している

テムの重さに比例します。大気の密度はだいたい1kg/m³で、このような密度で大気を均質化するとその厚さは約10km程度です。そうすると、1m²あたりの大気の重さは10トンと見積もることができます。この大気の代表的な時間スケールは、雲がもくもくと発達する数時間から季節変化の1年程度といったところでしょうか。さきほど海の体積を見積もりましたが、海水の密度は非常に雑駁に見積もって1000kg/m³で、空気の1000倍です。海の平均の深さは3.8kmですから、1m²あたりの海の重さは、3800トンにもなります。さらに、海水の比熱（1gの水を1℃上昇させるのに必要なエネルギー）は大気の約4倍ですから、海洋に変化を起こすには大気に比べて莫大なエネルギーが必要であることを示しており、大気の1000倍という時間スケールを生み出すことになるのです。

海洋の体積は地球に比べればとても小さいですが、「気候システム」を構成するサブシステムとして考えると、その大きな熱的慣性が、数ヶ月から数千年という非常に長い時間スケールの変動を作り出す要因であることが理解されます。これは逆にいうと、海洋は、急激な気候変化の緩和装置であるということができるでしょう。

太陽と大気・海洋

このように、地球の気候システムは、太陽からのエネルギーの入射と放射がバランスするというだけではなく、大気や海洋の存在が本質的にとても重要なのです。このことを、ちょっとした計算で確かめてみましょう。

すべての物質は、その物質の持つ温度の4乗に比例したエネルギーを放射するという放射の法則があります。

これを発見者にちなんでシュテファン＝ボルツマンの法則といい、単位面積当たりのエネルギーをE W/m²、絶対温度をT Kとすると、

$$E = \sigma T^4$$

と表されます。σは比例定数で、シュテファン＝ボルツマン定数と呼ばれ、$\sigma = 5.67 \times 10^{-8}$ W/m²/K⁴ という値です。たとえば太陽の平均的な表面温度は約6000K、地球のそれは300Kですから、太陽は$5.67 \times 10^{-8} \times 6000^4 \approx 7.3 \times 10^7$ W/m² のエネルギーを放射しており、地球は、$5.67 \times 10^{-8} \times 300^4 \approx 460$ W/m² のエネルギーを放射していることになります。このように、シュテファン＝ボルツマンの法則は、物質の表面温度が正確にわかると、単位面積当たりどれくらいのエネルギーが放射されるのかがわかるというとても便利な法則です。したがって、ちょっとした幾何学的な計算を行えば、地球に届く太陽放射がどのくらいかを計算することができます。地球が受け取る太陽放射に垂直な単位面積の太陽放射を私たちは太陽定数と呼び、その値は$E_o = 1.37 \times 10^3$ W/m² です。したがって、地球が太陽から受け取るエネルギーの総量は、図2-1-3にあるように地球の断面積をかけた$E_o \pi R_e^2$ ということになります。しかし、地球が太陽放射を反射することなくすべて吸収するということはありません。したがって、地球の反射率をαとしますと（これをアルベドといい、地球はだいたい0.3程度だと言われています）、$E_o \pi R_e^2 (1-\alpha)$ となります。一方、地球放射は地球の表面から放出されるので、地球の温度T_eとすると、放射平衡の式は、

$$E_o \pi R_e^2 (1-\alpha) = 4\pi R_e^2 \sigma T_e^4$$

となりますから、$\alpha = 0.3$とすると、地球の温度T_eは

$$T_e = \sqrt[4]{\frac{1}{4\sigma} E_o (1-\alpha)}$$
$$= \sqrt[4]{\frac{1.37 \times 10^3}{4 \times 5.67 \times 10^{-8}} (1-0.3)}$$
$$\approx 255 \text{ K} \approx -18 \text{°C}$$

となります。この値は地表の平均温度（約15℃）よりもかなり低い値です。これは大気の温室効果に起因する大気放射を考慮に入れなかったことが原因と思われます。次は、大気が太陽放射を透過し、地球放射をすべて吸収するとみなしてバランスを考えてみましょう。大気の温度をT_aとすると、

$$E_o \pi R_e^2 (1-\alpha) = 4\pi R_e^2 \sigma T_a^4 \cdots (1)$$

です。一方、温度T_aの大気は、地球から温度T_gの放射を受け、大気上端からT_gで外向きに放射、大気下端で下向きに放射しますから、
$4\pi R_e^2 \sigma T_g^4 - 4\pi R_e^2 \sigma T_a^4 = 4\pi R_e^2 \sigma T_a^4$
なので、
$4\pi R_e^2 \sigma T_g^4 = 2 \times (4\pi R_e^2 \sigma T_a^4) \cdots (2)$
となります。（1）式は元の式と同じですから、$T_a = 255$Kです。これを（2）式に代入すると、$T_g \approx 303$K ≈ 30℃と計算されます。今度は平均気温よりもずいぶん高くなってしまいました。どうしてこれほどの差が出るのでしょうか。基本的には大気の温室効果を正しく見積もっていないということが原因だと

太陽定数

本文中では単位面積あたりの太陽放射を、表面温度6000Kとして計算しましたが、実際はもうちょっと低くて5770K程度です。そうすると太陽の放射エネルギーは$E = 6.3 \times 10^7$ W/m²。太陽の半径をR_sとすると、太陽が放出する全放射エネルギーは、$E \cdot 4\pi R_s^2$ となります。一方、太陽と地球の距離をR_{so}とすると、この距離を半径とする球の表面積で割った分の単位面積当たりのエネルギーを地球は受けることになります。これをE_oとすると、$E_o = E \cdot 4\pi R_s^2 / (4\pi R_{so}^2)$。$R_{so} \approx 1.5 \times 10^{11}$m、そして$R_s \approx 7 \times 10^8$ mとすると、$E_o \approx 1.37 \times 10^3$ W/m² となります。これが太陽定数です。

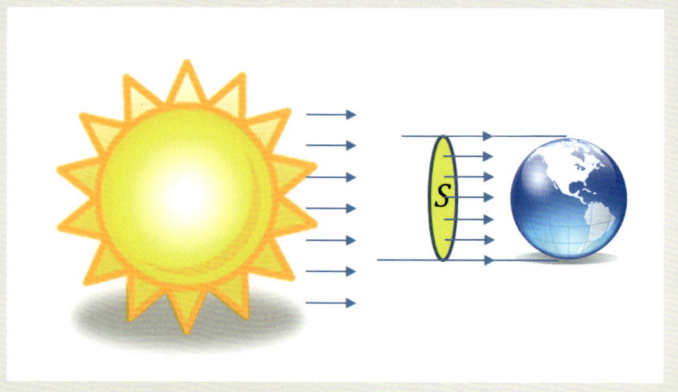

▲図2-1-3
地球は、太陽から放出される放射エネルギーのうち、地球の断面積Sを通過する分のエネルギーを受け取る。地球大気上端における単位面積当たりの太陽放射を E_0 W/m² とすると、地球全体が受け取るエネルギーは、地球の断面積 πR^2 と E_0 の積、$\pi R^2 E_0$ となる。

思われますが、ことはそれほど単純ではありません。これを理解するには、地球の大気や海洋が、太陽放射に対してどのような特性を持つのか、地球放射に対して大気がどのような特性を持つのかという個々の性質に関する物理学、化学が必要です。さらに、大気と熱的慣性の大きな海洋の相互作用や、海洋大循環を考慮しなければなりません。

そういうわけで、気候の代表的なバロメータである地球の温度は、主要な熱源である太陽放射（太陽定数）が重要なのですが、太陽放射を受ける地球が球であるために、太陽放射は赤道で最大、両極で最小となります。つまり、大気および海洋では、受けとる太陽放射エネルギーの空間的不均一が常に生じており、これが大気と海洋の運動を駆動するおおもととなっています。

海に流れができるわけ

海を理解するためには

さて、私たち人間は、「大気の底」に住んでいる生きものですから、大気の変化、すなわち風、気温の変化や雨、雪といった気象現象を直に感じることができます。中には気圧の変化がわかる方もおられるようです。気圧は、気圧を観測している観測点より上方にある大気の重さを表す量ですから、大気の底に住んでいる私たちは、気圧の微妙な変化を感じる能力を備えているのかもしれません。このように私たちは大気現象を生活に密着した身近なものとして直感的に理解することができます。海ではどうでしょうか？漁師さんや海女さんのような海のプロフェッショナルな方ならともかく、普通に陸上で生活していると、気象現象と違って海の変化を知ることも体験することもできません。海岸や浜辺で私たちが普段見ているものは、「海面」という海のごく表面にすぎないわけです。そのように考えると、四方を海に囲まれた日本に暮らしている私たちですが、海なるものがどのようなものかまったく知らないことだらけのようです。

大気の状態

大気の状態を調べるには、百葉箱の中に入れられている乾湿温度計を用います。私たちが小学生の頃は、ほとんどの小学校には百葉箱があって、理科の授業の時には気温と湿度そして気圧を測りました。今では技術の進歩で百葉箱がなくても気象観測ができるようになって、百葉箱は廃れつつあるということを聞いたことがあります。技術が進歩したところで、測るべき大気の基本的な状態量、気圧、気温、湿度、風向・風速といったものが変わるわけではありません。日本の各地にはこのような大気の基本的な状態量を計測する観測点が整備されていて、私たちは、水平的な気象現象の現在と過去の状態を知ることができます。しかしながら、地上の観測点は地上の状態しかわかりませんから、上空の大気の状態がどうなっているのかまではわかりません。正確に気象予報をするためには上空の大気の状態がどのようになっているかということも重要なので、世界中の国々で、ゴム気球に気象観測センサーをつけ、地上から気球を上昇させながら上空の気温・湿度・気圧を高度約30kmくらいまで観測しています。こうして、各地で気温、湿度などの「鉛直構造」を観測しています。このように、日本だけでなく、世界的に気象観測網が構築・整備されていて、陸上の大気の状態は時間的にも空間的によく把握できるようになっています。

海洋の状態量を観測する

海洋の状態を把握するには何が必要かを考えることはとても重要です。しかし、海にはさまざまな物質が溶け

状態量

状態量は「熱力学」の言葉です。「熱力学」は物理学の一分野で、大雑把ないい方をすると「熱とエネルギーに関する力学」のことです。気体・固体・液体などの物質は分子の集合なのですが、「熱」というものは、実は分子の運動の激しさのことです。「熱」をこのような分子の運動として考えることを微視的（ミクロ）な視点といいます。「熱力学」は、分子運動のような詳細には踏み込まずに「熱」のことを考えます。つまり「巨視的（マクロ）な視点」です。「状態量」という言葉は、考える対象が巨視的な視点で熱平衡状態にあるときの状態を記述する物理量のことです。具体的には、温度、圧力、体積、密度といったものたちです。海洋では塩分も重要な状態量です。「状態方程式」というのは、このような状態量の関係を示す方程式で、海洋では、密度、圧力、水温、塩分の関係を指します。

コラム ● 気圧・水圧なるもの

　気圧や水圧を理解するために、図のように、水柱を考えてみましょう。水柱は小さなブロックの積み重なりと考えます。このブロックを流体粒子と呼ぶことにしましょう。単位体積あたりの流体粒子の質量を$\rho kg/m^3$とすると、重力加速度を$g m/s^2$とすればこの流体粒子には下向きに$\rho g N/m^3$の力が働いています（重力）。この流体粒子が落ちて行かないのは、その下にある粒子に支えられているからです。たとえば粒子Aのつりあいを考えてみましょう。流体粒子Aの上には3つの粒子が積み重なっています。したがって、流体粒子Aの上面には大気圧P_aを考慮して、$3\rho g + P_a$の下向きの力が働いています。同時に、Aはその下にある流体粒子を下向きに$4\rho g + P_a$の力で押していることになります。用としてAの下面から上向きに$4\rho g + P_a$の力が働いています。そうすると、Aの合力は、上向きに$(4\rho g + P_a) - (3\rho g + P_a) = \rho g$となって、下向きの重力$\rho g$とつり合っています。

　側面の力のつりあいは、流体粒子Bのように、その深度における圧力が双方から働くことになります。このようにして、流体粒子は各深さで力がつりあっており、その深さにおける圧力は、その面の上に積み重なっている流体粒子の重さによるというわけです。

　気圧・水圧なるものを理解したところで、次に、低気圧の通過による気圧の変化がどのようなものであるか考えてみましょう。1気圧というのは海面上における大気圧で、1013.25hP_aです。hは10^2を表す接頭辞、Paはパスカルという圧力の単位で、$1Pa = 1N/m^2$です。この単位が示すように、圧力というのは単位面積(m^2)あたりの力(N)です。大気の底にいる私たちは、1気圧の圧力を受けているわけですが、これはどのくらいの大気の重さに相当するかを考えてみましょう。

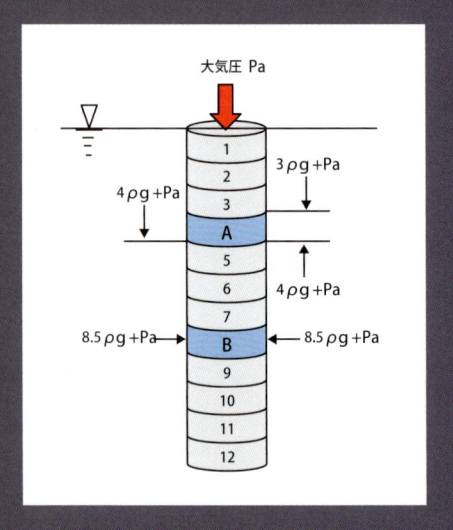

　簡単にするため、1気圧を1000hPaとします。そうすると、$100000 Pa = 100000 N/m^2$ですから、1m^2あたり10万Nという力がかかっていることになります。地球上での重力加速度は9.8m/s^2ですから、これも簡単にするため10m/s^2とすると、10万N＝1万kg10m/s^2となって、これはつまり1万kgという重さ。したがって、1気圧というのは、1平米あたり10トンの重さ!! ということです（これはP 65で別の方法で計算した結果と同じ）。

　この大きな圧力が人間の体のすべての方位からほぼ均等にかかるわけですが、同時に、人間の内部から同じ大きさで押し返しているので、普段私たちはこの大気圧というものを感じることはありません。ここでは、低気圧や高気圧が来た時に圧力の変化はどれくらいかということを考えてみましょう。さきほどの計算から考えると、1hPaの気圧の変化は、1m^2あたり10kg重ほどです。1000hP_aの状態から980hPaの低気圧がやってきたとすると、気圧が20hPa下がりますが、これは1m^2あたり200kg重程度の変化ということになります。200kg重というと気づかないわけがないと思いますが、普段は1m^2あたり10トンですから、その変化はせいぜい2％程度です。
これを大きいとみるか小さいとみるか…

込み、複雑な流れの中に、バクテリア、植物プランクトンから魚類、海棲哺乳類、海鳥まで多種多様な生物で満ち満ちていますから、海を把握し理解することは極めて難しいことです。あまりに複雑で取っ掛かりすらないように思いますが、大気と同じように、海洋にもその状態を表すもっとも基本的な物理量があります。それが、水温と塩分です。したがって水温と塩分が時空間的にどのように分布し、時間変化するかということがわかれば、ひとまずは海の基本的な状態がわかったと考えてよいでしょう。さて、一口に水温・塩分といっても、これらは一体どのようなものなのでしょうか？水温は今更説明するまでもないかもしれませんが、海水の示す温度のことです。通常私達が使っている温度は、1気圧下で氷の溶ける温度を0、水が沸騰する温度を100として、その間を100等分して定義されたセルシウス温度（単位は℃）です。海洋も気象も基本的にこのセルシウス温度を使っています。水温の時空間的な分布は海洋の水平的鉛直的な熱的構造とその変化を示します。普通、暖かい水は軽く、冷たい水は重いため、平均的な海洋の温度プロファイルは図2-1-4に示すように、海洋表層が暖かく、深くなるにつれて冷たくなります。鉛直方向に急激に温度が変化するような層を温度躍層といい、逆に温度が鉛直方向にほぼ一様な層を混合層と呼んでいます。例えば夏季に太陽光によって海面から熱が加えられると、海面からどんどん暖かくなり、海面付近に著しい成層が発達します。冬季は逆に海面から冷やされるために、海面で重くなった海水が沈み、下から軽い水が上がってくるこ

絶対温度とセルシウス温度

学術の世界では、熱力学的温度である絶対温度（単位ケルビンK）を用いることが多々あります。セルシウス温度 t（℃）と熱力学的温度 T(K) との関係は、T= t +273.15 です。

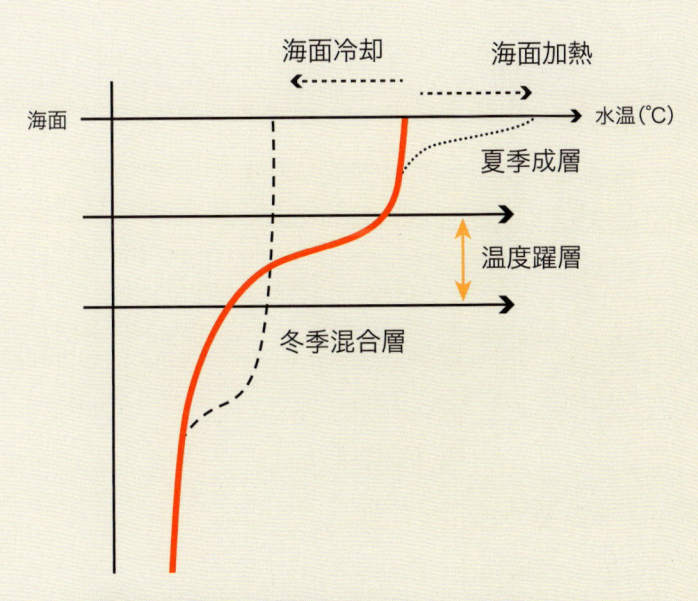

▲図2-1-4 海洋の平均的な水温の鉛直プロファイル（太線）
縦軸は深さ、横軸は水温、海面を通して熱が加えられると、海面からどんどん暖かくなり、海面付近に成層が発達する。

とで鉛直対流が活発になってよくかき混ぜられ、鉛直的に一様な水温構造、混合層が作られます。このような海面加熱・冷却による水温の鉛直プロファイルの変化は季節的な変化だけではなく、日中と夜間という1日のなかでも起こります。私たちが何気なく見ている「海面」は、私たちの知らないところで海に変動をもたらしているのです。

海水を特徴づけるもうひとつの重要な状態量である塩分は、ナトリウム、マグネシウム、カリウムなどさまざまな成分の塩の総量として定義されています。われわれ専門家はこれを絶対塩分と呼んでいます。太平洋の塩分は、水1kgに対して最大で約35gの塩類が溶けているというくらいの値です。これを私たちは、35g/kgと書きます。かつては海水の塩分値を求めるために、各水深で採水を行って化学分析の手法を用いなくてはなりませんでした。現在は、観測船からCTD（Conductivity-Temperature-Depth profiler）という機器をワイヤーで吊って、鉛直方向に約1m/sの速度で降下させながら深さとともに変化する水温と塩分を連続的に観測することができます。CTDの"C"はConductivityの"C"で、日本語では電気伝導率といいます。これは海水の電気の通りやすさを表す量で、単位はS/mです。Sはジーメンスといい、電気抵抗Ωの逆数です。前述したように、海水の塩分は海水1kgに溶けている塩類の総量をg/kgで表したものですが、実はこのような量はセンサーで直接計測することができません。海水は様々な塩類が溶けていることで電気伝導率が大きくなります。太平洋の最大塩分値である35g/kgであれば、その電気伝導率は数S/m程度あり、これは真水のだいたい100万倍にもなります。海水のこのような性質を利

▲図2-1-5　東海大学望星丸に搭載されている米SBE社製CTD
SBE3plusが水温センサー、SBE4Cは電気伝導度センサー、SBE43DOは溶存酸素センサー（海水中に溶けている酸素量を計測する）である。水中の圧力は本体に組み込まれている。SBE5Tはポンプで、図の右側の"TC duct intake"からこのポンプによって海水が連続的に引き込まれ、水温、電気伝導度率、溶存酸素センサーへと海水が循環し、"Pump exhaust"から排出される。

用して、海水の電気伝導度率を計測することで私たちは海水の塩分値を得るのです。

　CTDのDはDepthのDです。さきほど、CTDを約1m/sの速度で降下させながら深さとともに水温と塩分を計測すると述べましたが、ここでの「深さ」は鉛直的な幾何学的距離ではなく、「水圧」を計測しています。水圧は、前述した気圧と同じで、その観測深度よりも上方にある水の重さを表します。深くなればなるほど上方にある水が多くなって単位面積当たりの重さは大きくなりますから、圧力は深さと同様の意味を持ちます。海洋では圧力の単位として慣例的にdbar(デシバール)を用います。幾何学的な深さ1mは、ほぼ1dbarに相当しますから、直感的に使いやすいという理由です。このように、船からCTDをケーブルで吊って海に沈めれば、各水深(水圧)ごとの水温・塩分を得ることができますので、これをある観測線に沿って複数点実施すると、水温・塩分の断面が得られます。さらに格子点のような観測を実施すると、3次元的な水温・塩分の空間分布が得られるというわけです。水温・塩分は海洋の特徴を示すもっとも基本的な状態量ですが、各水深ごとの水温と塩分から、海水の状態方程式によって海水の密度(kg/m^3)を計算することができます。密度は単位体積あたりの質量を表しますので、海水の密度がわかることで海の運動を知ることができます。

海水の運動の素過程

　海洋における海水の運動は流体力学の法則に従います。「流体」という言葉はあまり馴染みがないかも知れません。「流体」を説明する前に、「固体」から説明しておきましょう。

　「固体」は外から力を加えたとき、それに抵抗して元の形を保とうする物質の状態を指します。全く変形を考えない理想的な状態を剛体といい、変形を考慮するが永久変形が起こらない範囲の状態を弾性体と呼んでいます。それに対して、「流体」は体積の変化を嫌います。体積が変わるような変化には極めて大きな力が必要ですが、体積が変わらないような変化であれば、ちょっとの力でどんどん変形していきます。つまり、これは「流れる」という現象です。これが「流体」です。海洋や大気はそれぞれ水と空気ですが、これらは代表的な流体です。飛行機、車、船などの交通機関はそれぞれ水や空気の中を動きますから、これら物体の周りの流体の運動がどうなるかということを議論するのが流体力学の主要なテーマです。海洋の運動も流体力学の範疇ですが、物体の周りの運動というよりは器の中の流体の運動を扱うという特徴があります。さらに、海洋は、地球という重力場にあって密度成層しており、地球自転の中での運動を扱うという特異性があります。

　このように海洋の流れを理解することは、地球という回転する惑星での流体運動を理解する必要があります。同時に、大気海洋相互作用の理解が必要です。図2-1-6は、大気海洋相互作用の結果として生じる海洋の運動を

気圧・水圧の単位

気象では気圧の単位としてかつてはmbarを用いていました。しかし、科学の各分野で世界的に国際単位系(SI)を用いるという方針に沿って、圧力のSI単位であるPa(パスカル)を用いることになりました。1bar=10^5Paなので、1mbar=1hPaとなって、うまくSI単位系で表現することができました。一方、海洋の場合は1dbar=$1×10^4$Paとなって、ちょうどよいSI接頭辞がなかったために、dbarが未だに使われています。外洋の深い海を対象とする場合、100dbar=1MPa(メガパスカル)を用いる場合があります。

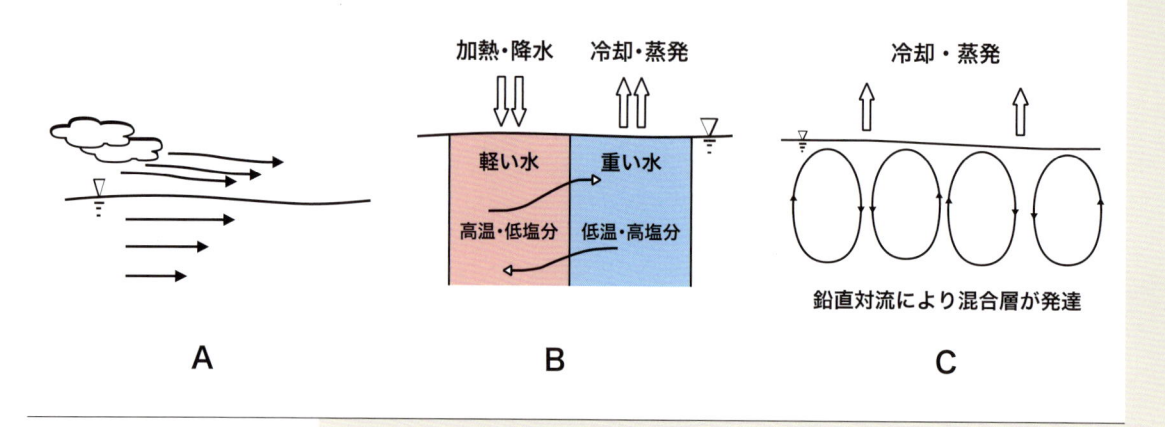

▲図2-1-6　海水の運動の素過程を示す模式図
A: 海面を風が吹くと、海面摩擦によって海水が引きづられて流れが生じる。
B: 水平的に「低温・高塩分の重い海水」と「高温・低塩分の軽い水」が分布していると、重い海水が軽い水の下に潜り込むような運動が生じる。
C: 海面からの冷却や蒸発によって、海面近傍の海水が重くなると、鉛直対流が起こる。

このような地球を取り巻く海洋や大気の運動を扱う学問を地球流体力学と呼んでいます。

模式化したものです。海面上を風が吹くと、海面に波が発生すると同時に、海面摩擦によって海水が引きづられて流れが生じます（図2-1-6-A）。それから、図2-1-6-Bのように、高温かつ低塩分の水と、低温かつ高塩分の水が水平的に分布している状態を考えてみましょう。前述しましたように、海水の重さを示す密度は、水温と塩分によって決まります。高温・低塩分水は、低温・高塩分水よりも軽いので、このような海水の水平的な水温、塩分の分布は、とりもなおさず密度の水平的な分布ということになります。つまり、軽い水と重い水が水平的に接しているわけですから、やがて重い水が軽い水の下へ、軽い水が重い水の上へと移動するでしょう。つまり流れが生じます。このような状況は、海面からの冷却や蒸発が空間的に不均一であることで起こります。また、海面からの冷却や蒸発は海面の密度が大きくなりますから、鉛直対流、すなわち、鉛直方向に運動が起こります。このような現象は実に海のさまざまな時空間スケールで起こっていることですが、地球自転の効果が効いてくるスケールになると（だいたい1日以上の時間スケール）、これらの運動はより一層複雑です。地球自転により現れる力をコリオリ力といいます。コリオリ力は、北半球では海水の運動方向に対して右直角に作用します。したがって、図2-1-6-A、Bのように水平運動が起こると、地球自転の影響はその運動の方向を変えてしまうことになるのです。

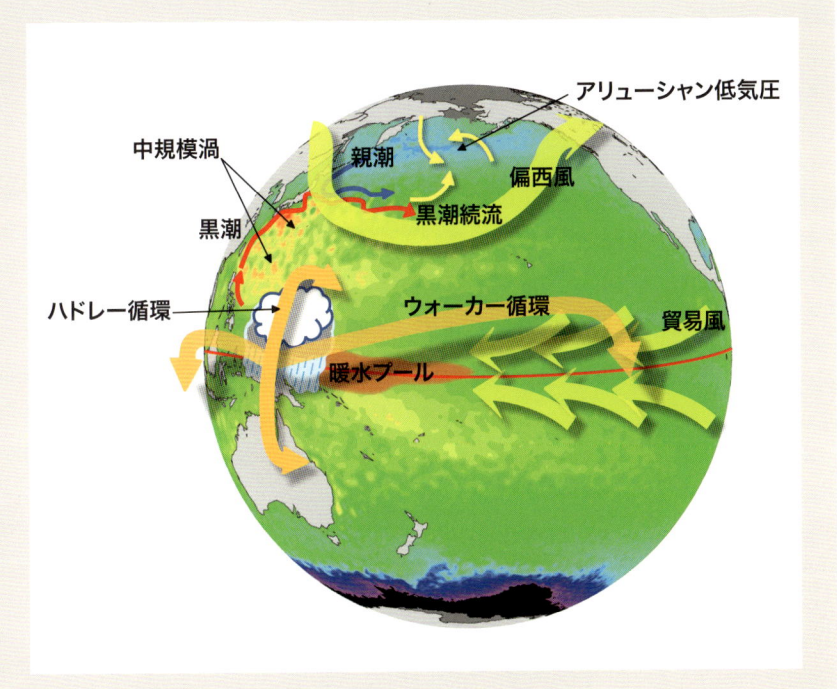

▲図2-1-7　北太平洋における大気と海洋システム
中緯度大気の偏西風、低緯度大気の貿易風が、北太平洋亜熱帯循環、亜寒帯循環を駆動し、その西岸境界流が黒潮、親潮である。

海流

　海水の流れを「海流」といいますが、普通私たちが「海流」と呼んでいるのは、ある程度強い流れがほぼ一方向にある期間流れ続けているような流れについてです。このような流れでは、さきほど出てきた地球自転の効果であるコリオリ力が重要です。図2-1-6-A、Bに示されているように、まず、海面からの作用の結果として水平方向の「圧力勾配力」が生じ、流れを作ります。この流れはコリオリ力によって徐々に右回りに方向を変えられ、やがて圧力勾配力はコリオリ力とバランスして一方向の定常的な流れとなります。このようなバランスの流れを私たちは「地衡流」と呼んでいます。「海流」は、「地衡流」であるということ

ができます。一方、沿岸海域などでは「潮流」と呼ばれる強い流れがありますが、これは主に月などの天体が関与する起潮力による流れで、時間とともに方向や流れが規則的に変化し、半日後あるいは1日後には元に戻るため、数日間程度平均すると流速が0となります。したがって、私たちは「潮流」と「海流」を区別しています。

　さて、「黒潮」は世界的な大海流ですが、この海流はもちろん、「地衡流」と考えて差し支えありません。しかし黒潮の成因は、とても大規模です。北太平洋中緯度に偏西風、低緯度に貿易風が止むことなく吹き続けることで北太平洋亜熱帯循環が駆動され、地球の自転効果と地球がまさに球であることによる自転効果の緯度依存性が作り出した「西岸強化流」が「黒潮」な

のです（図2-1-7）。この黒潮の流れを拡大して見てみましょう（図2-1-8）。黒潮は赤の等値線が混んでいる部分ですが、これは台湾東方から北上し、鹿児島の南側を通って太平洋に出て、四国南から紀伊半島にかけて接岸し、遠州灘を大きく南に迂回したのち房総半島で再び接岸した後、東向きジェットとなって離岸しています。ここで、駿河湾の鳥瞰図（P63）をもう一度見てください。駿河湾は、この黒潮と密接な関係があることが知られていますから、黒潮の流路の変化に伴って、駿河湾の内部の流れのパターンが異なり得ることが理解されることでしょう。すなわち、駿河湾という沿岸海域ではあっても、広い外洋の影響を直接受けるため、北太平洋の海洋大循環の理解も必要ということです。

駿河湾は地球の縮図

地球システムを理解するためには、海洋圏、大気圏、地圏、生物圏の固有の問題に加えて、圏間の相互作用を理解する必要があります。しかし、このようなアプローチは簡単ではありません。ただでさえ複雑な水圏を、大気圏や地圏などとの相互作用を明らかにするわけですから。そこで駿河湾です。駿河湾は、南北に伸びる急峻な海底地形をしており、湾口最深部では2500mもの深さとなります。したがって、駿河湾の最深部から富士山の頂きまでの高低差（比高）は実に6500mにもなります。この、駿河湾の急峻な海底地形と富士山という連なりは、伊豆小笠原弧を乗せたフィリピン海プレートと太平洋プレート、そしてユーラ

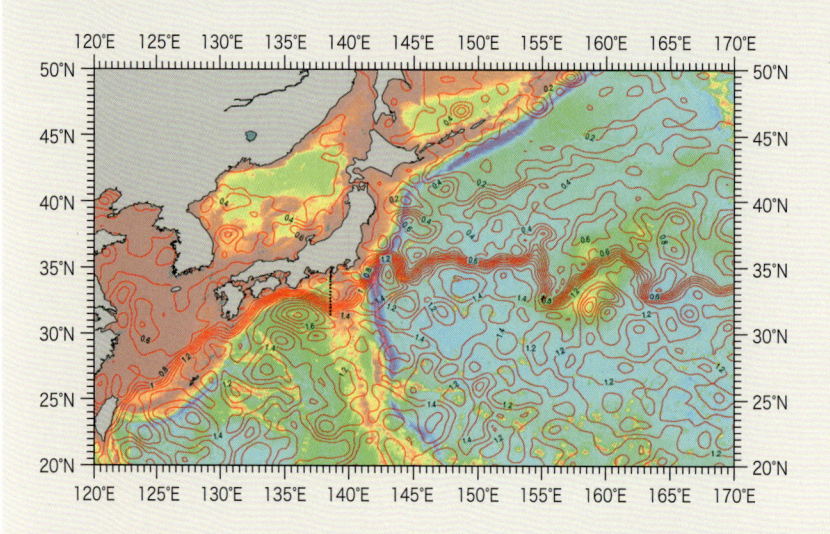

▲図2-1-8　人工衛星による海面高度観測値等から算出した絶対海面力学高度の分布図
（等値線, 単位m）
色は海底深度。日本列島南岸に赤い等値線が混んでおり、帯状に蛇行して見える。これが黒潮の強い流れを示している。

シアプレートの3重点の結果と見ることができます。また、沿岸でありながら、その深みから外洋を併せ持っているということもできます。そして、4つの大きな川と海底湧水を通して、陸域からの無視できない作用を受けています。実際、駿河湾には、オホーツク海の影響を受けた亜寒帯循環系の低温・低塩分の親潮水（実際には親潮水が変質したもの）、北太平洋亜熱帯循環中央部で形成される太平洋で最も高塩な海水である回帰線水、さらに北太平洋中層水および深層水といった太平洋に分布する外洋水が存在し、河川の影響を受けた沿岸水と複雑な相互作用をしています。そして、駿河湾の浅海域から深海域まで多種多様な生物に満ち満ちています。

　こうしてみると、駿河湾は、地球という大きなスケールから見れば極めて局所的な小さな湾にすぎませんが、地圏、水圏、大気圏、生物圏の大小さまざまな時空間スケールの現象とその相互作用が、すべて駿河湾に凝縮しているように見えます。駿河湾という身近な湾をつぶさに調べることが出来れば、それは地球を知ることにつながっていく事でしょう。そして、私たちは、私たち自身の振る舞い—人間圏の現象—を見つめ、地圏、水圏、大気圏、生物圏に人間圏を加えた地球システムの理解をさらに進めなくてはなりません。そのためには、さまざまな困難を乗り越えて、海を測ることがとても重要です。

（植原 量行　うえはら かずゆき）

第二章　現代深海研究

海を測る

うみはひろいな
おおきいな
つきはのぼるし
ひがしずむ

だれもが幼い頃口ずさんだ童謡「海」の冒頭の一節です。童謡「海」は、海の広大さと海の神秘をやさしい言葉で歌い上げた名曲です。ここで、「うみはひろいな」の「広さ」は、もちろん海の面積です。では、「おおきいな」の「海の大きさ」とはいったいなんでしょうか？もちろん、「大きい」は海の面積と捉えることができます。しかし、「おおきいな」は、単に二次元的な大きさを表現したのではなく、幽遠で神秘な様を表現したのではないでしょうか。クストーの「沈黙の世界」に代表されるように、昔から人類にとって海は、深淵な神秘の世界だったのです。このように考えると、海の「おおきさ」は、深淵な海、つまり「海の深さ」とも捉えることができると思います。

さて、我々のすむ星地球は、「水の惑星」とも喩えられますが、地球上にはいったいどれくらいの水が存在するのでしょうか？今日海水として海に存在する水は、13.324億km^{3}と見積もられています。ついで、南極やグリーンランドなどの氷河、つまり氷として存在する水が0.2436億km^3、地下水として存在する水が0.2340億km^{3}あり、湖沼や河川、土壌や大気、また生物として存在する水は、合わせても0.002205億km^{3}でしかありません（図2-2-1）。これらの合計が、今日地球上に存在する水の総量で13.8038億km^{3}となります。そして、このうち96.524%が、海に存在しているのです。この海に存在する水の体積、13.324億km^{3}は、海の面積（362.84百万km^2）と海の平均水深（3.6822km）の積で見積もられた（キャレットとスミス、2010）ものです。一方、今から100年近く前には、海の面積は355.3百万km^2、海の平均水

ジャック＝イヴ・クストー
(1910-1997)

フランスの海洋学者。海とそこにすむ生物の研究を行い、一般への啓発活動も積極的に行った。サンゴ礁の調査を題材にしたドキュメンタリー映画「沈黙の世界」は、1956年カンヌ国際映画祭でパルムドールを受賞。

マシュー・キャレット

アメリカの地球化学者。ウッズホール海洋研究所の主席研究員。放射性同位体を使った水循環や物質循環の研究を行っている。専門は、海洋学と陸水学。

リザーバー	体積 (x 10^6 km^3)	割合 (%)
海洋	1332.4	96.524
氷河・凍土（液体の水に換算）	24.36	1.765
地下水	23.40	1.695
湖沼・河川	0.1900	0.013
土壌水分	0.0165	-
大気（液体の水に換算）	0.0129	-
生物圏の生体（液体の水に換算）	0.0011	-

▲図2-2-1　地球上の水の量

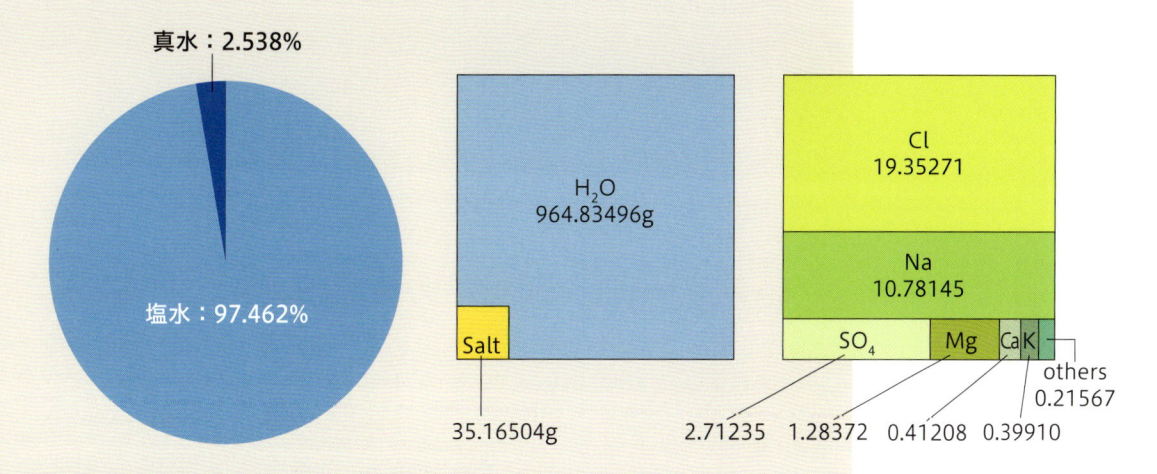

▲図2-2-2 地球上の水（左）と標準的な海水の組成（中・右）
塩水97.462％の内訳は、海水が96.520％、残り0.942％は塩水の地下水と湖水である。
右図の単位はg/kgである。中・右図はミレロら（2008）を元に作成。

深は最新のデータと比べれば100m以上も深い3.797kmとし、海に存在する水の体積を13.49億km^{3}と見積もっていました（マーレー、1888）。マーレーの見積もりは、最新の見積もりと比べ、およそ1.2％大きな値で、氷河などとして存在する水のおよそ70％にも達する量になります。

地球上に存在する水の96.520％は海洋に存在しています。また、地下水や湖水の一部も塩水ですので、地球上の水の97.462％は塩水なのです（図2-2-2）。一方、真水はわずか2.538％です。真水のうち、69.55％は氷河などの氷で、ついで地下水が30.06％です。我々日本人が日頃目にする湖沼や河川の水は、淡水のわずか0.30％、0.00105億km^{3}です。河川水に限ってみれば、この水は真水のわずか0.006％、0.000021億km^{3}に過ぎません。この河川水量は、世界の人口72.4億人が1日あたり100Lの水を使えば、わずか8年で使い切ってしまう量でしかないのです（コラム1参照）。

2014年3月27日には、衆議院本会議で水循環基本法が成立し、同年7月1日より施行され、毎年8月1日が「水の日」と制定されました。これに先立つ2007年7月20日には、海洋基本法が施行しています。人類の持続可能な発展のため、海を中心に地球上を循環する水に対する理解を深めることの重要性が強く求められているとの現れでしょう。海水中には、周期律表にある元素が濃度の大小はあるものの、すべて溶存しています。したがって、採取に関わるコストを度外視すれば、海水も極めて有用な資源なのです。また、2013年に公表されたIPCC（Intergovernmental Panel on Climate Change；気候変動に関する政府間パネル）の第5次報告書では、「海洋の温暖化は、気候システムに蓄積されたエネルギーの増加量において卓越しており、1971年から2010年の間に蓄積されたエネルギーの90％以上を占める」と報告しています。そして、この40年間に気候

ウォルター・スミス

アメリカの地球物理学者。NOAA（National Oceanic and Atmospheric Administration；アメリカ海洋大気庁）の研究者。人工衛星に搭載した高度計を用いた海底地形の観測を専門としており、国際的なGEBCO（General Bathymetric Chart of the Oceans；大洋水深総図）の委員を務めている。

ジョン・マーレー
（1841-1914）

スコットランドの海洋学者、博物学者。医学生として船医資格で捕鯨船に乗り込み航海することで海に対する興味を抱く。学生時代に（ただし乗船時は31才で）、博物学者としてチャレンジャー航海に参加。チャレンジャー号の調査隊長トンプソンの死後は、チャレンジャー号の調査資料や報告書編纂の主任を務める。地質海洋学の基礎を築く。

システムにおける正味のエネルギー増加量の60％以上は海洋の表層（0～700m）に蓄積されており、約30％は海洋の700m以深に蓄積されている」としています。地球温暖化としては、気温上昇が強調されていますが、実は海が熱を貯めることで、気温の上昇は緩和されているのです。また、海水の塩分（海水1kgあたりに溶けている無機塩類の全質量）は、中高緯度で減少し、低緯度で増加していることが分かっています。これは、低緯度で蒸発が、中高緯度では降水がより活発になっていることを物語っており、地球温暖化に伴って水循環が変化し始めているのです。このような観点からも、地球上に存在する水の量や地球規模の水循環を知ることは重要なのです。その第一歩として、海の広さ＝面積と海の大きさ＝深さを測ることは、我々の地球の今と未来を考える上で、極めて重要な要素なのです。

深海研究の歴史

深海研究の歴史は、1872-1876年に行われたイギリスのチャレンジャー号による世界一周探検航海に始まります。この航海では、海の水深の計測、海底の堆積物・鉱物の採取や生物の採集に加え、263回の鉛直的な海水温の測定や77試料（うち34試料は1800m以深）の海水試料の採取が行われました。これらの観測により、「海底は山や谷のある起伏に富んだ不規則なものであること」、「100ファゾム（1828.8m）以深の水温が季節によって余り変わらないこと」、「大洋底の水温密度は広範囲一定で、海域によって特定の値を示すこと」など、今までだれも知らなかった海、特に深海の様子が明らかとなりました。そして、この航海の成果の上に、今日の海洋学が成り立っているのです。

大航海時代から1900年代初めまで、海の水深は、目盛り付きの索（ロープ）の先端に投鉛（レッドとも呼ばれていました）を付け海中に投入し、投鉛が着底して索が弛むまでに繰り出した索の長さで計測していました。また、初期の投鉛は一部が空洞になっており、着底時に空洞に海底の堆積物が詰まって揚収されるため、水深と共に底質に関する情報も得ることができました。この底質の情報は、錨地の適否の判断材料として必要だったのです。そして、大西洋大陸間の海底ケーブル敷設のための測深が、外洋へと及ぶに至って、索は、次第に麻索、鋼索そしてピアノ線と細い材質に、また投鉛の形状や重量も変わっていきました。チャレンジャー号では、麻索を用い、ブルックが考案した円筒形採泥管が付いた球形の200kg程度の錘が用いられました。着底すると、球形の錘が離れ落ち、採泥管に入った堆積物だけが引き上げられる仕組みでした。しかし、投鉛による測深は、時間のかかる作業で、計測中に風や潮流で船が流され索が傾くこと、水深が深くなると着底が分かりにくいなど、正確な水深データが得られないという欠点があったことは言うまでもありません。また、水深データが基本的に点であるという欠点もありました。

この欠点を補うために考えられたのが、いわゆるソナー、音波の利用です。音波の利用は、1912年のタイタニッ

ジョン・ブルック
（1826-1906）

アメリカの航海士、測量学者、海洋学者。精密な水深計測のための円筒採泥型球形錘を考案、世界中で広く使用され、大西洋横断海底ケーブルの敷設にも多いに貢献した。海洋調査に関する技術に長けており、米海軍の太平洋探査のミッションに参加する。1859年8月には、フェアモア・クーパーの艦長として横浜に寄港．停泊中台風で船を失い、1860年2月まで日本に滞在。この間、幕府海軍に対する航海技術の指導に当たる。勝海舟らと共に咸臨丸に乗船し帰国する。晩年は、バージニア・ミリタリー・インスティチュートで天文学や地理学の教授として教鞭をとった。

ク号氷山衝突の悲劇をきっかけに、氷山検知の目的からその構想が生まれ、第一次世界大戦でUボートの捜索のための装置として発明されたものです。

　音は、水中を1秒間に約1500m進みます。船底から出した音が、1秒後に船に戻ってくれば、その場の水深が750mと分かるのです。1914年には、浅海用に引き続き深海用の音響測深機が開発されました。このような音響測深技術の開発は、点情報であった水深データを線情報へ変えたのです。こうした中で1919年には国際水路会議で、水深に関する表記がファゾムからメートルに変更することが決まりました。音響測深装置の開発は、チャレンジャーの時代から確認されていた大西洋の中央部に存在する海底の高まりは実は大西洋を2分する巨大な海底山脈（大西洋中央海嶺）であることを明らかにし、海溝や海山などの発見に貢献しました。また、海洋地質学の発展、プレートテクトニクス理論の構築にも多いに寄与したのです。そして、海水の器としての海底の地形が、我々人類の予想に反して極めて起伏に富んだものであることが明らかになってきたのです。

　大航海時代からの沿岸大陸棚を中心とする測深データとチャレンジャー号の世界一周探検航海で得られた大洋域の測深データをもとに、1888年にマーレーが見積もった海洋の平均水深は3.797km、海水の体積は13.49億km^{3}でした。これに対して、2010年のキャレットとスミスによる最新の推定では、平均水深は3.6822km、海水の体積は13.324億km^{3}となっています。この間、海山など海底の詳細な地形が明らかになったことで、平均水深、海水量とも推定値は、次第に減少してきました。

　チャレンジャー号の航海では、深海の海水の測温や採取も行われました。海の水温観測は、18世紀から始まりましたが、当初は熱断縁採水器で海水を船上まで汲み上げてから温度計を挿入し測温する、あるいは熱伝導防止を施した遅感温度計を海中に沈め十分に周りの水温になじむまで目的水深に置いてから急速に引き上げて温度を読み取る方法が取られていました。その後、直接液だめに水圧がかかることを防ぐために、温度計をガラスの外管に封入し、また温度計の液だめと外管の間の空間は水銀を満たして迅速な熱伝導が得られる工夫を施した防圧式温度計が開発されました。チャレンジャー号の航海では、防圧式の最高最低温度計が主に用いられ、また太平洋の観測では1874年に改良開発された転倒温度計も用いられました。

　海水中の溶存無機成分に関する研究は、ボイルの法則で知られるロバート・ボイルに始まります。ボイルは１６７４年に「Observation and Experiments on the Saltiness of the Sea」の中で、一定量の海水を蒸発灼熱し析出した塩（えん）の質量を測定しました。しかし、このような析出した塩の重量分析では、十分な精度が得られなかったことから、溶存する塩の大小を表す指標として浮子式密度計による計測が有効であることを示しました。また、海水に硝酸銀を加えると白色の沈殿を生ずることから、海水や陸水中の塩類の大小を知るため硝酸銀が有効であることも示しています。

ロバート・ボイル
(1627-1691)

アイルランドの自然哲学者、化学者、物理学者。錬金術を学んだが、その古典的な理論にとらわれず、物質は何からできているのか、物質の根源を科学的に探求した。物質を構成する成分を元素と考え、今日の化学の基礎を築いた。

ジョセフ・ルイ・ゲイ＝リュサック (1778-1850)

フランスの化学者、物理学者。気体に関する数多くの研究を行い、中でも「気体の体積が温度上昇に比例して膨張する」という法則は有名。熱気球による地球大気の観測も行った。海水の塩濃度（今日の塩分）の測定を行い、沿岸域では変動が大きいが、外洋では変動が小さいことを示した。

アレキサンダー・マーセット (1770-1822)

スイスの化学者。1819年に、68地点の海水の密度と14地点の海水の蒸発塩の重量や成分量を測定した結果を発表した。これは、世界で始めて、海水の主要塩類の濃度を測定したものである。

ジョン・ホルヒハンマー (1794-1865)

デンマークの鉱物学者、地質学者。1863年に、世界各地から採取した数百におよぶ表面海水の主要成分を測定した結果を発表した。これは、マーセットの結果と共に、海水の主要塩類の組成が空間的に一定であることの根拠になっている。

ジョン・ブキャナン (1844-1925)

スコットランドの化学者。グラスゴー学芸大で化学を学び、1867年にエジンバラ大学の助手となる。チャレンジャー号航海には、化学分析の腕を買われ、物理と化学担当として乗船。採取した海水をディットマーに化学分析を依頼した。チャレンジャー航海報告書では、海水の密度と大気循環に関する項目を執筆した。後に、世界初の海洋表層塩分の精密な分布図を作成した。

ウィリアム・ディットマー (1833-1892)

イギリス人の化学者。既存の方法を改良し、チャレンジャー号で採取した海水を分析。海水組成の一様性を確実なものとした。

成分	ディットマー (1984)	ミレロら (2004)	差 (%)
Cl	19.352	19.262	0.47
Na	10.707	10.731	0.22
SO$_4$	2.692	2.700	0.28
Mg	1.304	1.278	2.05
Ca	0.419	0.410	2.16
K	0.387	0.397	2.61
Br	0.066	0.067	1.53

▲図2-2-3 海水の主要成分の組成：ディットマーの計測値とミレロらの最新の報告値との比較
（海水の塩分35、主要成分の単位はg/kg）

　1800年代に入ると、海水中の塩類の組成の解明が進みます。そして、ゲイ・リュザック、マーセットやホルヒハンマーによって、海水中の主要元素の高精度の分析法の確立がなされ、「海水に溶存する塩類の量は場所によって異なるものの、成分の比は比較的一様である」ことが分かってきました。

　チャレンジャー号の航海では、ブキャナンが表層水や測深索に採水器を取り付けて各点800ファゾムまでの採水を行いました。そして、船上で浮子式密度計による密度の測定や溶存するCO_2の測定を行いました。また、航海後、様々な海域と水深から得られた77個の海水試料は、グラスゴー大学のディットマーの元に送られ、はじめて海水の主要7成分に関する精密な測定が行われました。また、アルカリ度の測定も行われました。その結果、海水の組成が空間的に極めて一様であることを再確認し、塩化物イオン濃度から海水中の無機塩類の量が出せることを示唆したのです。図2-2-3からもわかるように、ディットマーの測定値は、100年以上経った今日の最新の観測結果と比べても見劣りしない、とても正確なものでした。そして、この成果は、その後の海洋学の発展に大きく寄与することになったのです。

　現代につながる高い精度の海洋観測が行われるようになったのは、1893-1896年のノルウェーのフリチョフ・ナンセンによるフラム号（フラム；Framは、ノルウェー語で"前進"の意）での北極海漂流航海からです。一般に、この航海は、海氷の中に船を凍結させ漂流し北極点を目指した探検航海として認識され、ナンセンは探検家としても知られています。しかし、この航海の間に得られた観測データは、海洋学の進歩に多いに貢献し、海洋学者ナンセンの名を今日に残しました。

　フラム号の北極海航海で、ナンセンは、氷に孔をあけ測深を行い、自らが改良した熱断縁採水器で採水し、汲み上げた海水の測温や密度測定を行いました。その結果、北極海は予想外に深く、3000mを超える海盆の存在が明らかとなりました。また、水深200～800mには、この上下層（い

▲図2-2-4　エクマン理論に結びついた、ナンセンの感動
メンデレーエフ海嶺に沿って北上し北緯76度13分あたりの氷縁に近づいた時のこと。結局、多年氷の氷盤から切れた氷の帯に針路を阻まれ、北上を諦めるが、このときの氷の帯は皆北北東方向にのびていた。風は南風、まさにエクマンの概念に結びついたナンセンの見た風景。エクマン輸送は、風向きに対して４５度右だが、氷は海面上に出た部分が風を受けるので、少し左寄りに偏向する。(写真は2004年9月17日)

ずれもマイナスの水温) よりも暖かな高塩分の海水が存在し、北大西洋の湾流由来の暖水が北極海に貫入していることも明らかになりました。この航海でナンセンが観察した「流氷の移動が風の向きから右側にずれる」ことは、後にヴァン・ヴァルフリート・エクマンによって風成大循環理論の基礎へと発展しました (図2-2-4)。その後、1918年にはアムンセンが、モード号で北極海観測を行いました。3年を費やしたこの航海では、海洋、気象および地磁気など地球物理学に関する数々の貴重な成果が得られました。この航海に参加したハラルド・スヴェルドラップは、それら成果をまとめ海洋表層循環理論を構築しました。

後にナンセンは、現オスロ大学の動物学の教授に就任しますが、1908年には同大学の海洋学の教授となり、海の研究を継続しました。そして、連装可能な転倒式採水器、ナンセン採水器を考案します。ナンセン採水器は、2種類の転倒温度計が装着でき、転

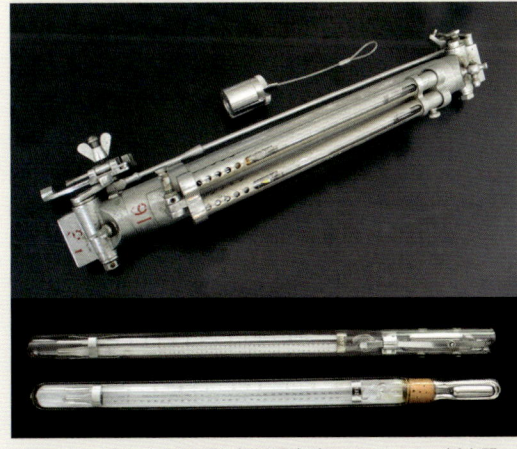

▲図2-2-5　ナンセン採水器と転倒温度計と10Lニスキン採水器
海洋学の発展に貢献した連想可能なナンセン採水器とメッセンジャー(左上)
ナンセンの助言で改良された防圧型(写真左下の下)と被圧型(写真左下の上)の二種類の転倒温度計が取り付けられ、温度計が採水器と共に転倒することで水銀柱が切れ、防圧型と被圧型温度計の示度の差からは転倒した水圧(水深)がわかる。右は、今日広く利用されているニスキン採水器。

フリチョフ・ナンセン
(1861-1930)

ノルウェーの海洋学者、動物学者。現オスロ大学で動物学を学ぶ。1888年にグリンランドのスキー横断を行い探検家としても知名度を高める。フラム号航海後、現オスロ大学の動物学の教授、1908年には海洋学の教授に就任。この間外交への関心が高まり、1906~1908は駐英のノルウェー大使を務める。また、人道活動、難民援助でも尽力を尽くし、1922年ノーベル平和賞を受賞。活動は、多岐にわたるが、フラム号に始まる海洋学的な研究は、高く評価され、「現代深海研究の父」と呼ばれている。

ロアール・アムンセン
(1872-1928)

ノルウェーの探検家。当初医学を志すも、両親の死で断念。その後は、極地研究に生涯をささげる。1911年12月14日には、始めて南極点到達を果たす。1918年、モード号航海を実行、地球物理学的なデータの種集を行う。この航海は、史上最も重要な北極海観測の1つにもあげられている。1928年6月、友人で工学者のウンベルト・ノビレの遭難の捜索に出かけ消息を絶つ。

ハラルド・スベルドラップ
(1888-1957)

ノルウェーの気象学者、海洋学者。特に海洋物理学の分野で数多くの功績を残し、海流の仕組みの解明や風波およびうねりの予測手法の開発にも寄与した。1936年から12年間、スクリップス海洋研究所の所長を務めた。海洋学において海流量を表す単位スベルドラップ(1Svは毎秒100万m^3の流量に相当)は彼の名に由来する。

ヴァン・ヴァルフリート・エクマン
(1874-1954)

スウェーデンの海洋物理学者。いわゆるエクマンの海流理論の提唱者で、現代海洋物理学の基礎を築いた。父は海洋学者のグスタフ・エクマン。

83

倒した深さ（水圧）と水温が記録され、またその深さの海水を採取できるしくみになっています（図2-2-5）。このようなナンセン採水器による観測は、その後1980年代まで100年近くにわたって海洋観測の現場で使用され、人類の未知なる海の理解におおいに貢献しました。チャレンジャー号の航海以降の近代海洋学は、ナンセンに始まる北極海観測の上に成り立っており、ナンセンは「現代深海研究の父」であるといえます。

塩分計測の発達史

　塩は、我々の人類が生きるために欠かせない物質の一つで、その製造は、紀元前まで遡り、海水などの塩水を鉄板の上で蒸発させたことに始まったとされています。海水中の塩（えん）に関する科学的な研究としては、前述したように1674年のボイルの研究があります。彼は、一定量の海水を蒸発させたときに析出する塩の質量、あるいは一定量の海水に硝酸銀を加えて生ずる沈殿量として「海の塩気（Saltiness of sea）」を定量化しました。この「海の塩気」は、1902年に塩分（salinity）として、デンマークの海洋物理学者マルティン・クヌーセンによって「海水1kg中に含まれる溶存無機物質のグラム数」と定義されます。単位は、g/kgつまり千分率（‰；パーミル）で表しました。その際、臭素やヨウ素などのハロゲンは塩化物イオンにすべて置換すること、炭酸塩は有機物の燃焼に合わせ酸化物に変えることとなっています。この塩分は、日本の南岸を流れる黒潮では、およそ34.5となります。塩分を直接定量する操作は、神業とも言える熟練した技術が必要でした。また、ボイルが指摘したように再現性の面での問題もありました。「必要は発明の母」と言われますが、海水の塩分の測定の歴史は、まさにこの連続で、必要に迫られて新たな測定法が開発され、これに伴ってその定義が変わってきました。

　海水の塩分は、（1）海面での蒸発による濃縮や降水による希釈、（2）河川水流入による希釈、（3）極域での海水の結氷による濃縮（排出された高塩分水との混合）、（4）極域での海氷の融解水による希釈によって変化します。このような塩分の変化は、いずれも海の表面付近で起こる過程であるため、その海水がいったん海面下にもぐれば、他の海水との混合を除いては、ほとんど変化することはありません。従って、塩分には海水の特性を示す指標として重要性がありました。また、塩分には、海水の密度を決める要素としての重要性もあります。真水の密度は、水温で決まります。一方、海水にはさまざまな塩類が溶けていますので、水温のみでは密度は決まらず、塩分や水圧の影響も受けるのです。海水の密度は、海水の運動を知る上での基本的な物理量ですが、これを簡便かつ精密に直接測定することは困難であったことから、水温と塩分、水圧の関数として、海水の密度を表すことが考えられたのです。

　塩分の直接測定には、熟練した神業が必要でした。次第に明らかになってきたように、海水中の主要元素の組成は世界のどの海でもほぼ一定であることから、まず考えられた方法は、

マルティン・ハンス・クリスチャン・クヌーセン
（1871~1949）

デンマークの物理学者、海洋学者。海水中の「塩分」を定義するなど海洋学の分野で多くの貢献を行い、「近代海洋学の開祖」と呼ばれる。また、物理学者としても活躍、希薄な気体に関する研究を行う。

塩化銀の白色沈殿 　　　終点の検出に使用するクロム酸　　海水15mlをピペットで採取 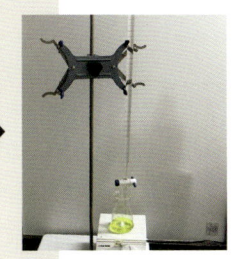　　滴定開始前
　　　　　　　　　　　カリウム溶液

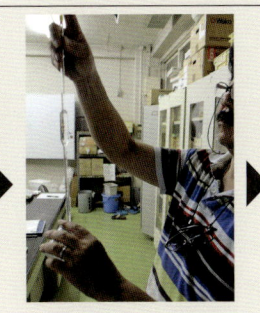

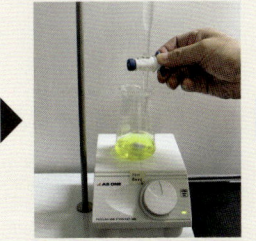

開始直後、わずかに塩化銀が沈殿 　　硝酸銀を滴下した瞬間、一瞬赤褐色　　滴定終点（この写真は終点よりさらに
　　　　　　　　　　　　　　　　のクロム酸銀が生成、撹拌で消える　　約1mℓ硝酸銀溶液を加えた状態）

▲図2-2-6　海水の塩素量の測定

塩化物イオンは、銀イオンと反応し白色の塩化銀の沈殿を形成する。クロム酸イオンも、銀イオンと反応し赤褐色の沈殿を形成する。ただし、クロム酸銀の溶解度は、塩化銀の溶解度より2桁程度小さいため、適切なクロム酸イオンの濃度を設定すれば、塩化物イオン存在下では、クロム酸銀は沈殿せず、塩化物イオンとの反応がほぼ完了した時点からクロム酸銀を沈殿させることが可能になる。したがって、塩化銀の白色沈殿がクロム酸銀の沈殿が混ざり、はじめて赤褐色を呈した時点を終点として、それまでに加えた硝酸銀溶液の容量から塩化物イオンの量を知ることができる。写真では、海水および硝酸銀溶液は、クヌーセンの方法の1/20の濃度で滴定を行っている。実際の塩素量測定では、クヌーセンが考案した専用のピペットおよびビュレットが用いられる。

塩化物（塩素）イオンを正確に定量することでした。海水に硝酸銀を加えると沈殿（塩化銀）が生ずることは既に述べました。海水中の塩化物イオンを定量するためには、既知量の海水中のすべての塩化物イオンを塩化銀として沈殿させ、この沈殿の質量を測る重量分析か、既知量の海水に濃度既知の硝酸銀溶液を滴下し、すべての塩化物イオンが塩化銀に変わった瞬間までに加えた硝酸銀溶液の容量を知る方法、いわゆる滴定法とが考えられます。前者では、沈殿のろ過乾燥に比較的長い時間を要することに加え、操作過程で白色の沈殿が黒変してしまいます。これは光によって塩化銀の沈殿が分解し、金属銀が生成するためで、塩分をわずかに過小評価する可能性があります。また、後者の滴定法では、加える銀イオンと反応しすべての塩化物イオンが塩化銀として沈殿する最後の一滴の瞬間を見極めるための手段が必要です。ここで考えられたのが、クロム酸イオンの利用でした。このようにして定量した海水の塩化物イオン濃度は、塩素量として「海水1kg中のハロゲンの全量に相当する塩素のg数を千分率で表したもの」と定義されました。そして、この塩素量に塩分/塩素比を乗ずることで塩分の

グスタフ・エクマン
(1852-1930)
スウェーデンの海洋学者、魚の豊不漁と海況の関係を見いだし、海水の塩分測定の重要性を示した。北海を中心とする国際的な海洋調査の組織作りを行い、国際海洋探査競技会の設立に寄与した。

スヴェン・オットー・ペテルソン (1848-1941)
スウェーデンの海洋学者、化学者。1902年、エクマン、ナンセン、クネーセンらと共に国際海洋探査競技会の設立、1915~1920年同協議会の総裁を務めた。

定量を可能にしたのです。通常化学では、溶液の単位容量あるいは溶媒の単位質量あたりの溶質の質量として濃度を表しますが、海洋学で用いる塩素量や塩分は、溶液、つまり海水の単位質量あたりの溶質（塩素や無機塩類）の質量である点で大きく異なります。

塩分の測定と重要性を示し、塩分の規格化のもとになった仕事として、スウェーデンの海洋化学者グスタフ・エクマンの1870年代の研究があります。グスダフ・エクマンは、海洋物理学者ヴァン・ヴァルフリート・エクマンの父親です。当時北海やバルト海の春告魚漁は北欧諸国の重要な産業でした。エクマンは春告魚の豊不漁、ニシンの回遊経路が水温や塩分に関係していることを見いだしました。この時塩分の測定に用いられたのが、滴定法でした。その後エクマンは、オットー・ペテルソンとともに、バルト海と北海の海洋観測に乗りだしました。さらに、デンマークなどの隣国も加わり大規模な観測へと発展しました。また、彼らは、水産資源の保護と確保のためには国際協力と組織的な観測調査が必要であることを訴え、賛同したナンセンやクヌーセンらとともに、今日の国際海洋探査協議会の設立に乗り出したのです。

観測が大規模になると、いくつかの新たな問題が生まれました。最大の問題は、同じ場所で採取した海水を複数の研究室間で測定したところ異なる塩分の値になってしまったことです。そこで、1899年にクヌーセンは、国際海洋探査委員会で塩分測定に関する標準海水の作成を提案し、コペンハーゲンに研究室を構え、講義や研究の傍ら標準海水の作成配布を始めました。

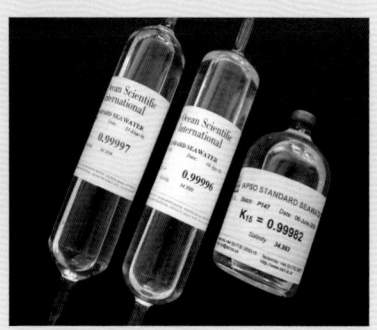

▲図2-2-7 塩分を測定するための標準海水

標準海水（通称コペンハーゲン水）は、その塩分と塩素量が定められているので、これを用いて滴定溶液である硝酸銀濃度を決定することで、この問題の解決を図ったのです。また、塩素量の滴定に関するプロトコールを作成し、滴定に用いるピペットやビュレットにも改良を加え、揺れている船でも高精度な測定が確保できるように、溶液のメニスカスを標線に合わせる操作を極力省き、滴定量を0.001mlまで読み取り可能にすることで、高精度な分析を可能にしたのです。この標準海水は、今日はIAPSO（国際海洋物理科学協会）の標準海水として、海洋学の必須のアイテムとして引き継がれています（図2-2-7）。塩素量から塩分の換算に関しては、1902年にバルト海、北海、紅海、大西洋の9つのデータをもとに提供されました。この換算式は、0.03の切片を持つもので、塩素量がゼロでも塩分ゼロとはならないという問題を秘めていました。この切片は、バルト海に注ぎ込む河川水の高いカルシウム濃度によるものでしたが、後にデータの蓄積によって切片を持たない換算式に改訂されました。また、元素の原子量の改訂によって塩素量が変化しないように、1940年に塩素量の定義の改

訂が行われました。

　1930年代になると、電気伝導度計による塩分測定の有効性が示されました。電気伝導度とは、溶液の電気の通しやすさの指標で、溶液のもつ抵抗率の逆数です。海洋学の進歩の中で、海水の塩分の重要性がより認識される一方で、滴定による塩分測定は、重量法による塩分測定（塩分の本来の定義）ほどではないにしろ、揺れる船の上では大変な作業でした。1967年にコックスらによって、塩素量と電気伝導度の関係に関する詳細な研究がなされ、電気伝導度と塩分の関係式が報告されました。その結果、電気伝導度による塩分測定が急速に普及することになったのです。このような測定法の変化に伴い、海水の塩分は、1981年のUNESCO（国際連合教育科学文化機関）で「1kg中に32.4356gの塩化カリウムを含む溶液と15℃（ただしIPTS-68）1気圧において電気伝導度が等しい（電気伝導度比K15=1）海水の塩分を35とする」と改訂されました。この結果、電気伝導度で求めた塩分は、塩分の元来の定義からはかけ離れたものとなったことから、実用塩分と呼び、この塩分は無次元（単位を持たない）と決まったのです。また、電気伝導度による塩分測定は、その後小型化が進み、温度計のようにセンサー化され海中を降下させながら、リアルタイムで塩分の測定可能な装置へと進化しました。

　2010年、ふたたび塩分の定義の改訂が行われました。これは、海洋学のルネッサンスとも言える出来事でしょう。実用塩分の導入の当初から「全海洋で海水組成は均一である」という仮定には疑問が投げかけられていました。また、実用塩分は物理量でありながら無次元であること、無次元の塩分から次元をもつ海水の密度を計算することに対する問題点や矛盾も指摘されていたのです。電気伝導度にはあまり影響せず、海水蒸発後の塩の質量に影響するものとしては、栄養塩のケイ素の影響が有力です。今回の改訂では、塩分は当初の「1kgあたりに含まれる無機溶存物質の質量を千分率で表したもの」という定義に立ち戻り、この直接測定の困難さから、広く普及してきた実用塩分や塩素量の考え方を踏襲して、実用塩分から計算される標準組成塩分を定義しました。さらに、絶対塩分と標準組成塩分の差を絶対塩分偏差として、これを経度とケイ素濃度の関数として、海域ごとに決められた関係式から求め、標準組成塩分に加えることで絶対塩分を求めることとしたのです。

　これまで「塩分」測定の歴史を述べてきましたが、メディア等一般には、「塩分濃度」という表現が、広く用いられています。辞書で「分」を引いてみると、「全体を構成する一部」とあり、「比」あるいは「割合」を示すことばであることがわかります。例としては、「水分=成分として含まれる水の量」が上げられており、これと同様「塩分」は、「成分として含まれる塩の量」、つまり「塩気」なのです。そして、ボイルに始まる「海の塩気：saltiness of sea」を、海洋学では「salinity：塩分」と定義したのです。「塩分濃度」というおかしな日本語が蔓延している背景には、日常生活で「塩分の取りすぎ」

ローランド・コックス
イギリスの海洋学者。イギリスの国立海洋学研究所の研究者で、塩分の測定にいち早く電気伝導度計を導入した。

IPTS-68
1968年国際実用温度目盛。現在はITS-90（1990年国際温度目盛）が運用。IPTS-68での100.000℃は、ITS-90では、99.976℃となる。

▲図2-2-8　いろいろな採水瓶　　　　▲図2-2-9　ニスキン採水器とCTDシステム

というように、どうも「塩」あるいは「食塩」と「塩分」が同義で使われてしまっていることに問題があるのでしょう。

深海研究の方法

21世紀の今日、深海研究の技術は大きな進化を遂げています。測深技術も、音響測深機の開発で投鉛の時代の点情報から線の情報へと進化しました。現代は船底から左右に扇状に音波を発信するマルチナロー音響測深機の開発によって、水深は線情報から面情報へと変化しています。しかし、依然海は人類にとって広大な存在です。2010年に公表された最新の水深データセットですら、船舶で計測した水深データは、海洋の面積にしてわずか10%程度の範囲でしかありません。実測データの無い残り90%の範囲に関しては、人工衛星による重力異常データを実測データで較正し、重力データを変換し求めているのが実情なのです。したがって、現在の海の平均水深や海水の体積のデータも、実測データの蓄積や重力異常データの高度化に伴って、現在の水深や容量の数値も今後ある程度は変わっていく可能性を秘めているのです。一方で、およそ120年の年を隔てたチャレンジャー号の時代と現在とのそれらの数値の違いが、平均水深で3.1%、海水量で1.2%でしかなかったことはある面驚くべきことです。1888年当時のマーレーの推定がきわめて正確だったということでしょう。

海水の観測に関しても、その手法は大きく進化してきました。ナンセンが開発したナンセン採水器は、防圧被圧の2種類の転倒温度計を装着し水温と水圧の計測と同時に採水も可能でした。また、観測ワイヤーに採水器を連装させ、表層から深層までの測温と採水を一気に行うことができました。船上から、メッセンジャーと呼ばれる錘（図2-2-5）をワイヤーに取り付けて投下すると、このメッセンジャーが最上層の採水器にあたると採水器を作動させ、このとき採水器にセットしてあったメッセンジャーがリリースされワイヤーを伝って次の採水器へ…というように、というように次々下層の採水器を作動させていくのです。メッセンジャーは、150m/分程度の速度で海

中を降下しますので、仮に5000m深までの採水であれば、最下部の採水器までメッセンジャーが到達するまでには、35分ほどの時間を要します。採水器の作動は水深100mであれば、ワイヤーに指を当てていると、採水器の作動時の振動が伝わってくるので確認できます。しかし、5000mともなるととても確認はできません。また、かつてはワイヤーに防錆のためグリースを塗布していたことから、航海開始時にグリース落としはするものの、次第にしみ出してくるグリースによってメッセンジャーが動かなくなってしまうこともありました。大水深でのメッセンジャー到達の確認に利用されたのが、ピンガーという音波発信機です。ピンガーからの直接音と海底での反射音を船で受信することで、ピンガーと海底の距離を測るための装置です。ピンガーにトリガーを付けておけば、メッセンジャーがトリガーを叩くとピンガー音が倍音となり、メッセンジャーの到達が確認できるのです。ほっとする瞬間です。

採水した海水は、目的に応じて試料瓶に海水を小分けします（図2-2-8）。採水口にチューブをはめ、塩分、溶存酸素、pH、栄養塩（これら項目の分析をルーン分析と言います）と順次試料瓶に満たしていきます。試料瓶は、目的成分毎に材質、容量、瓶や蓋の形状などすべて異なります。また、通常少量の海水で、3回共洗い（内壁を濡らしては捨てを3回繰り返す）ですが、溶存酸素など気体成分の測定の場合は、乾燥したガラス瓶を用い、共洗いではなく、チューブの先端を瓶の底に付けた状態で泡立てないように満水にして、その後瓶容量の2～3倍量を溢れ出させ、静かにチューブを抜きさる…など採取の方法も、目的成分毎に異なります。さらに採水にあたっては、周囲や隣の採水器からの海水飛沫、雨水や夏であれば汗など試料に混入しないよう十分に注意する必要があります。採水作業終了後は、温度計の示度読みです。目盛りを拡大するため、ルーペを用いて、最小目盛りの1/10までしっかりと読み取る必要がありました。

研究が多様化する中で、次第に測定成分が増えていきます。こうした中で、ナンセン採水器では容量が不足するようになってきました。そこで、塩ビ製の筒状で上下にフタの付いたニスキン採水器（図2-2-5）が開発されました。容量も23L、さらには250Lの大量採水器も登場しました。また、微量金属測定のための特殊な採水器の開発も行われました。

1960年代後半になると、電気伝導度計の小型化が進み、現場で水温・塩分を連続的に測定する装置STDやCTDが普及していきます。この装置をアーマードケーブルと呼ばれる電気信号を伝送できるワイヤーを用いて海中に吊り下げ降下させることで、リアルタイムで水温と塩分の値を船上でモニターすることが可能になりました。今日、CTDは、自動採水システムと連動させ最大36本の採水器を取り付け、船上から信号を送ることで、任意の水深の海水採取が可能になりました（図2-2-9）。さらに最近はCTDを搭載したプロファイリングフロートによる観測も行われています。このフロートは、通常は設定した水深を漂流していますが、一定時間毎に海面まで浮上するようになっており、浮上の際にCTDで

堀部純男

海洋学者、地球化学者。東京大学海洋研究所（現大気海洋研究所）無機化学部門の初代教授。軽元素の酸素や水素の安定同位体を用いた地球化学的研究を行う。退官後、東海大学海洋学部で教鞭を取る。南十字星航海やおおぐま座航海のような観測スタイルは、今日の海洋研究の基礎となった。

チャールズ・キーリング
(1928- 2005)

アメリカ合衆国の地球化学者、大気化学者。カリフォルニア大学サンディエゴ校スクリップス海洋研究所（Scripps Institution of Oceanography）教授。1958年からハワイ島マウナロア山と南極点で大気中のCO_2濃度の精緻な観測を実施し、CO_2が経年的に増加していることを世界で初めて明らかにした。この大気CO_2濃度の上昇曲線は、地球環境に対する人類の影響を浮き彫りにしたもので、キーリング曲線（Keeling Curve）と呼ばれている。

放射性炭素（C-14）

陽子6個と中性子8個からなる半減期5730年の炭素同位体。1940年発見され、これを使った年代測定法が1947年にウィラード・リビー（アメリカの化学者；1961年のノーベル化学賞を受賞）によって確立される。自然界では、大気で宇宙線と窒素酸素の核反応で形成されるが、人工的には1950年~1960年代の大気中核実験で多量に生成された。その結果、北半球では1963年、南半球では1965年に極大となった。以降は、海や植物への取り込みによって減少しつつある。

水温と塩分の鉛直的なデータを取得し、浮上した場所の緯度経度と浮上日時の情報を計測データとともに衛星回線を経由して陸上のサーバーに送信します。現在では、世界中の海で3000個を超えるフロートが漂流し、人知れず観測を行っているのです。

チャレンジャー号やナンセンの時代の海洋観測は、ある海域の海の姿を調べると言う博物学的色彩の強いものでした。その後、海洋構造、海水の循環場の把握を目的とした観測が行われるようになります。我が国では、気象庁が洋上の気象観測点への往航時に海洋観測を開始しました。気象庁の凌風丸が1967年に北西太平洋の伊豆・小笠原海嶺の西側、東経137度線に観測定線を設けました。この凌風丸の観測は、現在も継続しており、世界的に稀な定線観測線となっています。1962年には、東京大学に海洋研究所（現在は大気海洋研究所）が設置されました。1968年には、白鳳丸が就航され、我が国での本格的な海洋の化学的な研究航海が始まりました。そして、当時海洋研の無機化学部門教授の堀部純男博士は、1968年11月～翌3月中央太平洋から南太平洋の縦断観測南十字星航海、1970年4月～6月に北太平洋の横断観測おおぐま座航海を実施しました。この航海には、我が国の分析化学や地球化学の研究者が乗船し、ルーチン項目に加え、炭酸系化学種、放射性核種や同位体などさまざまな化学成分が測定され、海水の動きを探る研究の他、海洋の物質循環の研究が始まりました。このような航海は、当時世界的に類を見ないもので、1970年代に米国で行われた地球化学的大洋縦断研究（GEOSECS）計画の先駆けともいえる航海だったのです。

1972～1978年には米国の地球化学者や海洋化学者が、2年余りの歳月をかけて大西洋、太平洋およびインド洋でGEOSECS計画と呼ばれる大洋の縦断横断観測を行いました。この研究計画での分析項目は、ルーチン項目に加え、種々の放射性核種や同位体、溶存気体など実に38項目に上りました。この航海によって、核実験起源のトリチウム（H-3）の分析によって北大西洋で深層水が沈み込む様子が可視化された(図2-2-10) 他、化学成分の濃度変化から深層水が北大西洋から南下し、インド洋太平洋を北上する様子が見事に描き出されました。そして、この深層循環（コンベアーベルトとも呼ばれている）が、およそ2000年の時間スケールであることが放射性炭素(C-14)の分析から明らかとなったのです。また、Pb- 210やPo- 210の天然放射性核種の測定と解析から、海洋からの金属成分や栄養塩など物質の除去機構の理解が大いに進歩したのでした。このような大洋を縦断横断する測線観測は、その後、世界海洋循環実験計画（WOCE）や現在進行中のGEOSECS 2とも呼べる海洋の微量元素・同位体による生物地球化学研究（GEOTRACES）へと引き継がれています。

今日、人類活動によるCO_2の排出量の増加で、地球の気候システムが温暖化していることは疑いありません。1957年にチャールズ・キーリング博士は、大気CO_2濃度のモニタリングをハワイ島マウナロア山と南極点で開始

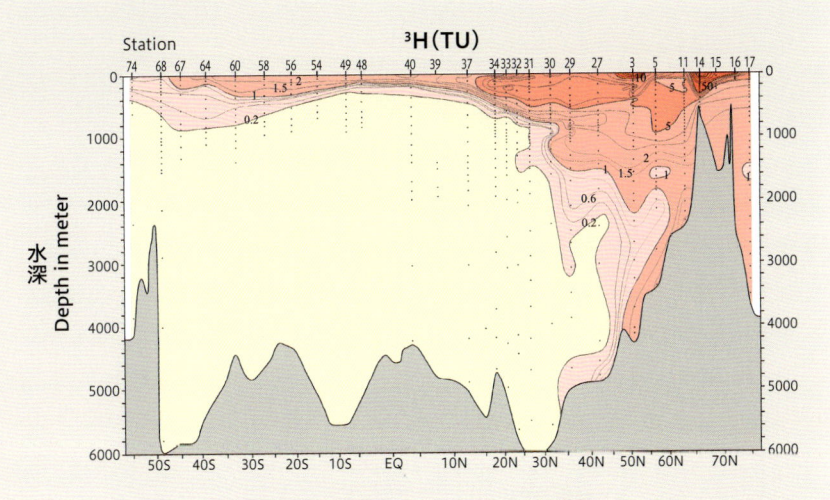

▲図2-2-10　大西洋での核実験起源のトリチウムの南北断面
GEOSECSの報告書を元に加藤義久博士が改図

し、いち早く地球の気候変化に対する警鐘をならしました。こうした中で、大気中でCO_2が増えることによって、海に溶け込むCO_2も増えていることが予想されました。そこで、1980年代になると大西洋のバミューダ海域で海洋での時系列観測が開始されました。我が国でも、1990年代中頃からは、精度管理された時系列観測を気象庁と気象研究所が東経137度および165度定線で実施します。また、北太平洋の亜寒帯域では全球海洋クラックス共同研究計画（JGOFS）の枠組みの中で共同観測が開始し、現在は海洋研究開発機構（JAMSTEC）に引き継がれ観測が行われています。そして、世界の海で行われてきた時系列観測の結果から、海は人為起源CO_2の30％程度を吸収していること、これによって海の酸性化が進んでいることが明らかとなってきました。また、1990年代に行われたWOCEの各層観測プログラムから10年以上が経過していることを受け、1999年からは順次WOCE観測線の再観測が実施されています。これらの観測によって、人類活動の影響で変化しつつある海の表層から深層・底層に至る海水の特性が次第に明らかにされつつあるのです。今日センサーによる化学成分の測定技術が進歩しつつありますが、採取した海水の化学分析の結果に比べると、精確さの点で劣っているのが現状です。炭素を始めする様々な元素の海での振る舞いの理解や人類活動に伴う深海の海水の化学的性質のわずかな変化の検出には、依然海水の採取と精密な化学分析が欠かせないのです。

天然放射性核種

自然界に存在する放射性核種で、放射性炭素のような宇宙線生成核種、K-40のような長半減期の放射性核種およびウランやトリウムを親核種とする壊変系列核種とがある。Pb（鉛）-210（半減期22.3年）やPo（ポロニウム）-210（半減期138日）は、U（ウラン）-238の壊変系列の核種で、Po-210/Pb-210比　やPb-210/Ra-226（ラジウム226；半減期1620年）比を調べることで、海水からの物質除去の過程を調べることができる。

トリチウム（H-3）

トリチウム（三重水素）は、陽子1個と2つの中性子を持つ放射性の水素の同位体で、半減期12.32年で減衰する。自然界でも大気中で宇宙線と窒素あるいは酸素との核反応でわずかに生成するが極微量であり、主には1960年代の大気中核実験で多量に生成、降水（HTO；Tがトリチウムを示す）として陸や海に降下した。半減期が12.32年であることから、年齢の古い深層水（1000m以深）では通常検出されない。1972~1973年に行われたGEOSECS計画の大西洋の南北断面では、表面水が冷却し深層水が形成する北大西洋北部や北極海でのみ深層海水でもトリチウムが検出された。このことは、過去10数年前に表層にあった海水が、深層に流入していることを物語っている。

　図2-2-10のTU（トリチウムユニット）は、当時使用されたトリチウム濃度を表す単位で、1 TUは、水素原子10^{18}個に対しトリチウム原子1個が存在する状態と定義されている。現在は、Bq/Lで標記され、1TUは、0.118 Bq/Lである。我が国では、1960年代初め200Bq/Lほどの濃度が降水で観測されている。ちなみに、Bq（ベクレル）は、1秒あたりに放射壊変する原子の個数（放射能）を表す単位である。

海の物質循環

水の不思議
～1045の奇跡～

地球は、13.8038億km³の水が存在する「水の惑星」です。地球に生命が誕生したのも、我々が日常生きていられるのも、水の存在なしには考えられないことは、周知の事実でしょう。しかし、水の存在は、あまりにも身近で当たり前のことであるが故に、我々は、この水についてあまりに無知であるのではないでしょうか。

かつて、哲学者ターレスは、「水こそ万物の根源（アルケー）である」と考えました。一方、紀元前300年代に哲学者アリストテレスは、「四元素説」を継承し、「自然界の物体はすべて、空気、水、土、火からできている」と考えました。この考え方は、錬金術の時代を経て、1600年代半ばにロバート・ボイルが、物質の基本構成要素として「元素」の存在を示し、その後1774年にアントワーヌ・ラヴォアジエによって、「ガラス容器中に封じた水を101日間加熱し続けて、水は土になり得ないこと」を証明するまで、およそ2000年に渡って、我々人類の物質感を支配し続けることになるのです。そして、今日我々は、水は水素2つと酸素1つからなる化合物であることは、半ば常識として知っています。

水を構成する元素の一つ、水素は、宇宙で最も多く存在し、太陽のような恒星の輝きのもととなる元素です。一方の酸素は、恒星中の核融合反応によって作られ、宇宙ではヘリウムに次いで3番目に多く存在する元素です。故に、宇宙空間で水素と酸素が出会う確率は比較的高く、これらが出会うことで「水」が誕生するのです。しかし、宇宙空間は、絶対温度3K（−270.15℃）と極々低温です。そのため、仮に水素と酸素とが出会って水ができたとしても、極低温の宇宙空間では、固体（氷）あるいは、隕石のような岩石の中で含水鉱物としてしか存在できません。現在でも、時折地球に飛来する炭素質隕石中には、16％程度の重量比で水が含まれています。我々の地球に存在する水は、地球の形成過程の初期段階の隕石衝突で、揮発した成分なのです。今日地球では、奇跡とも言える地球の大きさ（質量）と太陽からの距離のもと、水は固体、液体、そして一部は気体として存在できる、宇宙でも極めて稀な星なのです。

液体の水の存在は、地球に生命の誕生と今日の安定した気候をもたらしました。これには、物質としての水の40を超える不思議な性質、物性が深く関わっています。平均気温15℃と言う今日の地球の環境で、物質の三態、つまり固体・液体・気体のすべての状態で存在可能な物質は、地球上に存在する様々な物質中で水にのみ見られる特徴と言えます。また、「氷が水に浮く」という性質、これも日常良く見る光景です。しかしこの光景は、「固体の密度が液体より小さい」ということを示しており、水でのみ見られる物性です。通常、液体は、温度が上が

ターレス
（紀元前624年頃～紀元前546年頃）
アナトレア半島ミレトスの自然哲学者。ギリシャ7賢人の一人とされる。幾何学や天文学に対する造詣も深かったとされる。

アリストテレス
（紀元前384年頃～紀元前322年）
古代ギリシャの自然哲学者。万学の祖といわれ、自然科学の他、政治学、論理学、倫理学に対する造詣も深い。

アントワーヌ・ラボアジェ
（1743-1794）
フランスの化学者。ボイルの考えを受け継ぎ、近代化学を開拓する。「近代化学の父」と呼ばれている。化学反応の前後で質量が変化しないという質量保存の法則を発見する。1789年出版の著書「化学原論」では、33個単一物質（元素）を提唱する。ただし、これには、光、熱素、ライム（酸化カルシウム）、バリタ（酸化バリウム）、マグネシア（マグネシウム）が含まれていた。

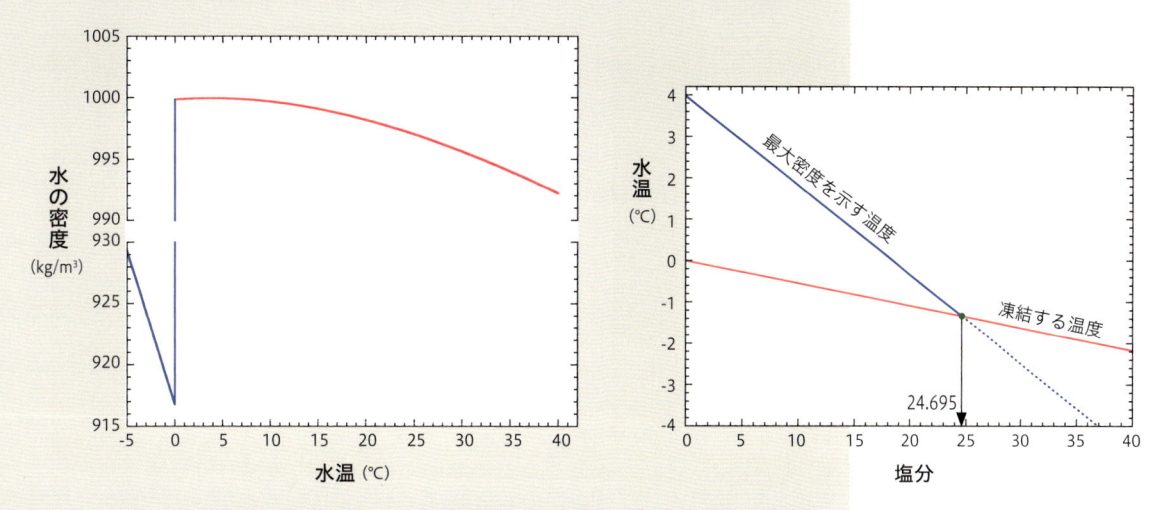

▲図2-2-11　水の密度の温度依存性(左)と最大密度を示す温度および氷点の塩分依存性(右)

れば膨張し密度は低下、下がれば収縮し密度は上昇します。これは、温度が上がると平均的にみて分子間の距離が増加するためで、これを応用したものが液柱温度計です。そして、このような関係は、固体や気体でも成立します。水でも、概ねこの関係は成り立ちますが、密度は3.98℃で最大になり、これ以下の温度では、密度は逆に減少します。この現象は、しばしば「負の膨張」という表現で説明されます。さらに、水は、氷点に達して、液体から固体に相変化すると、密度は一気に減少してしまうので、「氷が水に浮く」という性質が現れるのです（図2-2-11）。

湖では、秋から冬にかけて湖面で冷却された水が湖底へと沈み、鉛直対流が起こります。やがて、水温は表面から湖底まで一様の状態が生まれ、これを全循環と呼びます。この全循環は、酸素で飽和した水を湖底に運ぶ働きがあり、深い湖の底でも無酸素にならず生物の住める環境を作り出しています。近年、琵琶湖では、温暖化によって、このような「深呼吸」が弱まりつつあることが懸念されています。全循環の状態からさらに湖面冷却が進むと、最終的に水の最大密度を示す温度、3.98℃で鉛直一様の状態が生まれます。さらに湖面冷却が進み水温が低下すると、密度は逆に低下するので、その水は表面に留まり、やがて氷点に達し湖面が凍結します。しかし、仮に湖面が凍結しても、湖底付近には水温3.98℃の水が存在するため、魚は凍りつくことなく春を迎えることができるわけです。湖の結氷としては、諏訪湖（平均水深4.7m）の「御神渡り」が有名です。一方、北海道の支笏湖（平均水深265.4m）は冬でも凍らない「不凍湖」として知られています。つまり、湖が結氷するかどうかは、湖の水温が3.98℃一様になるかどうか、湖水の体積、熱的環境にかかっているのです。

これまでは、真水（淡水）に関して見てきましたが、海水は塩類が溶けているため、状況は少し異なります。

海水では、塩分による凝固点降下で海水が凍結する温度はマイナスとなります。また、塩分が増すと最大密度を示す温度も真水に比べ低下し、塩分24.695以上では、むしろ凍結する温度の方が高温となります（図2-2-11）。例えば、塩分35の海水が凍結する温度と最大密度を示す温度は、それぞれ-1.91℃、と-3.54℃です。もし「氷が水に沈む」としたら、地球の歴史の中の幾多の寒冷期の中で、冷却で形成した氷は海底に沈み、やがては海全体が凍りついてしまったはずです。しかし、実際には、「氷が水に浮く」という不思議な性質よって、海面のかなりの面積を氷が覆ったとしても、やがて日射が回復すれば、解けて再び水にもどることができたのです。

湖の底に酸素を運ぶ機構は、海洋でも存在します。北大西洋グリーンランド沖や南極海での深層水形成は、海の深層に酸素を供給する上で重要です。日本海では、過去30年間で深層の溶存酸素量が経年的に減少していることがわかっており、地球温暖化による深層水の形成量の低下と考えられています。

さらに、水には、第16族元素の二水素化物（たとえば硫化水素など）として、「沸点、融点、蒸発熱、融解熱が、他の物質と比べて極めて高い」という特異性があります。また、「温まりにくく冷めにくい」という性質、つまり「熱容量（比熱）が極めて高い」もたぐいまれな水の特異性と言えるでしょう。これらの性質は、地球にとってエアコンとしての働きがあります。今日、地球温暖化による気温上昇が問題となっていますが、同時に水深700mまでの海水温も過去60年あまりで0.16℃上昇しています。この海水の温度上昇は、海水が空気にくらべ4倍比熱が大きいこと、海水と空気の質量の違いを考慮すると、気温にして37℃もの増加になるのです。つまり、海水が熱を蓄えることで、気温の上昇は緩和されているのです。

ここで述べてきた水の特異な性質は、水分子が結合角104.5°の極性分子であることによる水素結合から生まれたものです。地球上でありふれた水の不思議、1045の奇跡は、今日の地球環境の形成、地球が水の惑星として地球足りえた大きな原因となっているのです。

水は巡る・物質も巡る

地球上で、水は絶えず循環しています。循環ですから、出発点はありません。「水循環」の把握は、言い替えれば「水収支」の理解であり、ある系（リザーバー）での水の出入りを定量的に表すこと、リザーバー間での水の移動量を定量的に表すことです。まずは、海を中心に水循環を考えてみます。

海からは、年間$436.5×10^3 km^3$の水が蒸発します。蒸発した水のおよそ90%、年間$391×10^3 km^3$は、比較的すみやかに海上で雨となり海に降り注ぐので、海からの蒸発量は、正味年間$45.5×10^3 km^3$となります。この正味の蒸発量は、海から陸地へ大気を輸送され、陸地から蒸発した年間$65.5×10^3 km^3$の水と共に雨となり年間$111×10^3 km^3$が地上に降り注ぎます。陸地に降った雨の一部は、氷河

を形成し、残りは氷河の融解水と共に地表を流れ、やがて河川となり海へと流れ下ります。この間に表流水の一部は、地表から涵養し地下水になります。また、一部は、窪地に溜まって池沼を形成します。最終的に、海に戻る水の量は、海から陸地へ大気を輸送された量と同じ$45.5×10^3 km^3$となるはずです。近年は、海底から湧き出す地下水、海底湧水の存在が広く認識されつつあります。全球的に見ると、海底湧水としての海洋への淡水供給量は、陸から海への全淡水供給量の10%程度と考えられています(図2-2-12)。

これまで見てきたように、海からは、年間$45.5×10^3 km^3$の水が、正味海から蒸発し、同量の水が海に戻ってくることになっていました。この海からの正味の蒸発量と海への淡水流出量が釣り合っていることは、水循環に取って極めて重要です。この釣り合いが崩れると、海に存在する水（海水）の体積、言い替えれば海水準（海の水深）が変化することになります。地球が寒冷化すると、山岳氷河が拡大し、海への河川流量は減少し、海水準が低下します。実際、今から1.7万年前の最終氷期最寒期には、北米大陸をすっぽり覆う巨大な氷河が出現し、海水準は今日より150m程度は低下していたことがわかっています。また、現代は地球温暖化が急速に進行し、海水温の上昇による海水の膨張と氷河の融解で海水準の上昇が確実に進行しつつあることがわかっています。

海の物質循環は、化学反応も含めて、海水中での物質の動きを解き明かすことです。海は、海面と海底面という2つの境界面を通して大気および地殻と接しています。そして、この境界面を通して、物質のやり取りがあります(図2-2-13)。大気からは、黄砂に代表される風送塵として、また、陸上地殻（陸域）からは、河川を通して、海洋表層に物質が供給されます。さらに、海面を通した大気-海洋間の気体交換もあります。河川からの物質供給は、陸域の水循環と深く関わっていて、陸上での岩石の風化で水に溶け出した物質が河川などを経由して海洋に供給されます。風化には、岩石が破壊・

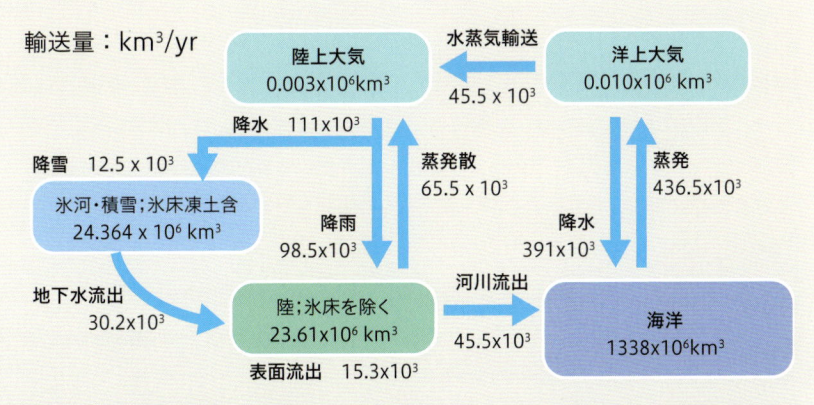

▲図2-2-12 地球の水循環
リザーバーに付された数値は水の存在量、矢印に付された数値はリザーバー間の輸送量を表す。海洋では蒸発が、陸上では降水が過剰となっている。この過剰量が、水蒸気輸送量と河川流出量と釣り合っている。

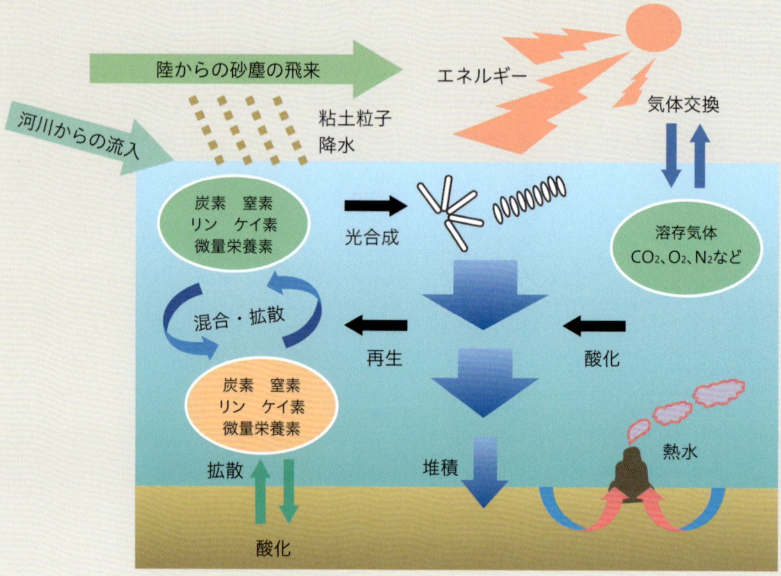

pH

水素イオン濃度指数で、水素イオン濃度を、このモル濃度の逆数の常用対数で示したものである。「ピーエイチ」と読む。一般に、水溶液の性質を知るために用いられ、pH=7は中性で、これより低ければ酸性、高ければアルカリ性である。表面海水のpHは、7.9〜8.2程度、河川水や地下水では6.0〜8.5程度である。

井上 直一
(1910–1998)

海洋学者。北海道帝国大学理学部物理学科で中谷宇吉郎博士に学ぶ。北海道大学理学部助手、講師などを歴任、1950年同水産学部漁業学科の初代教授となる。退官まで海洋学、農業物理学、気象学、水産学などの分野で研究を展開する。1951年に「くろしお号」、1961年に「くろしおII号」考案建造、これらを使って沿岸海域で729回におよぶ潜航調査を行った。

中谷 宇吉郎
(1900–1960)

地球物理学者、物理学者。東京帝国大学理学部物理学科で寺田寅彦博士に学ぶ。イギリス留学、理化学研究所助手を経て、1930年北海道帝国大学理学部の助教授となる。実験物理学を志し、雪の結晶の研究を行い、1936年には人工的な結晶形成に成功。気象条件と結晶形成過程の研究、凍土、氷床観測なども行う。随筆家としても多数の著書を残した他、雪に関する映画を監修指導した。

▲図2-2-13 海の物質循環

細粒化する物理学的風化と岩石と水や空気との化学反応で岩石からイオンとして溶脱する化学的風化とがあります。化学的風化には、二酸化炭素、硫酸や硝酸が深く関わっており、これらの影響でpHが低下することで、化学的風化は促進されています。

大気や河川などを通して海洋表層に供給された物質は、最終的には海底へと除かれます。この海底への物質輸送、海水からの物質の除去に大きな役割を果たしているのが、「マリンスノー」です。マリンスノーの命名者は、北海道大学水産学部の井上直一博士の研究グループで、雪の研究で知られる中谷宇吉郎博士も加わって建造された潜水艇「くろしお号」での海洋調査の時に名付けられたといわれています。1951年のことです。マリンスノーは、さまざまな粒子の凝集物で、プランクトンの死骸やその排泄物など生物起源物質の他、陸から運ばれた粘土粒子や海水中で生成した酸化物などの自成鉱物で構成されています。一般に、水中の粒子の沈降速度は、その粒子の直径の二乗に比例します。日本で観測される黄砂の平均粒径は4μm程度、また、海洋の植物プランクトンもこれと同程度に微細な粒子ですので、これら粒子の沈降速度は、せいぜい1m/day程度です。マリンスノーの沈降速度は、ときに300m/dayにも達することがわかっています。

マリンスノーは、おもに生物起源粒子と陸源粒子から構成されます。海の物質循環を考える上では、植物プランクトンの光合成による生物起源粒子の生成量、マリンスノーとしての深海への輸送量とその輸送過程での分解量とが重要となります。生物起源粒子は、プランクトンの死骸やその排泄物、植物プランクトンの骨格である生物起源オパール（無定形ケイ酸塩）と炭酸カルシウムが主体です。マリンスノーのうち有機物部分、すなわち表層で生産

された有機物は、水深1000mまでにその95%以上が分解してしまいます。一方、プランクトン骨格である生物起源オパールや炭酸カルシウムは、有機物に比べ密度が大きいので、マリンスノーの沈降速度を速める効果があり、有機物に比べると相対的に海底まで到達する割合が多くなります。従って、堆積物表層の生物起源のオパールや炭酸カルシウムの含有量から、ある程度海の表層の植物プランクトンの光合成量に関する情報を得ることができます。また、生体に含まれる主要な元素ばかりでなく、アルカリ金属や希ガス、ハロゲンなど一部の元素を除けば、周期律表にあるほとんどの元素が、マリンスノーによって海底に向かって輸送されていると考えられています。

海底に到達したマリンスノーは、そのまま堆積物になるわけではありません。堆積物内でも物質は、あるときは溶解し、またあるときは堆積物粒子表面に沈着し、絶えず変化して、堆積物の間隙水（粒子の間隙に含まれる海水）中を拡散移動しています。例えば、海水はオパールについては未飽和ですから、堆積物への到達量が少なければ溶解しますが、到達量が多い南極海や赤道域、北部北太平洋ではあまり溶解せず堆積物に良く保存されます。炭酸カルシウムの場合は、その溶解量は水深や海水のpHによって変化し、大西洋や南太平洋では良く保存され、北太平洋では水深の浅い海山を除いてはほとんどが溶けてしまいます。

堆積物には、海洋表層で生産され水中での分解を免れた有機物がわずかに存在しています。有機物の生産量の多い沿岸域や高緯度海域では、海底に到達する有機物量も多く、これら海域の堆積物では、有機物の分解で間隙水に溶存する酸素が使い尽くされてしまうと、固相の鉄・マンガンなど重金属の酸化物や間隙水中の硝酸イオンに含まれる酸素を使った有機物の分解（酸化）が起こります。この際、酸化物の金属は、還元され間隙水にイオンとして溶け出します。また、間隙水中の硝酸イオンは、亜硝酸イオンやアンモニアに還元されます。このため、沿岸域や亜外洋域の堆積物では、ごく表面付近を除けば酸化物はほとんど存在せず、還元された鉄の色のため灰緑色を呈しています。間隙水に溶け出した重金属は、間隙水中を上方に拡散し、底層から下方に拡散してきた酸素と出会うと酸化物を形成し固相に沈着します（図2-2-15）。海洋では、鉄・

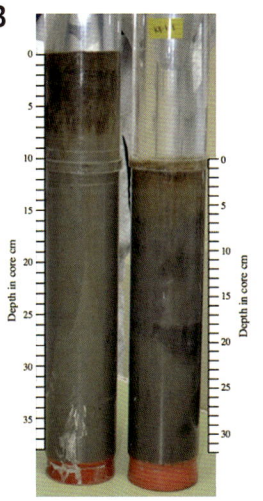

▲図2-2-14　堆積物の色の海域による違い

写真A左は沿岸、右は外洋の堆積物である。写真Bは、亜外洋域である熊野海盆の堆積物。沿岸域や亜外洋域の堆積物では、表面付近を除くと赤褐色の酸化物はほとんど存在しない。外洋の堆積物（Aの右）は、全層が酸化層で、赤褐色を呈する。一部黒みがかった層が見られるが、これマンガン濃縮層である。写真Bの堆積物では、表層〜1cmで、間隙水の溶存酸素はすでに枯渇している。

マンガンなど重金属は、還元酸化を繰り返しながら、長い時間をかけて海底付近を沿岸から外洋に向けて移動していくのです。このため、太平洋の中低緯度の海底には、赤粘土と呼ばれる赤褐色の堆積物が広く分布しています。

　今日、東海沖や熊野灘、日本海など日本列島周辺でのメタンハイドレートや沖縄トラフや伊豆小笠原海嶺での海底熱水鉱床の存在とその資源開発が注目されています。また、太平洋の外洋域には、マンガン団塊、コバルトリッチクラストが分布しており、商業開発を目指した採鉱・揚鉱技術や装置の開発が行われつつあります。また、南鳥島沖に分布するレアアース泥も近年注目を集めています。これら海底資源の形成には、植物プランクトンを起点とする海の物質循環が深く関わっています。たとえば、海底から吹き出す熱水には、深層の海水に比べ高濃度に鉄やマンガンなどの重金属が溶けています。この点で、熱水には、海洋への物質の供給源としての重要性があります。そして、熱水中の鉄やマンガンなどの重金属は、海水を起源とする流体が海底下をゆっくりと移動する間に周囲の堆積物や岩石から還元され溶け出してきたものなのです。

　メタンハイドレートや海底熱水鉱床などの海底資源は、我が国にとって有用かつ重要であることは間違いありません。一方で、それら海底資源の形成にはとてつもなく長い歳月と海での生物地球化学的なプロセスが関わっていることを忘れてはなりません。

海は地球上で最大の化学工場

明るい海と暗い海

　海は地球上で最大の化学工場に喩えられます。海水には、自然界に存在する92元素すべてが溶けており、炭素をはじめとする元素の貯蔵庫です。また、それらの元素からさまざまな物質を生産する巨大な化学工場ともいえます。この化学工場で起こる反応として重要なのが、ほんの1mmにも満たない藻類、植物プランクトンが行う光合成です。

　植物プランクトンの行う光合成とはどのような反応でしょうか？簡単にいうと光合成は、光を使ってCO_2からデンプン、すなわち炭水化物などの有機物を作る反応です。もう少し細かく見ると、CO_2から酸素を1つ外して、水の分解で生じた水素を2つくっつける反応となります。CO_2から外された酸素は、余った水由来の水素2つと結合し再び水になります。従って、光合成は、CO_2から酸素を外す、あるいは水素をくっつける反応ですから「還元反応」と言うことになります。一方、水の分解であまった酸素原子どうしは、結合して酸素ガスとなり体外に放出されます。これがいわゆる酸素発生型の光合成です。今日地球大気には21%程度酸素が存在していますが、この酸素は、27億年前海にシアノバクテリアが出現して以降、植物の行う光合成によって大気に蓄積されてきたものです。シアノバクテリアの出現は、それ以前の還元的な地球を今日の酸化的な地球へと大きく様変わりさせました。酸素のある環境は、生物に否応なくその環境への適応を余儀なくさせ、生物は酸素のある環境への適応システムを獲得し、また酸素を利用するシステム、酸素呼吸を構築することで多様化してきました。そして、大気にオゾン層が形成するに至って、生物は陸上へも進出したのです。

　植物は、地球上で唯一、CO_2と水から太陽の光エネルギーを使って有機物を作り出すいきものです。今日、海の植物プランクトンが行う純一次生産量は、全球で年間48.5PgCと見積もられています（図2-2-15）。一方、陸上植物が行う純一次生産量は、全球で年間56.4PgCです。陸域では、年降水量の多い熱帯雨林などの地域で純一次生産量が高く$800gC/m^2/yr$を上回るのに対して、海の純一次生産量は、大洋の高緯度海域や沿岸域では高い傾向にあるものの、せいぜい$400gC/m^2/yr$程度です。面積的に多くを占める中低緯度の海の純一次生産量は、$100gC/m^2/yr$以下で、中低緯度の海は、いわば「海の砂漠」と言えるでしょう。

　それでは、海の純一次生産量の規定要因はいったいなんでしょうか？海の平均水深は、3682mでした。この中で、植物プランクトンが光合成を行うことのできる水深、層の厚みは、およそ100m程度です。この光合成に必要な光の届く層は、「有光層」と呼ばれます。有光層は、植物プランクトン一個体が行う光合成量が呼吸量を上回っている環境、言い替えれば、海面での光合成に必要な光量の約1%が達

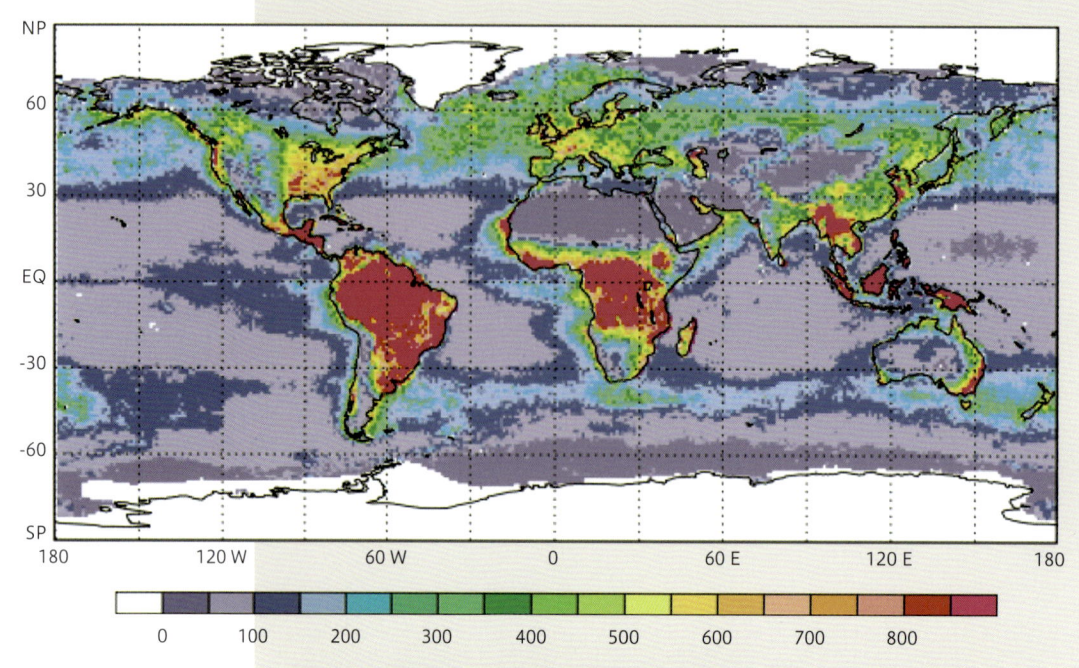

▲図2-2-15 全球の純一次生産量（gC/m²/yr）の分布図

図は、人工衛星の観測から見積もった全球の純一次生産量（gC/m²/yr）の分布図（Field et al. Science 281, 1998）。海と陸の積算した年間純一次生産量は、それぞれ48.5と56.4PgCとなる。ここで、PgCのPは、10^{15}を表す単位の接頭語、Cは炭素の質量換算であることを示す。海の面積は、361.84百万km²なので、年間1m²あたりの生産量は134gCとなる。陸域の純一次生産量は、砂漠で小さく熱帯雨林やサバンナで大きいことからもわかるように、降水量がその大小を規定している。陸上植物は、有機物生産の原材料となる水を、主に根で吸収し、葉の気孔から蒸散させることで光合成が行われる葉へと輸送している。しかし、植物は水不足を感じると、蒸散を減らすため気孔を閉じるので、CO_2の取り込み量も減少することとなる。海では、窒素、リン、ケイ素が栄養塩であり、これらが純一次生産量を制限する。窒素は、アミノ酸の生成に不可欠な元素で、これを出発物質として、核酸、クロロフィル、補酵素など生体物質に変化し、生体内の様々な反応に関与する。リンは、リン酸やリン脂質として原形質の形成、また糖リン酸エステルとATPの成分として光合成やエネルギー代謝で重要な役割を荷なっている。ケイ素は、ケイ藻の生育に不可欠。海洋は、これら栄養塩のうち窒素が最も欠乏しやすく、一般に窒素制限と考えられている。

Primary Production of the Biosphere: Integrating Terrestrial and Oceanic Components: Christopher B. Field, et al. Science 281, 237 (1998);
DOI: 10.1126/science.281.5374.237のFig. 1

する層であり、この深さは、有光層深度と呼ばれています。有光層は、海の平均水深の1/40程度のごく薄い層でしかなく、海は基本的に光制限下にあるのです。実際には、プランクトンそれ自身、懸濁物あるいは溶存物質の量が、海水中の光の透過性に影響します。海中の粒子の沈降速度は、その物体の直径の二乗に比例するので、植物プランクトンが有光層内に留まるために、小さいことが絶対条件となります。しかし、このような光制限のみでは、図2-2-15に示したような海の純一次生産量の空間分布、あるいは生産量の季節変動は説明できません。以下では、これらを支配する要因を考えてみます。

植物プランクトンが生きるため、光合成を行うためには、さまざまな無機成分が必要です。いわゆる必須栄養素として、カリウム、カルシウム、硫黄、マグネシウムなどがありますが、これらは海水の主要成分ですので不足する心配はありません。また、有機物の原

材料になる炭素や酸素および水素は、CO_2と水として生息環境にふんだんに存在しています。したがって、陸上植物のように水やCO_2の多い少ないが生産量を制限することはありません。有機物の原材料としての必須栄養素の中でも、植物の生育、生産量を直接規定するものとして栄養塩があります。陸上植物は、畑で肥料をまくことからわかるように、窒素、リン、カリウムが栄養塩となります。一方、海洋の主要な植物プランクトンのケイ藻は、オパール（$SiO_2 \cdot nH_2O$）骨格形成のためケイ素が必要不可欠なことから、海洋では窒素、リンに加えケイ素が栄養塩となります。このようなことから、海の一次生産量、この空間変動や季節変動を支配する要因は、最終的に植物プランクトンの生息環境である表層海水の栄養塩濃度と言うことになるのです。植物プランクトンは、光合成の際に窒素とリンと炭素を16:1:106のモル比で取り込むことが知られており、この際に138モルの酸素ガスを放出します。この比はレッドフィールド比と呼ばれています。

海洋は、レッドフィールド比に比べ、リンに対して窒素がやや不足しており、一般に窒素制限下にあると考えられています。また、南大洋、北太平洋亜寒帯域や東部赤道域では、窒素をはじめとする栄養塩が十分量存在するにも関わらず、植物プランクトン量の指標となるクロロフィルが少ない海域（HNLC海域；高栄養塩低クロロフィル海域）であることが長らく疑問視されてきました。近年の観測と微量成分の分析技術の進歩によって、HNLC海域は鉄の不足が原因で、栄養塩に加えて鉄などの金属も微量な栄養素として海洋の一次生産量の大小に深く関わっていることもわかってきました。

海水中の栄養塩は、表層の有光層で植物プランクトンの光合成で消費されるため低濃度です。植物プランクトンは、動物プランクトンに補食されます。これらプランクトンの死骸や排泄物、つまり有機物は、バクテリアによる分解（呼吸）によって、最終的には水とCO_2に戻ります。一部の有機物は、有光層内で分解され再び光合成で再利用されますが、有機物の多くは、マリンスノーとして海中を沈降し深海へと向かいます。外洋域では、沈降過程で、マリンスノー中の有機物は、水深1000mまでに、95%近くが分解します。残りの有機物は、その後も水中で分解され、最終的に海底に到達する有機物は、有光層から下方に輸送された量の5%以下になってしまいます。このような有機物の分解に際して、有機物に含まれていた窒素やリンも無機化（再生）します。一方、ケイ藻の骨格を形成するケイ素については、窒素やリンとやや状況が異なります。ケイ素は、マリンスノーとして表層から深層へと比較的すみやかに除かれるため、ケイ素の再生は、窒素やリンより深い水深、主に海底で行われます。

有機物の分解は、さらに海底の堆積物内でも続きます。堆積物中では、まず海水に溶けている酸素を使った分解が起こります。やがて酸素がなくなると、硝酸イオン（NO_3^-）や鉄・マンガンの酸化物を使った分解、さらには海水に高濃度で存在する硫酸（SO_4^{2-}）イオンを使った分解で炭素

アルフレッド・レッドフィールド
(1890-1983)

アメリカの生物海洋学者。ハーバード大学学位を取得。1930年からウッズホール海洋研究所で研究に従事、1942-1956年は副所長を務める。1934年に、全海洋を通して、海水や植物プランクトンのもつC:N:Pに106:16:1の関係があることを見いだした。

や栄養塩が無機化します。ただし、硫酸還元が起こるのは、閉鎖的な海水の交換が著しく制限された海盆や富栄養化した内湾に限られます。このように、光の届かない深海や海底は、いわば栄養塩や炭素の「再生工場」といえ、分解が卓越する海の深層では、栄養塩が高濃度になるのです。

植物プランクトンが生息する海洋表層の明るい海は、植物プランクトンによって栄養塩が消費されるため、海で最も栄養に乏しい環境となっていました。従って、植物プランクトンの一次生産量は、海洋深層の暗い海で再生した栄養塩がどのようにしてどのくらい、再び表層の明るい海、有光層に供給されるか、つまり植物プランクトンの生息場の海水の栄養塩濃度の大小で制限されます。また、植物プランクトンの生息場の栄養塩濃度は、海水の交換量とマリンスノーによる下方への栄養塩の輸送量によって決まります。海水の表層と下層との交換量は、表面と下層との密度差で決まり、表面が温められ水温が高い夏季に小さく、冷却で表面水温が低下する冬季に大きくなります。つまりは、海の一次生産量は、日射つまり太陽からもたらされる光エネルギーで決まることとなります（図2-2-16）。

沿岸域は水深が浅いので、鉛直混合よって海底付近の高い栄養塩が比較的容易に有光層へ供給されます。また、栄養塩が、河川水を通して沿岸域の表層に、また海底湧水としても直接供給されるので、外洋に比べ一般に一次生産量が高い傾向にあります。また、河川水や湧水中の窒素やリンの濃度は、生活排水や施肥の影響で近年増加しています。このため、閉鎖性が高く海水交換の悪い内湾や入江では、一次生産が増加し、生産された

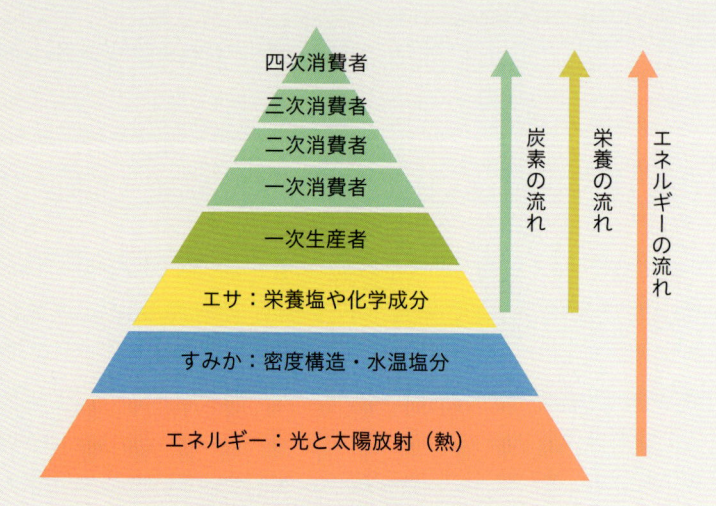

▲図2-2-16　エネルギーや物質収支の観点から見た海洋生態系のピラミット
一般に、食物連鎖は、炭素や栄養やエネルギーの流れであり、その起点は一時生産者である植物プランクトンと考えられている。一方、海洋表層の栄養塩濃度が植物プランクトンの純一次生産量を規定し、海の栄養塩環境は、海水の上下混合、言い替えれば海の密度構造に強く支配されている。そして、海の密度構造は、太陽からの光エネルギー（日射量）で決まるので、海の食物連鎖、海洋の生態系は、太陽放射、つまり太陽からの光エネルギーが支えていることとなる。

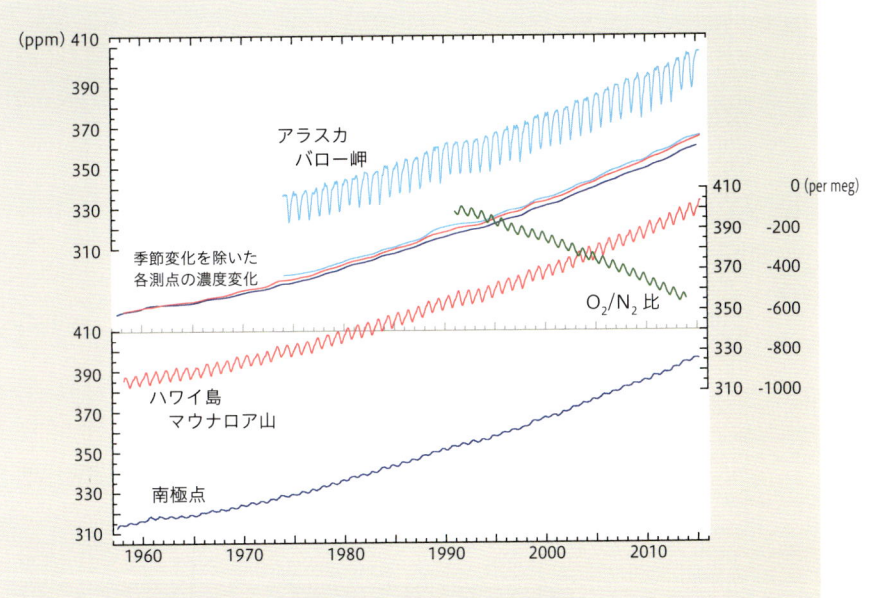

▲図2-2-17　ハワイのマウナロア山、南極点およびアラスカのバロー岬での大気CO_2とマウナロア山での大気中O_2/N_2比の観測結果

大気CO_2濃度の上昇曲線は、「The Keeling Curve」と呼ばれている。人為起源CO_2の発生源は、人口が集中する北半球に偏在しており、人為的なCO_2の放出量は、自然界の大気からのCO_2の吸収量を圧倒的に上回っている。このため、近年は北半球の濃度が、南半球に比べ確実に高い傾向にある（季節変化を除いた濃度変化のグラフを参照）。また、大気CO_2の年変動幅は、緯度帯での陸の面積比率が大きな北半球高緯度で大きくなる。年変動幅は、南極点、マウナロア山およびバロー岬で、それぞれ1.9±0.4、5.7±0.2および16.1±1.1ppmである。図中には、マウナロア山で1990年からラルフ・キーリング博士によって測定されたO_2/N_2比(per meg)も示してある。スケールは、大気CO_2 (ppm)の410が0、310が-1000に対応している。このことから、大気でCO_2が増加するのに対応して、O_2がわずかに減少していることが明らかとなり、このデータをもとに人為起源CO_2の吸収に関する海と陸の寄与率が見積もられている。
Scripps CO_2 Program (http://scrippsco2.ucsd.edu/)およびScripps O_2 Program (http://scrippso2.ucsd.edu/)のデータより作図

有機物の分解で海底に貧酸素水塊が形成し、海底に生息する生物の多量死の発生や養殖業を含む水産業への壊滅的な打撃を引き起こしたり、青潮の発生原因となったりもすることがあります。このように、海の物質循環、海洋生態系は、明るい海での光合成と暗い海での分解の微妙なバランスで成り立っているのです。

炭素も巡る ～人為起源 CO_2 の行方～

2015年5月に米国大気海洋庁（NOAA）は、「2015年3月の世界の大気CO_2濃度の平均値が始めて400ppmを超えた」と発表しました。また、気象庁でも5月に、「2014年の国内3カ所の観測点内2点で年平均値が始めて400ppmを超えた」と発表しています。

大気CO_2濃度の増加とそれに伴う地球温暖化にいち早く気がつき、これに対する警鐘を鳴らしたのは、米国の故チャールズ・キーリング博士です。1958年、博士は世界に先駆けて、ハワイ島マウナロア山と南極点で大気CO_2濃度のモニタリングを始めました（図2-2-17）。観測をはじめて間もなく、博士は、大気CO_2濃度が、平均的に年々上昇していること、1年の内で季節的な変動を示すことを見いだした

ラルフ・キーリング

アメリカの地球化学者。ハーバード大学学位を取得。カリフォルニア大学サンディエゴ校スクリップス海洋研究所教授。Scripps CO_2 Programのプログラムディレクター。大気O_2濃度の変動や近年の全球的な炭素循環や海洋の貯熱量の変化に関する研究を行っている。

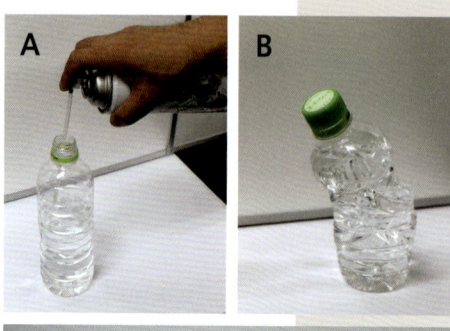

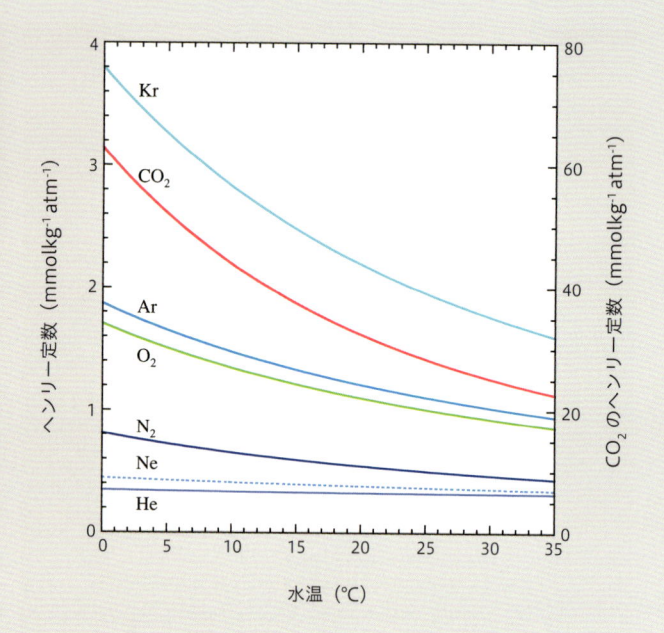

▲図2-2-18
塩分35の海水に対する各種気体のヘンリー定数の温度依存性（右）と
ミネラルウォーターへのCO₂吸収実験（左）

　ヘンリー定数は、気相に各気体が1気圧で存在するとき、塩分35の海水1kgあたりに溶解しうるその気体成分の物質量（モル数）を示したものである。したがって、22.4L/mol（理想気体のモル容量）を乗ずると、海水1kgあたりに溶解する気体の溶解量（ml）となる。たとえば、20℃における酸素とCO₂のヘンリー定数は、1.103と39.16mmol/kg/atmであり、1気圧下の海水での溶解量は、酸素で約25ml/kg、CO₂で約730ml/kgとなる。実際の大気の酸素およびCO₂の分圧は、それぞれ0.21と0.00040であるので、塩分35の海水への溶解量は、それぞれ5.3ml/kgと0.29ml/kgとなる。

　左写真は、ミネラルウォーターへのCO₂吸収実験の様子。ミネラルウォーターは、塩分がほぼゼロであるため、塩分35の海水に比べCO₂の溶解量は、およそ1.2倍になるので、ミネラルウォーター1Lあたりに0.8L以上のCO₂が溶解する。

A）ミネラルウォーターのペットボトルのおよそ半分を捨てた後、ヘッドスペースを95% CO₂のプッシュ缶の気体で置換している様子。CO₂は、空気より密度が大きいため、上方置換でも置き換えが可能である。

B）置換後密栓し、激しくペットボトルを振った後の様子。ヘッドスペースのCO₂が水に溶解するため、ペットボトルは劇的にへこむ。

C）CO₂を溶解させる前後でのミネラルウォーターにpH指示薬のメチルレッドを滴下した様子。メチルレッドの変色域は、pH 4.2～6.2で、酸性側では赤、中性・アルカリ性側で黄色を呈する。左は溶解前、右は溶解後の状態で、pHはそれぞれ6.2以上と4.2以下である。これによって、ミネラルウォーターは、CO₂の吸収により酸性化したことがわかる。

のです。

　大気CO_2の季節変動は、植物の光合成と呼吸のバランスで決まり、濃度は北半球では春先に高く夏季に低くなる傾向にあります。一方、年変動幅は、陸地の少ない南半球で小さく、多い北半球で大きくなる傾向にあります。北半球では、高緯度に向けて相対的に陸の面積が増加するので、季節変動の変動幅は北極海周辺地域で圧倒的に大きくなります。IPCCの第5次報告書では、1751年以降2011年までに、化石燃焼の消費、セメント生産および森林破壊など土地利用の変化によって、人類が大気に放出したCO_2量は、炭素換算で555±85PgC（±で示された数字は、いずれも見積もりの不確かさを示す）と見積もっています。この間の大気CO_2濃度の増加量は、112.5ppmですので、大気CO_2の増加量は、240±10 PgCとなります。したがって、この260年間の大気への放出量と大気での増加量との差額、315±86 PgCは、大気以外の場所、つまり海洋と陸域に移行していなければなりません。

　海洋の吸収プロセスとして、まず海水への溶解が考えられます。一般に1気圧の気体の溶解度は、その気体の分子量が大きくなると増加します。CO_2は、水に溶け込むと一部は水と反応し炭酸（H_2CO_3）に変化し、さらに炭酸は解離して、炭酸水素イオン、炭酸イオンに変化するため、気体の分子量から予想される溶解度に比べ、圧倒的に高い溶解度を示します（図2-2-18）。たとえば、20℃での酸素の溶解度と比べると、CO_2は30倍くらい良く溶けることになります。また、気体の溶解度は、ある温度では気体の分圧に比例しますので、大気で人為起源CO_2が増加すれば、これに応じて海水への溶解量は増えることになります。さらに、溶解度は、水温が低下すると増加（ただし、塩分が高くなると減少）するので、水温が低く年変動の大きな高緯度海域でCO_2はよく吸収され、高温で年変動の小さな低緯度海域での吸収は少ないことになるのです。高緯度海域では、水温が低下すると海水の密度が増加します。重くなった海水が、中深層へ沈み込むことで、この海水中のCO_2は海洋内部に隔離されることになります。このようなプロセスは、「溶解ポンプ」と呼ばれています。

　もう一つの海洋内部へのCO_2隔離プロセスとして、植物プランクトンの光合成を介した「生物ポンプ」があります。海洋表層の有光層では、植物プランクトンが有機物を合成しています。プランクトンの死骸は、マリンスノーとして表層から中深層へと運ばれますので、有機物として中深層輸送された分、つまり表層でのCO_2の減少量を補うように大気からCO_2が溶け込むことになります。海洋の一次生産量を規定するものは、主に有光層に供給される窒素やリンの栄養塩量でした。つまり、高緯度海域や赤道域、沿岸域など一次生産量の高い海域は、生物ポンプの効率の高い海域となるのです。

　陸域の吸収プロセスは、森林生態系、主に陸上植物の光合成による吸収です。陸上植物は、日中光合成によりCO_2を吸収します。一方、植物の葉や根などは、昼夜を問わず呼吸しています。また、土壌中の微生物は、落ち葉などを分解することで昼夜

CO₂を放出しています。これらの差し引きの正味の吸収が、陸域での吸収量となります。先ほど、森林破壊のよって大気のCO₂濃度が増加したと書きましたので、陸上植物の光合成で正味CO₂の吸収量が増えていることに矛盾を感じるかもしれません。確かに、南アメリカや東南アジアなど熱帯地域を中心に森林面積は、急速に減少しており、2000年から2010年の平均で、世界の森林は年間520万ヘクタール減少したとされています。1990年からの10年間と比べると、近年森林の減少率は、緩和の傾向が見られ、これは、ヨーロッパや中国で植林によって森林面積が増加していることの現れと考えられています。いずれにしても、全球的に見れば森林面積が確実に減少している中で、陸上植物が正味CO₂を吸収するためには、森林の単位面積あたりの吸収量が増加している必要があります。陸上植物によるCO₂の吸収量を増やす理由としては、以下の3つの要因が考えられています。その一つ目は、大気CO₂の濃度の上昇による施肥効果です。植物は葉の気孔から有機生産の原料となるCO₂を取り込みますが、大気のCO₂濃度が高いほど植物はCO₂を吸収しやすくなり、光合成は促進されるはずなのです。2つ目は、人為起源窒素酸化物による施肥効果です。基本的に森林生態系は、窒素制限下にあると考えられますが、酸性雨に代表されるような人類活動の

コラム ● 家庭用水の使いみち

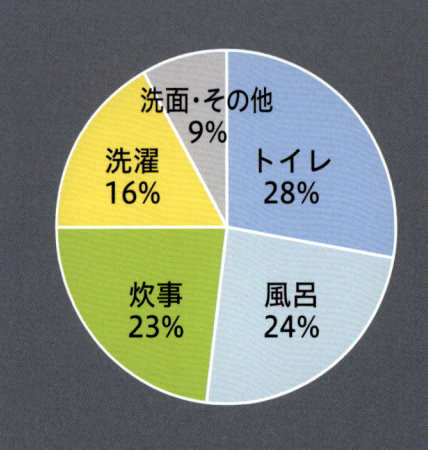

2010年日本人1人あたりの1日の生活用水使用量は289ℓです。1965年当時の1人1日あたりの使用量は、169ℓでしたので、およそ2倍に増加しています。2006年東京都水道局の調べでは、我が国の一般家庭水の使用内訳は、トイレが28%、風呂24%、炊事23%、洗濯16%、洗面・その他9%とされており、水利用の大部分は、公衆衛生、洗浄に関わるものであることがわかります。例えば、風呂の残り水をバケツで運んで洗濯やトイレで使用すれば、使用量は、確実に3/4にまで減少します。我々の意識次第で、家庭用水の使用量の低下につながるのです。水の利用、上水や下水の利用は、CO₂の排出につながります。日本人の1人あたりのCO₂排出量は、年間2300kg-CO₂で、このうち2%が水の利用が関連したものです。風呂の水の有効利用で、水に関わるCO₂排出量を2%から1.5%には減少可能なのです。

2015年6月8日、G7サミットで安倍首相は、2030年までに2013年比で温室効果ガスの排出量を26%削減することを公約しました。我々は、この公約の達成に向けてできることから取り組む必要があるのです。

- 洗面・その他 9%
- 洗濯 16%
- トイレ 28%
- 炊事 23%
- 風呂 24%

影響で窒素の供給量が増えたことが、森林の光合成量を増加させCO_2の吸収量を増やす効果があると考えられているのです。3つ目は、地上気温の上昇です。気温の上昇は、光合成の速度を増加させます。また、気温上昇によって正味光合成を行う季節が長くなるともいわれています。ただし、森林のCO_2吸収量は、気象条件、樹木の種類や年齢によっても変化します。また、地温の増加により土壌や根の呼吸量が増加するとの報告もありますので、陸域のCO_2の吸収量の評価は極めて複雑といえます。

こうした中で、人為起源CO_2の放出量のうち大気以外の場所に移行した$315±86$ PgCが、海と陸にそれぞれどのくらい移行したかを見積もることは、地球温暖化と今後の地球環境の変化を考える上で極めて重要です。この問題に画期的な方法を提供したのが、故キーリング博士の息子のラルフ・キーリング博士です。化石燃料の燃焼は、大気CO_2濃度を増加させ、大気O_2濃度を減少させるはずです。海洋へのCO_2吸収は、海水へのCO_2の溶解が第一ですので、大気のO_2濃度には影響しません。一方、陸上植物は、光合成でCO_2を吸収し、大気にO_2を放出します。そこで、ラルフは、海と陸はともに大気CO_2濃度の上昇を緩和、陸は大気O_2濃度の減少を緩和させるはずと考え、大気CO_2濃度の測定と同時に大気のO_2濃度を精密に測定することで、人為起源CO_2吸収に関わる海と陸の寄与率を見積もれると考えたのです。ただし、大気O_2濃度は21%で大気中に2番目に多く存在する気体です。一方、大気CO_2は当時380ppm（0.038%）でしかありませんので、CO_2の変化に伴うO_2の変化を読み取ることは極めて大変なことでした。彼は、O_2に関する高感度かつ高精度な分析法を開発し、O_2/N_2比を定量、1980年代の大気中のO_2/N_2比を基準値として、この値からの偏差を100万分率（per meg：パーメグ）として表すことを考えました。

その結果、彼の考えた通り、1990年の観測開始以降大気CO_2濃度の上昇に伴って、大気のO_2は確実に減少していることがわかったのです（図2-2-17）。この結果をもとに、解析することで、人為起源CO_2の吸収に関わる海と陸の寄与率は、1：1と見積もられました。今日では、この方法は、人為起源CO_2の行方を探る有効な手段として、大気CO_2濃度のモニタリングとあわせて広く測定が行われており、これらの見積もりは、全球的な海水の溶存無機炭素量の測定による見積もりともほぼ一致します。

これまでは、人為起源CO_2の吸収に関わる海の役割やその機構について考えてきました。これに付随して起こりつつある、もう一つのCO_2問題として「海洋酸性化」があります。CO_2が水に溶けると、一部は炭酸（H_2CO_3）と言う物質に変化しすることを先にも述べました。炭酸は酸性を示す物質で、海水にCO_2が溶解すると、平衡が移動し、海水のpHはわずかですが低下することになります。例えば、市販されている炭酸飲料のpHは、pH3程度の酸性です。実際大気CO_2濃度の増加に伴い、海の表層水のpHの

減少が観測されており、この減少速度は一年あたり0.0014〜0.0024です。今後も、大気へのCO_2の放出は続くので、海洋の酸性化の傾向は今後も継続することになります。また、このまま海水が酸性化していくと、アラゴナイトやカルサイトなど炭酸カルシウムが溶け易くなる、あるいは形成しにくくなりますので、「海洋酸性化」は、炭酸カルシウムの骨格を形成する生物にとってその生存と海洋の生物多様性にも関わる大きな問題なのです。

これまで、海はCO_2を吸収していると述べてきましたが、実際にはCO_2を放出する海と吸収する海とがあります。これに影響する因子として、まず水温の季節変動、海水の上下混合が上げられます。また、生物が関わる部分としては、化学平衡や生物の種類も影響することになります。この生物が関わる点を以下で考えてみます。

光合成は、CO_2と水から有機物をつくる反応です。光合成で合成された有機物が、有光層から下方に移行すれば、その分大気からCO_2を吸収することができます。これが生物ポンプでした。ケイ藻の増殖は、有光層から下方への粒子の輸出速度を高めるので、CO_2の吸収にとって効率が良い生物種と考えられます。一方、炭酸カルシウムを形成する円石藻の場合は、少し状況が違います。光合成による有機物の生産に関して、生物ポンプが駆動しますが、炭酸カルシウムの形成は、海水中の炭酸イオンを消費するので、炭酸の化学平衡が変化しpHを低下させ、海水中のCO_2濃度を高める効果があり、光合成によるCO_2吸収を弱めてしまうことになるのです。

産業革命以降現在までは、海はCO_2を吸収してきました。しかし、このまま温暖化が進んで、海水温の上昇が進めば、CO_2の溶解度は幾分低下することになります。また、海水温が上昇すると、海の成層化が進み、下層から有光層への栄養塩の供給量が減少して、一次生産量は低下することになります。そして、表層への栄養塩供給量の減少は、植物プランクトンの小型化やケイ藻の減少によって生物ポンプの効率の低下を引き起こす可能性が考えられます。ケイ藻の減少は、円石藻の増加につながり、海からのCO_2の放出を助長する可能性もあります。長期的には酸性化によって円石藻の生育も脅かされるかもしれません。1mmにも満たない植物プランクトン、その営みは海の炭素循環ばかりでなく、地球の気候システムにも大きな影響を与える可能性があるのです。今後の地球の気候変化の行く末を見極めるため、かけがえのない地球を次の世代に引き継ぐためにも、海とそこに棲む微細な藻類の働きをさらに理解するための調査や研究を今後も進めていく必要があるのです。

海底湧水が育む豊かな海 〜駿河湾〜

伊豆半島の石廊崎と御前崎を結ぶ線に囲まれた駿河湾は、湾口部の水深が2500mにも達し、日本屈指の深海湾として知られています。そして、この駿河湾には、1000種を超える魚類が生息しているといわれています。実際、駿河湾では、イワシ、アジをはじ

め、サバ、サクラエビ、マイカ、アカイカ、イサキ、イトヨリ、カサゴ、タチウオ、ムツ、キンメ、イセエビ、ミルクガニ、タカアシガニなどさまざまな水産物資源に恵まれ、珍しい深海魚も生息しています。駿河湾では、シラスやサクラエビに代表される水産業が盛んで、魚種が豊富であることから、ひき網、定置網、立て縄などさまざまな漁法が行われています。このように、駿河湾が豊富な魚種で我々の食を潤してくれる背景には、駿河湾が深海湾であることによる外洋としての性格と大井川、安倍川、富士川、狩野川など多くの河川水が流入する沿岸としての性格を併せ持つ湾であることがあげられます。

駿河湾の中層には、オホーツク海を源とする北太平洋中層水、さらにその下には北大西洋グリーンランド沖で沈み込み、2000年余りの歳月をかけて太平洋に到達した北太平洋深層水が流入しています。また、駿河湾は、開放性の湾であり、湾南方を黒潮が東進するため、湾口部表層には黒潮系外洋水が存在しています。そして、この黒潮系外洋水は、ときおり急潮として湾奥まで流入し、湾奥の急激な海水温の上昇を引き起こします。しかし、この外洋水の流入は、駿河湾に回遊系魚種をもたらすことにもなるのです。

一方、湾奥の内浦から西、御前崎に至る沿岸海域には、沿岸河川系水と呼ばれる低塩分の海水が恒常的に分布しています。これは、狩野川、富士川、安倍川、大井川などの河川から淡水が常時供給されているためと考えられます。駿河湾周辺地域の山岳地帯、富士山や南アルプス、伊豆の山々は、国内でも屈指の多雨地域で、実際、南アルプスを源とする大井川と安倍川や伊豆山系の狩野川の流域では、我が国平均的な年降水量のおよそ1700mmをはるかに上回る2500mm〜4800mmの年平均降水量が観測されています。一方、世界遺産富士山には、その頂きに源流を持つ河川は一本もありません。しかし、富士山麓では、年間21億m^{3}にもおよぶ降水があると見積もられています。富士山に降った降水のおよそ75%は、標高1000〜2500mの山腹で涵養し地下水となり、数十年の歳月を経て一部は柿田川や黄瀬川、潤井川の河川水として、そして多くは地下水となり、最終的に海底湧水として駿河湾に注いでいることでしょう。

海底湧水は、これまで世界各地でその存在が確認されています。我が国でも富山湾や利尻島などでその存在が明らかになっています。海底湧水の存在自体は、古くから航海士や漁業者によって認識されていましたが、その実態は未知なるもので、本格的な科学的研究が始まったのは、1990年代以降のことです。この研究の先駆者であるビル・バーネット博士は、海底湧水を「その水質や湧出機構によらない大陸棚に存在する海底から沿岸海洋への水の流れ」として定義し、今日では地球上の水循環を考える上でも重要な要素の一つとなっています。また、物質循環の観点からは、湧水は、その流動過程で土壌や岩石から豊富なミネラルを溶かし出し、栄養塩に代表される養分を吸収しながら海に流入するため、この湧水が海にもたらす栄養は、海の一次生産を高め、植物プラ

ビル・バーネット

アメリカの地球化学者、化学海洋学者。ハワイ大学で学位を取得。フロリダ州立大学教授。地球や海洋における天然放射性核種を用いた物質や水循環の研究を行っている。近年の海底湧水研究の先駆者で、1997年〜2002年には、SCOR（海洋研究科学委員会; Scientific Committee on Ocean Research）の「Groundwater Discharge to the Coastal Zone（沿岸域への地下水流出）」の議長を務めた。

ンクトンが生産した有機物は、食物連鎖を介して高次生産者へと伝搬しているはずと一般には考えられています。

富士山と南アルプスを背にした駿河湾。この高低差5000mの駿河湾を取り巻く地勢は、駿河湾周辺の沿岸海域に数多くの海底湧水を分布させ、栄養塩に富んだ多量の水を供給しているに違いありません。実際、2015年1月26日放送のNHK「ニッポンの里山：ふるさとの絶景に出会う旅」では、沼津の西浦を題材に「海につながるみかん畑」という番組が放映されていました。2015年5月28日の静岡新聞では、田子ノ浦沖で海底湧水を確認したとの記事が紹介されています。

今日の人類活動は、施肥や生活排水などの影響で陸水のリンや窒素の濃度を高めています。これが流入する閉鎖的な海域では、富栄養化が大きな環境問題として取り上げられてきました。リンや窒素を豊富に含む陸水が、開放性の駿河湾沿岸海域に海底湧水として直接供給された場合には、沿岸域の一次生産を高め、駿河湾を豊かな海として育んでいる可能性もあります。また、一般に清流といわれる人類活動の影響の少ない河川水（たとえば、安倍川や藁科川）では、リン濃度は低い（〜 $0.5\,\mu mol/L$）のが普通ですが、富士山の湧水に限っては、人類活動の影響がなくても、リン濃度は〜 $6\,\mu mol/L$ もありますので、海の植物プランクトンにとっては、海洋の深層水にも匹敵する貴重な栄養源となり得ます。また、陸水のケイ素は、水田の施肥によってある程度濃度が上昇しますが、元来陸水は、深層の海水に比べてもケイ素に富んでいます。しかし、海洋生態系は複雑で、陸水の過度なリンや窒素濃度の増加は、それが供給された沿岸海域でのケイ素濃度の減少を引き起こし、ケイ藻の育ちにくい海、ケイ素を必要としない渦鞭毛藻をむしろ増やしてしまう可能性も秘めているのです。

世界遺産富士山や南アルプスの山々と駿河湾。これらの山々や森林と海とは、海底湧水という「見えない水の環」でつながっています。駿河湾を中心とする水の環は、静岡に住む我々にとって魅力ある研究対象です。このような海底湧水が海の一次生産量に与える影響を評価することに加えて、海底湧水を陸水の富栄養化、沿岸域の物質循環の観点から見つめてみる必要性を感じています。

（成田 尚史　なりた ひさし）

第三部
深い海の生物たち

第一章　深海のプランクトン
第二章　ミステリアスな深海魚
第三章　駿河湾に生きるサメたち

深い海の生物たち〜
生物生産のシステム

　海には様々な生き物が生息しています。目ではほとんど確認できない微生物から全長20mを超す鯨まで、その大きさも実に多様です。さらに、そうした様々な生き物がお互いに関連しあって生活しています。「食う－食われる」関係、つまり食物連鎖というのも、その関係のひとつです。それらを生物生産のシステムといっておきましょう。第三部では、この生物生産のシステムにそって、深海の神秘的な生物たちを分かりやすく紹介していきましょう。また、深海生物の調査方法や、人間との関わりについても触れていきます。

　「食う－食われる」関係のスタートはプランクトンです。光合成により有機物をつくる植物プランクトン。その植物プランクトンを動物プランクトンが食べ、その動物プランクトンをさらに大型の生物が食べる。こうした食物連鎖によって、魚類などが養われています。この連鎖で活躍している動物プランクトンに、カイアシ類がいます。深海では、太陽の光が乏しいために、植物プランクトンは生息していません。餌の量が乏しい環境下で深海のカイアシ類は餌を食べるために、特殊化した牙や付属肢、大型の眼や感覚毛などさまざまな工夫を凝らしています。また、一方、捕食者から逃れるために光を巧みに利用しています。第一章では、小さいながらも魅力的な深海のプランクトンの生活を紹介します。

　深海魚というと、多くの人が真っ黒で、グロテスクな姿を思い浮かべるでしょう。しかし、それは成長過程の一部、親（成魚期）の形態に過ぎません。深海魚の仲間には、成魚の形態からは想像し得ない特殊化した形態を経て成長するものがいます。例えば、子の時（仔魚期）には、眼や腸が体外へ著しく飛び出していたり、あるいはまた深海魚なのに浅い海に出現したりする種もいます。その一方、形態や生息場所がほとんど変わらない深海魚もいます。まさに、千変万化、吃驚仰天の世界なのです。第二章では、駿河湾での最新の知見を含めて、深海魚

の多様な形態と生き残り戦略、ミステリアスな形態変化と生態変化などについて紹介していくことにしましょう。

　さて、生物生産システムの頂点にいるのは大型の脊椎動物です。本書では、悪役として名高いサメについて紹介します。サメは現在約540種が報告されていますが、そのうち人を害する種は10種に及びません。その祖先は今から約4億年前の古生代には出現していましたが、現生種の多くは6600万年前の新生代の初めに出現したものです。現生種は、適応放散、種分化、絶滅を繰り返しながら生態的地位を獲得し、種族を維持してきた生き残りだといえます。では、その生き残りにはどのような生存戦略があったのでしょうか。生存戦略を担う摂餌、被捕食、繁殖の特徴にはどんな"妙"が隠されているのでしょうか。サメの「生きざま」には、興味深いことがたくさんあります。

　本書で扱う駿河湾には、その地形や海洋構造により多くの深海ザメが生息しています。深海ザメは中性浮力を得るために、脂肪に富んだ巨大な肝臓を持っています。このことを知る人は多いかも知れません。しかし、この巨大な肝臓が化学物質によって汚染されてしまっている。こうした事実を知っている人は少ないのではないでしょうか。わたしたちの生活を向上させる化学物質。それが深海の生物に影響を与えている。第三章、最後の項では、駿河湾における深海ザメの化学物質汚染の現状も紹介していきましょう。

　第三部を通じて、駿河湾には実にさまざまな生き物が暮らし、我々人間社会とも深いかかわりをもっていることを発見できるでしょう。

（福井　篤　ふくい あつし）

第一章　深海のプランクトン

駿河湾のプランクトン

プランクトンとは

　私たちは水中を漂う小さな生き物を見ると、その由来をあまり意識せずにプランクトンと呼びます。しかし、プランクトンという名前の生き物や分類学的なグループは存在しませんし、小さな生き物をまとめてプランクトンと表現するわけではありません。混乱しそうな話ですが、どの生物をプランクトンと表現すればいいのか、実のところ簡単ではありません。

　聞き馴れない呼び方ですが、水中の生き物について、ベントスとかニューストン、ネクトンなどと表現することがあります。これらは生息する場所など、生活様式の違いにより区別された呼び方で、ベントスとはカレイやヒラメ、カニなどのように水底に密着して生きる底生生物を指しています。それに対し、アメンボのように水面で見られる生物をニューストン（水表生物）といい、一般的な魚のように水中にいて十分な遊泳力をもつ生物をネクトン（遊泳生物）というのです。

　プランクトンとはこれらと同じ区別の一つで、日本語でいうと浮遊生物です。その意味は、「水中で生活していて、遊泳力に乏しく、浮遊している生物」です。つまり、〝体の小ささ〟は条件に入っておらず、比較的大きな体を持つクラゲの仲間もプランクトンとされています。ただ、一般に小さな生物は遊泳力も低いため、プランクトンであることが多いというわけです。

　ありえない話ですが、仮に体長1mmくらいの非常に小さな生き物が、すごい勢いで泳ぐことができて、自分の行きたいところに移動できるなら、その生き物はネクトンということになります。

　もちろん、彼らにもまったく遊泳力がないわけではありません。駿河湾の特産であるサクラエビのように、一日のなかで深海と表層を往復するプランクトンもいます。彼らは小さな体ながらも、長い時間をかけて少しずつ泳ぐことで数百mの距離を移動するのです。そのため体がある程度大きいプランクトンは、それなりの遊泳力があるのですが、どの大きさからネクトンと呼ぶのかの境界は、必ずしもはっきりしているわけではないのです。

　ただ、ネクトンは水の流れに逆らって移動することが可能ですが、プランクトンはそれができずに流されてしまうことがほとんどだといっていいでしょう。

　一般的にプランクトンと呼ばれる生き物は、生まれてから死ぬまでの間ずっと浮遊生活をしている仲間を指すことが多いです。ただ、海底の砂の中で生活しているカニや、岩に付着して生活しているフジツボなどのベントスのように、幼生のときだけ泳ぎ出してプランクトンとして生活する生き物たちもいます。親の生活様式とは異なり、幼生のときだけプランクトンの仲間という生き物も海にはたくさんいるのです。このように、海の中で生活しているプランクトンと呼ばれる生き物には、実はさ

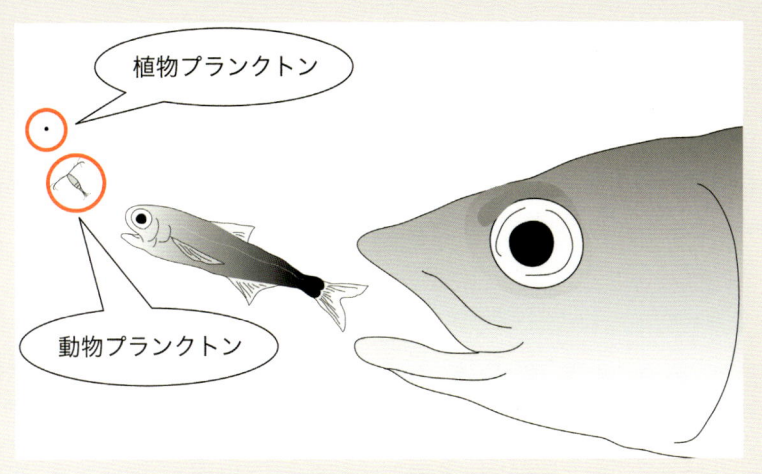

▲図3-1-1 海洋食物連鎖の捕食ー被食関係による生物サイズの増大
食物連鎖が進むと、生物の体のサイズが徐々に大きくなることがわかる。

まざまな種類が含まれています。

なお、"深海のプランクトン"という場合は、一般に200mより深いところに生息するものを指しています。日本一深い湾である駿河湾にも驚くほど多様なプランクトンが生息し、小さな体のなかに生きるためのさまざまな戦略をもっているのです。

駿河湾の深海環境

駿河湾の特徴の一つとして、富士川や安倍川、大井川など複数の河川から多くの水が流れ込むことが挙げられます。これらの水は豊富なミネラルや有機物を含んでおり、駿河湾の奥のほうなどの沿岸に近い場所では、そんな栄養豊富な沿岸の水が支配的です。

ただ、それは沿岸の表層だけであって、湾中央部から湾口にかけての表層では、外洋を流れる親潮・黒潮に由来する海水も入り込んでいます。さらに水深200m以上の深海では、外洋から入ってきた海水が沿岸表層水の下にもぐり込んだり、外洋の深層水が入ってくるので、駿河湾の深海は外洋に由来する水によって支配されていることになります。

このように由来の異なる海水は、水温や塩分、密度といった性質が違っていますので、簡単には交ざり合いません。そのため駿河湾の表層から深層にかけては、由来の異なる海水の塊が何層にも重なり合った構造をしています。プランクトンは海水の流れに大きく逆らえないため、当然、その海水とともに移動してきます。このようなことから、駿河湾の深海に生息しているプランクトンは外洋から入ってきていると考えられ、湾外の外洋域に生息するプランクトンとほぼ同じような種類が生息しています。

動物プランクトンの主役 カイアシ類

ここまではプランクトンの概略を紹介してきましたが、次にプランクトンの主役である動物プランクトン、特にカ

イアシ類の役割と特徴を紹介することにします。彼らは海の食物連鎖のなかで非常に重要な地位を占めているのです。

一般に海の食物連鎖で出発点になるのは植物プランクトンです。陸生植物と同じく、光合成によって無機物から有機物をつくりだす一次生産者だからです。このため、太陽光の届く表層では、植物プランクトンが多く分布しています。

しかし、あまりにも体が小さいため、魚類などの直接的な餌とはなりえません。捕食関係が整然と連鎖するのはこのためで、植物プランクトンを食べるのが動物プランクトン、次の捕食者が小魚、さらにより大きな魚食性魚類といったように続いていき、それぞれの体格差は概ね10〜100倍ほどといわれています（図3-1-1）。

一方、近年では微生物食物連鎖（微生物環・微生物ループとも）と呼ばれる別の食物連鎖系も知られてきました（図3-1-2）。この連鎖の出発点は海水中に溶けている有機物で、植物プランクトンが光合成するときに作られたり、生物の排泄物や分解された死体などに由来しているものです。そのため、太陽の光エネルギーに直接依存しない食物連鎖系といわれています。

この溶存有機物を利用するのは、主にバクテリア（細菌類）です。その有機物の総量は生物体より非常に多く、大量の細菌を増殖させていきます。このバクテリアを栄養源とするのがアメーバや繊毛虫などの原生生物に代表される微小動物プランクトン、そしてそれらを小型動物プランクトンが餌に

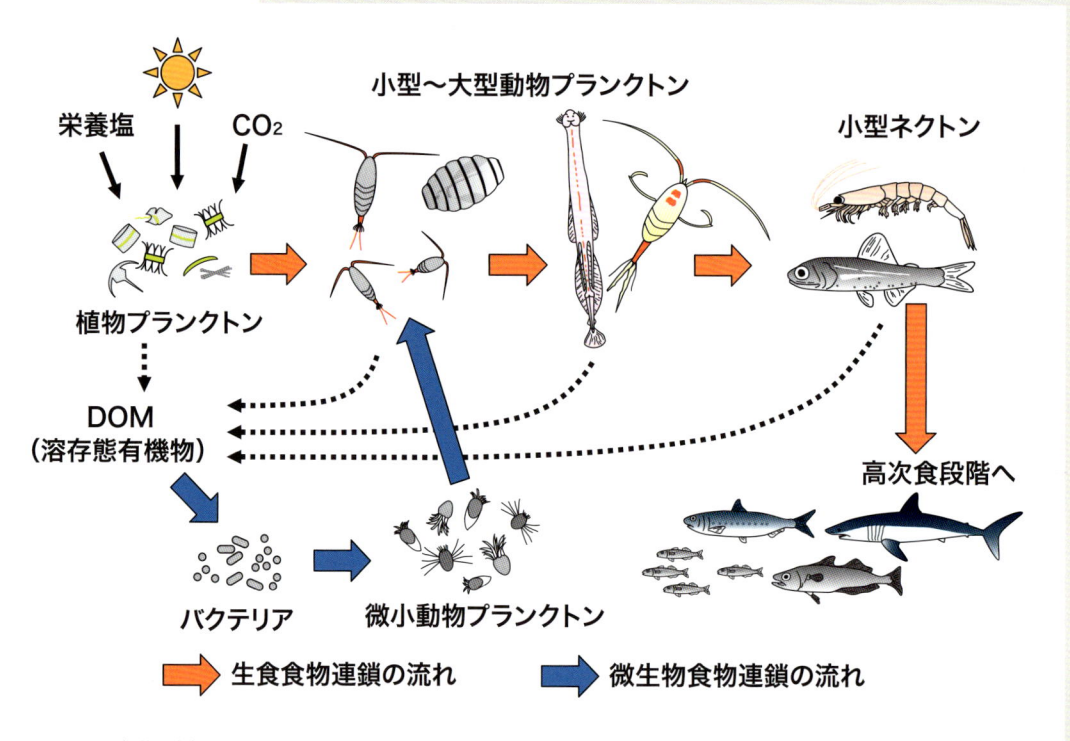

▲図3-1-2　海洋の食物連鎖
光合成によって植物プランクトンから始まる「生食食物連鎖」と、溶存態有機物から始まる「微生物食物連鎖」の2つの食物連鎖がある。

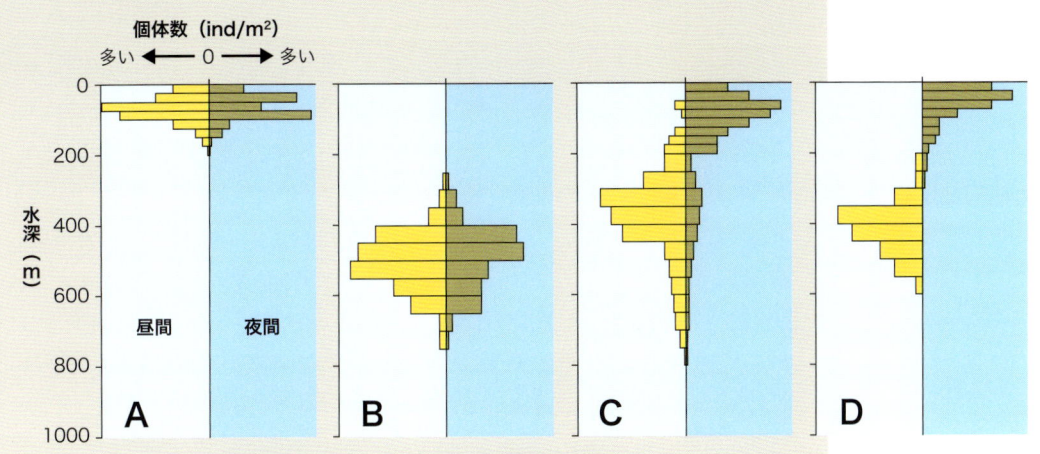

▲図3-1-3　カイアシ類（A〜C）とオキアミ類（D）の鉛直分布の模式図
A: 表層性の種類　B: 深海性の種類　C & D: 日周鉛直移動する種類

していますから、この時点で溶存有機物も本来の食物連鎖のなかに取り込まれたことになります。

つまり、いずれの食物連鎖系でも、その重要な構成要素の一つに動物プランクトンがいるわけです。そして、そのなかでもふたつの合流地点に位置しているのが小型の甲殻類であるカイアシ類なのです。

カイアシ類の研究の歴史はあまり古くはなく、顕微鏡（というよりレンズ）の製造技術の発展と共に科学史に登場します。1800年代末になると詳細な観察が博物学者によってされるようになりました。その体長は0.3mmから大きくてもせいぜい10mm程度、概ね2mmほどにすぎませんから、水の中で動いている小さな虫といった表現がぴったりかもしれません。

ちなみに、陸上で繁栄している虫といえば昆虫類ということになるでしょうが、昆虫類も甲殻類も同じ節足動物の仲間です。陸で繁栄した昆虫類に対して、海で繁栄したのは甲殻類であり、そのうちプランクトンとして、もっとも成功して、個体数や種数が多いのがカイアシ類なのです。

ただ、ひとまとめにカイアシ類といっても、種によってその生態もさまざまです。次に、彼らの分布様式と多様性を簡単に見ていくことにしましょう。

図3-1-3はカイアシ類が鉛直的に分布する様子を模式的に表したグラフで、各グラフの左側の山が昼間の分布、右側の山が夜間の分布です。昼夜ともに浅い水深に分布しているのは表層種で、水深100mを過ぎると急激にその数が減っていきます（A）。深層種はBのように、光のあまり届かない水深にのみ生息していて、表層に分布することはありません。また一方で、CやDのように昼間と夜間で生息する水深が異なるグループも存在します。Dはカイアシ類よりも体の大きなオキアミ類ですが、どちらも昼間は深海にいますが、夜になると同じくらいの距離を泳いで表層に浮上しています。この行動を日周鉛直移動といいます。このような鉛直的な生息水深や日周鉛直

節足動物

体が硬いクチクラでできた殻の外骨格で形成される動物の分類群。昆虫類や甲殻類、クモ類、ムカデ類などが含まれる。成長して体が大きくなるときには、脱皮をする必要がある。体は複数の体節からできており、隣り合う体節が癒合や分化することで、頭部・胸部・腹部などを形成する。また各体節には1対の付属肢が生えていて、用途に合った形状をしている。

移動の距離は、先に説明した海洋構造によって制限されますので、同じ種類でも海域によって異なります。

この日周鉛直移動は多くのプランクトンに見られる現象です。先に説明したように、食物連鎖の出発点となる植物プランクトンは、光合成をすることで生きているため、太陽の光が必要です。海では植物プランクトンが利用できる光は、表層までしか届きませんから、植物プランクトン（＝動物プランクトンの餌）は、表層に濃密に存在します。この植物プランクトンを食べるために動物プランクトンは表層に移動するのです。しかし、動物プランクトンを食べたいと思っている、より大型の生き物も表層に分布して待ちかまえています。そのため、動物プランクトンは捕食者に見つかりにくい夜間に表層へ移動して餌を食べ、見つかりやすい昼間は深層に移動して身を隠していると考えられています。

一方、表層と深層を行ったり来たりして、エネルギーを消費することなく、大量にある餌を食べるために常に表層にとどまることを選んだ、表層性のカイアシ類は、比較的体長が小さい種類です。目で見て餌を探すような捕食者にとっては、小型の方が見つけにくいのかもしれません。

表層に生息する多くのカイアシ類は植物プランクトンを食べて成長します。太陽の光が届く水深では植物プランクトンは活発に増殖していますので、カイアシ類にとっては餌が豊富な場所です。そのため表層では餌をたくさん食べて成長し、次々に子孫を残すことができるため、カイアシ類の個体数は非常に多いです。その代わり、同じカイアシ類でも他の種類であったり、他のプランクトンも多く生息していますので、種間での餌をめぐる競争が激しくなります。その結果、その時の餌や水温などの環境要因に最も適合した種類だけが個体数を効率良く増やし、大きく大きく繁栄することになります。このような原理が働くので、表層では生息している種数は少なくなると考えられています。

表層に比べて生息する個体数は減少しますが、多くの種類が見られるのは、深海のほうです。はっきりとは判明していませんが、これは表層のような豊富な餌をめぐる短期間の競争がゆるやかになることで、多様な種類が共存できる余地が生まれていると考えられています。少ない餌を食べるために特殊な器官を発達させたり、暗い海の中で光を巧みに使ったりすることで、深海に適応した種類が多く生息しているのです。

深海における餌の食べ方

　動物プランクトンが日周鉛直移動をして、餌の多い表層に移動することは先ほど説明しました。彼らの生息している範囲には深海が含まれますが、どちらかというと深海を一時的な隠れ家のように使っているともいえるでしょう。その一方で表層に移動することなく、ずっと深海に生息するプランクトンもたくさんいます。真の深海性プランクトンと呼べるのは、これらの種類であり、特徴的な形や生態を示す種類も多く存在します。次に、深海性プランクトンのうち、生態の研究が比較的進んでいるカイアシ類について、見ていくことにしましょう。

▌深海の餌環境

　深海生態系では、生食食物連鎖の出発点である植物プランクトンは存在しません。植物プランクトンが利用できる太陽の光が届くのは、水がきれいな外洋域でも水深200m前後だからです。水深200m以上の深海では、植物プランクトンを食べる動物プランクトンも、それを捕食する他の生き物も、表層に比べて少なく、餌が乏しい環境です。そのため餌を食べるための工夫を独自に獲得した種類が知られています。

　深海における食べ物は、大きく分けて2つあります。ひとつは同じ深海に生息している別の生き物です。肉食性の動物プランクトンの仲間などは、自分の周りにいる生き物を探して、捕まえて食べています。

　もうひとつは、表層から落ちてくる有機物です。表層では生物の生産や活動が活発で、死骸をはじめとして、食べ残しや脱皮殻、糞粒といった有機物が大量に作られて、ゆっくりと深海へと落ちてきます。このような有機物の粒子をデトリタスと呼びます。これらのデトリタスは大小さまざまな大きさがありますが、落下しながら互いに集まって、大きな塊になることもあります。深海の映像などで見ることのできる「マリンスノー」は、まさにデトリタスが集まって、肉眼で見ることができるサイズになったものです。このデトリタスは深海に生息する生き物にとって、貴重な餌になっているのです。このようなデトリタス食性の生き物たちも深海にはたくさん知られています。

　ここで、カイアシ類の体の構造を説明しておきます。米粒に尻尾が生えたような形をしていますが、前体部（頭部と胸部）、後体部（腹部）の2つに大きく分けられます（図3-1-4）。

　前体部の腹側には、多くの脚（付属肢）があり、それぞれの役割が決まっています。胸部にある第1〜5遊泳脚は泳ぐためのもので、特に外敵から逃げるときに用いられます。

　一方、頭部には前端側に触角が2対あり、その下の口の周りには口器付属肢（大顎、第1・2小顎、顎脚）といって、餌を保持したり、あるいは砕く役割をもった脚があります。大顎の根元には硬く伸長した節が存在し、歯の役

マリンスノー

肉眼で観察できる大きさの不定形の懸濁物。その多くはプランクトンの死骸や排泄物といったデトリタス（有機物粒子）が元となり、深海へと沈降しながら物理的に集合、形成されたもの。沈降速度は速く、1日あたり数十から数百mとされており、海底に降り積もる。北海道大学の研究者たちが深海調査をした際に、ライトの光にあたって白く見えたことから「海に降る雪」と名付けた。

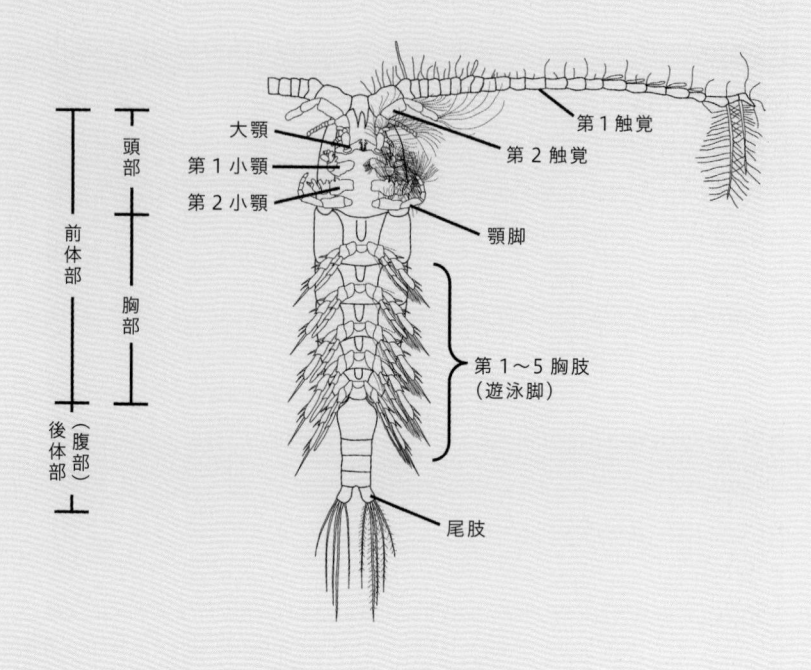

▲図3-1-4　カイアシ類の体形と付属肢　カイアシ類を腹側からみたところ

割をします。陸上の昆虫ではこれらが餌を噛み砕くための顎になったように、餌の少ない深海に住むカイアシ類にも生きるためのさまざまな工夫が凝らされています。そして、その特徴を調べることにより、どのようなものを餌としているのかが推定できるのです。

肉食性プランクトン

■ 毒牙をもつ仲間

図3-1-5に登場するのは、いずれもヘテロラブドゥス科に属するカイアシ類の仲間です。Aはディッセタ属の一種（*Disseta palumbii*）です。Bはその種の歯、Cはヘミラブドゥス属の一種（*Hemirhabdus grimaldii*）の歯を電子顕微鏡で撮影した写真です。カイアシ類はこの写真のように、トゲのような歯をもつのが一般的です。ただ、この両者の間にはトゲの長さや数などいくつかの点で差異が認められます。

ディッセタ属の写真Bのように、臼歯のような短い歯（d）を持つタイプは、周りの微小動物とともにデトリタスを餌にしており、粒子食者とも呼ばれます。より浅い層から降ってくる餌をかき集め、この歯で噛み砕いているのです。

一方、ヘミラブドゥス属は尖った牙で餌にガブリと食いつく肉食タイプです。特に長く伸びた歯（v）を持っていて、その側面に特徴的な溝をもっています。これは驚くべき意味を秘めているのですが、それはヘテロラブドゥス属の歯を見ることで理解できます。

図3-1-6は、同じヘテロラブドゥス科のカイアシ類ですが、先ほどとは違うグループのヘテロラブドゥス属の一種（*Heterorhabdus spinifrons*）の歯を異なる角度から見ている写真です。溝のあるヘミラブドゥス属の歯と非常に似た特徴をもっており、写真Aのい

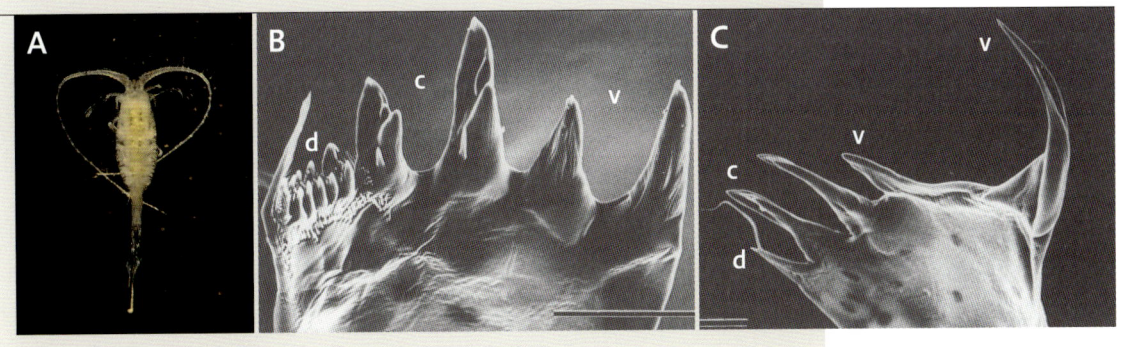

▲図3-1-5 ヘテロラブドゥス科カイアシ類（Ohtsuka et al., 1997を改変）
粒子食者の大顎の歯(B)は、短い棘が何本もある。肉食者の歯(C)は、長い棘が発達している。
（A & B: *Disseta palumbii*, 7–8 mm　C: *Hemirhabdus grimaldii*, 9–10 mm）
Brill, Journal of Crustacean Biology,17(4),577-596,1997, Ohtsuka,S., HY. Soh and S.Nishida. Evolutionary switching from suspension-feeding to carnivory in the calanoid family Heterorhabdidae (Copepoda), Fig 1,Fig2.

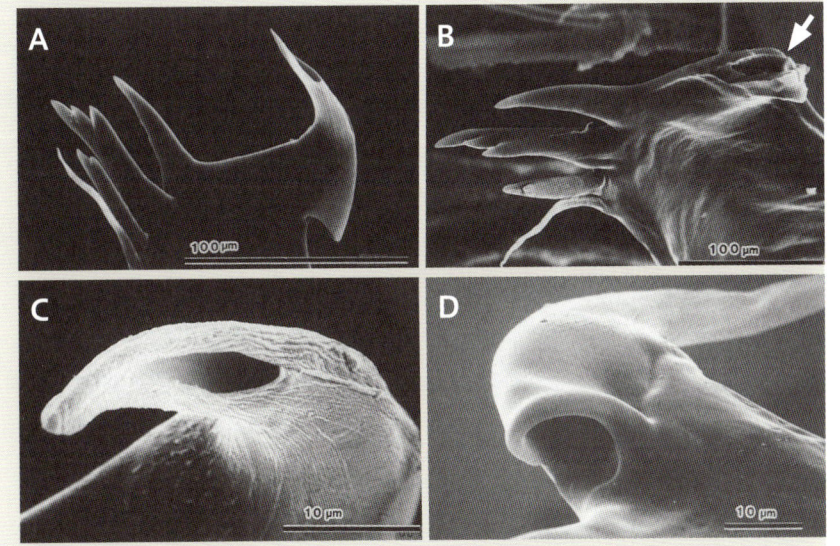

▲図3-1-6 毒針をもつヘテロラブドゥス科カイアシ類　（Nishida & Ohtsuka, 1996を改変）
大顎の歯にある長い棘には空洞が存在し、注射針のようになっている(B, C, D)。
（A～D: *Heterorhabdus spinifrons*　2–3 mm）
Springer, Marine Biology,126,619-632,1996, Nishida,S and S.Ohtsuka.Specialized feeding mechanism in the pelagic copepod genus Heterorhabdus(Calanoida:Heterorhabdidae), with special reference to the mandibular tooth and labral glands. Fig2.

　ちばん右の歯を見ると、尖端に穴のあることがわかります。これを正面から観察したのが写真Cです。

　つまり、ヘテロラブドゥス属の歯は伸長するとともに溝を閉ざし、最終的に完全な空洞をもつ注射針のような牙を進化とともに獲得したのです。しかも、組織学的な研究の結果、この歯が収まる上唇という場所には、何らかの分泌腺があることがわかりました。すなわち、溝や空洞のある歯は毒牙であり、根元の腺でつくった物質を注入して、噛みついた際に獲物を麻痺させていると考えられているのです。現在ではフグ毒（テトロドトキシン）のような強力な神経毒ではないことは判明していますが、詳細な毒の種類や具体的な作用などはわかっていません。しかし餌の少ない深海で、遭遇した餌を確実に食べるための工夫があることは容易に想像できます。

　このように、深海の餌環境に適応するために摂餌器官が精密に変化した種は、進化段階の後のほうに出現し

たものと思われます。とりわけ、完全に溝を閉じて毒牙を形成するヘテロラブドゥス属は、より高度に進化した種と考えていいでしょう。

　一方、歯の進化によって捕食方法が特化されたため、対象となる餌の種類も限定されることになりました。ただでさえ深海は餌の少ない環境ですから、確実に毒を送り込めるヘテロラブドゥス属のほうが優位に違いありません。事実、歯に溝しかない不完全な毒牙のヘミラブドゥス属が深海のみに少数生息するのに対し、ヘテロラブドゥス属は表層から深層に至るまで広く分布し、また個体数も多いのです。そればかりか、表層に進出するために、外敵（捕食者）から身を守り、食べた餌から得られたエネルギー利用の効率をよくするために小さい体（2〜3㎜）も獲得しているのです。

■ 吸盤をもつ仲間

　肉食性カイアシ類の工夫は毒牙の発達だけではありません。ここでは、前項で紹介した仲間とはまったく異なった工夫をしている例を紹介します。

　図3-1-7-A はアウガプティルス科に属するカイアシ類の仲間、*Euaugaptilus magnus* の頭部正面のスケッチです。餌をつかむための付属肢（第2小顎・顎脚）に多数の毛があることがわかります。その表面を電子顕微鏡で拡大すると、写真 D のようになっているのです。

　整然と並んでいる白いボタン状の突起物は一種の吸盤です。しかし、筋肉の働きでくっつけるタコの吸盤のような機能はなく、ヤモリの手足のように水を介して接触する表面積を増やすことで張りつく仕組みだと考えられています。

　その断面を拡大したのが写真 E です。下に見えている円形の組織が毛の断面。U字型の支柱のような構

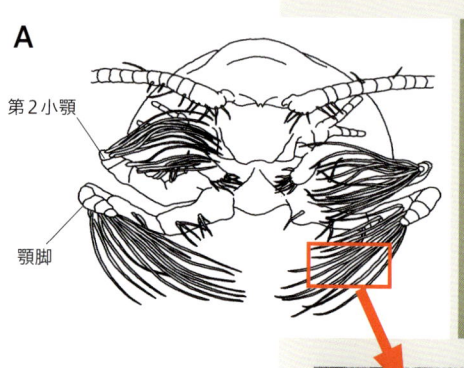

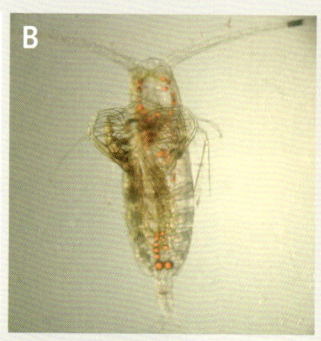

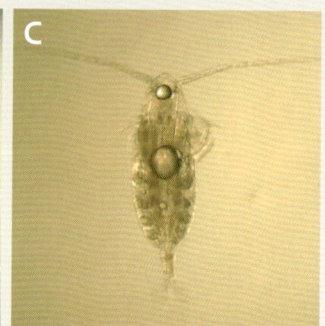

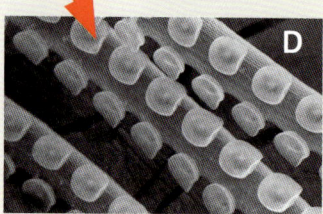

▲図3-1-7　吸盤をもつカイアシ類
Aはカイアシ類を前方から見たところ。餌を抱える第2小顎と顎脚には刺毛が多数生えていて、人間の指のような役割をする。その刺毛には、吸盤が多数存在する。
(A,D,E: *Euaugaptilus magnus*, 7–8 mm
B: *E. laticeps*, 6–7 mm　C: *E. palumboi*, 2mm)

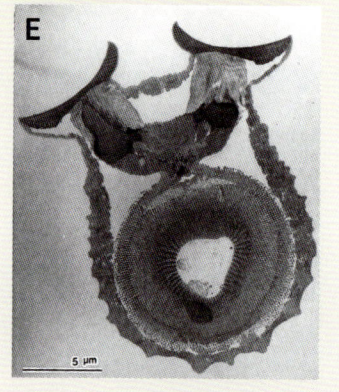

造物を載せており、その上に杯状の吸盤があります。これなら、それぞれの吸盤はかなり柔軟に向きを変えられる上、一種の緩衝効果もあるはずです。つまり、これら無数の吸盤は捕まえた餌に張りつくと同時に、暴れる獲物からの衝撃を吸収するショックアブソーバーの役目も担っているのです。しかも、吸盤をつけている毛は柔軟に動きますから、思い通りにはがすこともできるでしょう。これも毒牙と同じように、貴重な獲物を逃さず、安全に確実に食べるための工夫なのです。

アウガプティルス科にはたくさんの種が含まれていて、同じように吸盤を発達させているものも複数が知られています。しかし、その吸盤の密度や形態はさまざまで、いかにも吸盤然とした例もあれば、単なるプレートにしか見えない例もあります。

デトリタス食性プランクトン

ここで紹介するのは、解剖して消化管内容物を調べると小さな有機物の残骸が見られるカイアシ類、つまり、デトリタス食性だとわかっている種です。当然ながら、彼らの生きるための工夫は肉食系のそれと大きく異なり、上層から降ってくる有機物を効率的に探知するための適応をしています。

■餌を探知する感覚毛を持つ仲間

図3-1-8はスコレシスリセラ科の一種（*Scottocalanus securifrons*）です。一般的なカイアシ類と同じく頭部に餌をつかむ付属肢があり、それを拡大したのが右の写真Bです。これまでの研究の結果、四角い枠に囲まれている部分の毛の中に神経細胞の樹状突起からなる線維が多数走っていることがわかりました。

神経線維は、何らかの情報を受け取り、それを中枢神経に伝達する役割を果たす器官です。それが餌をつかむ脚に存在するとなると、やはり摂餌に関係の深い情報を伝えているものと考えるのが自然でしょう。つまり、感覚毛によって食物の"匂い"を感じていると推定されているのです。

というのは、有機物が落ちていくとき、その振動や圧などは後ろのほうに伝わります。しかし、小さな有機物粒子の沈降は早くはないですから、有機物から溶け出す化学物質はある程度の範囲に拡散していきながら沈降するのです。鉛直方向に移動している複数の餌に対し、カイアシ類が横に動け

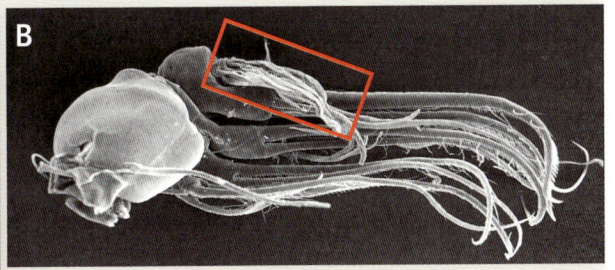

▲図3-1-8　特殊な感覚毛をもつカイアシ類
第2小顎の餌を抱える毛に混じって、感覚毛（写真Bの四角）が多数存在する。
（A & B: *Scottocalanus securifrons*, 4–5 mm）

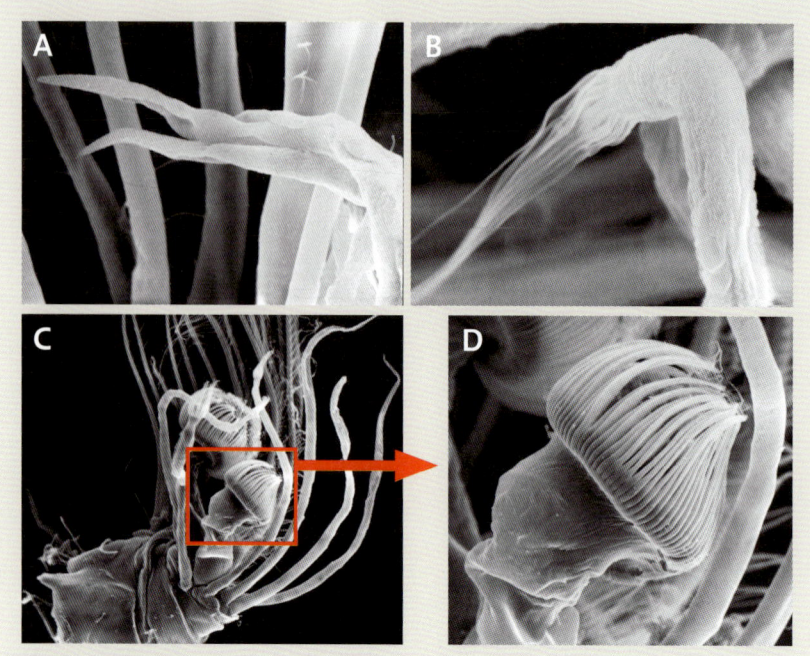

▲図3-1-9 特殊な感覚毛をもつカイアシ類
虫状(A)と筆状(B)の形の異なる2タイプの感覚毛を第2小顎にもつ。なかには筆状感覚毛が巨大化した種類もいる(C & D)。
(A : *Pseudoamallothrix ovata*, 2 mm　B : *Pseudoamallothrix emarginata*, 2 mm
C & D : *Heteramalla sarsi*, 4 mm)

ば餌と遭遇する確率を高められます。さらに彼らが化学的にそれを探知できれば、その確率をいっそう高めることができるというわけです。

このような化学感覚毛は、デトリタス食性の深海性カイアシ類にみられ、第2小顎と顎脚に存在します（図3-1-9）。基本的にヒモムシのようなシンプルな形の虫状感覚毛（A）と、先端が細かな繊維のようになって毛筆に見える筆状感覚毛（B）の2種類が存在します。この2つの感覚毛は先端内部の構造や、神経細胞の繊維の数が異なっていて、虫状感覚毛は遠くの匂いを大まかに感じるもので、筆状感覚毛は近くの匂いをより詳しく感じるために使っていると考えられています。

筆状感覚毛はカイアシ類の種類によって多くのバリエーションが存在していて、対象とする餌の種類（匂い）を反映していることが考えられています。なかには、驚くほど発達した感覚毛をもつカイアシ類も見られます。写真CとDの種類では、四角く囲まれた部分の感覚毛が毛筆のような形をしていますが、前述した例のそれと比べて巨大化していることがわかります。

■長い消化管をもつ仲間

これまで餌を捕獲する、あるいは探知するための工夫を紹介してきました。いずれも餌の少ない深海で確実に食物を得るための適応ですが、ここではその次の段階の工夫として、飲み下した餌の有効利用について見ていくことにします。

図3-1-10で示されているのは、デトリタス食性の仲間の消化管です。カイアシ類の消化管は単純な構造をしている

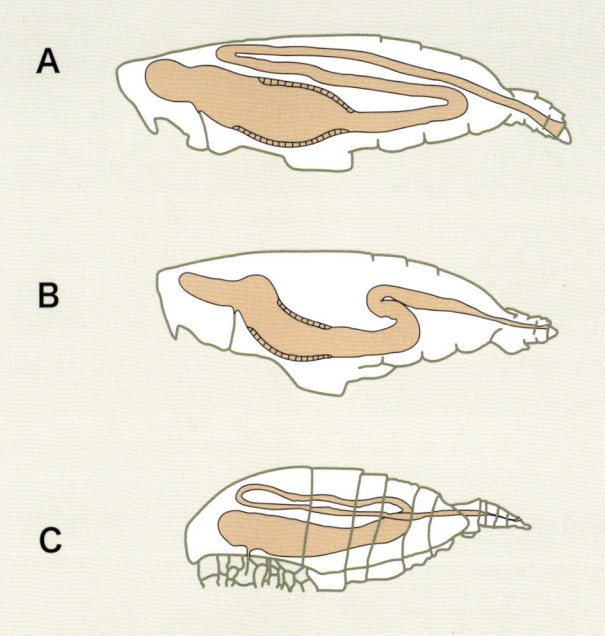

▲図3-1-10　消化管が長いカイアシ類
食べた餌を長時間かけて消化することで、餌の少ない深海に適応している
（A: *Lophothrix frontalis*, 6–7 mm　B: *Scottocalanus securifrons*, 5 mm
C: *Spinocalanus antarcticus*, 2–3 mm）

ものですが、これらのように消化管が曲がり、消化吸収する表面積を増やしたり、通過時間を長くしたりする工夫のみられる種が深海にはいます。陸上の動物でもネズミやウサギなどの齧歯類の消化管は長く、魚類においても硬い食物を食べてゆっくり消化させるタイプの種で同様の傾向が見られます。

餌の豊富な表層にいるカイアシ類では、食べた食物の50〜70％ほどしか利用していません。残りの食物はそのまま排泄されていきます。特に、消化しにくく、時間のかかるものはすぐに排泄物となってしまうのです。

それに対して図（A〜C）の仲間たちは消化管を長くして消化効率を高め、十分に餌の栄養分を利用しようとしています。特に（C）の*Spinocalanus antarcticus*では輪状に長くなり、体長の倍ほどの長さにまでなっています。し

かも、このような適応は感覚毛を発達させ、餌の確保をより確実にしている種でも見られるのです（A & B）。

もっとも、このような工夫の見られる例は少数の種類でしか知られていません。おそらく、浅い層から落下してくる有機物は深海に到達するまでに分解が進み、消化しやすい状態になっているものも少なくないでしょう。深海に住むカイアシ類の多くは直線状の消化管をもっているのです。そして、そんな仲間たちは摂取した栄養分を油滴として体内に蓄積し、餌の不足に備えるのが一般的です。カイアシ類に限らず、他の甲殻類や深海魚でも同様な生き残り戦略が見られます。

深海における光の使い方

　深海は太陽光のほとんど届かない、暗く、静かな世界です。水深1000m以上の海に住む多くの魚は眼が退化し、黒い体は一切の光を反射しません。しかし、深海に生きる生物のすべてが光を利用しないわけではありません。

　たとえばチョウチンアンコウのように光る擬似餌で獲物を誘う種がいますし、あたかも仲間同士でコミュニケーションを図るかのように発光器を光らせる魚なども知られています。そして、生きるために光を使う仲間がいるのは動物プランクトンの世界でも同様です。ある種のカイアシ類は暗い深海で光を見ようと驚くべき進化を遂げ、また別の仲間は自ら光を作り出し、生き残るために巧みに利用しています。

■光を見るプランクトン（餌を探す仲間）

■ケファロファネス属

　図3-1-11はケファロファネス属に分類されるカイアシ類の一種（*Cephalophanes tectus*）です。

　一般的なカイアシ類は小さな単眼を持つのみで、これをノープリウス眼といいます。ところが、このケファロファネス属の仲間は巨大な赤い眼をもっています（A）。これほど眼の機能を発達させたカイアシ類は他にはいません。

　実はこれほど大きく見える眼は、頭部の左右に2つ存在する巨大なパラボラアンテナ状のレンズです（B）。つまり、すり鉢状の巨大な反射鏡があり、周辺の光を集められるようになっているのです。

　電子顕微鏡下で反射板の組織構造を見ると、さまざまな波長の光を受けとって集約できるように工夫の凝らされた層状構造になっていることがわかりました。そのパラボラ眼の底部には視細胞があり、そこから視神経が神経節に向かって伸びています。像を結ぶ機能はなくとも、かすかな光を集め、感じとることに関しては飛び抜けて優れた構造だといわれているのです。

　では、他に類がないといわれるほど集光効率のよい眼を、彼らはどのように利用しているのでしょう。

　このケファロファネス属の消化管内容物を調べると、甲殻類の破片ばか

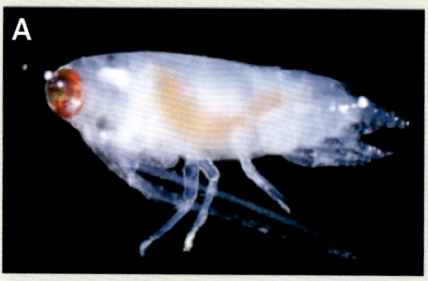

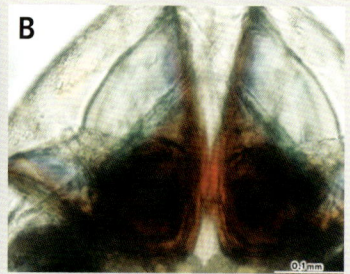

▲図3-1-11　反射鏡眼をもつケファロファネス属カイアシ類
（A: 西田周平博士提供、B: Nishida et al., 2002 を改変）
体の側面写真（A）で赤く見えるところがパラボラアンテナ状の眼。背面から見ると（B）頭部全体が左右1対のすり鉢状の形をしていて、周囲の光を集めて認識することができる。(A & B : *Cephalophanes tectus*, 3–4 mm)

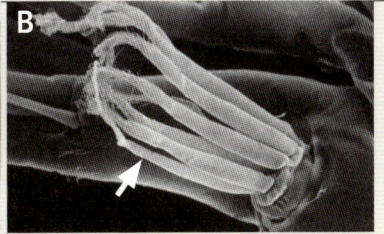

▲図3-1-12　ケファロファネス属カイアシ類の消化管内容物(A)と第2小顎の感覚毛(B)
（Nishida et al., 2002を改変）(A & B: *Cephalophanes refulgens*)

Inter-Research, Marine Ecology Progress Series 227, 157-171,2002, Nishida,S.,S.Ohtsuka and R.Parker. Functional morphology and food habits of deep-sea copepods of the genus Cephalophanes(Calanoida:Phaennidae):perception of bioluminescene as a strategy for food detection.Fig3,Fig4.

が硬い塊になって見つかります（図3-1-12-A）。しかし、この仲間は肉食系ではなく、12ページで紹介した付属肢に化学感覚毛をもっているデトリタス食性のグループなのです（B）。デトリタスはさまざまな生き物から捨てられたゴミのような有機物の塊ともいえますから、いろいろな種類の物が集まって形成されています。つまり、彼らは上から沈降してくるデトリタスのなかでも甲殻類の死骸ばかりを探している、ということが明らかになったのです。

一般に、深海に沈降してくる生物の死骸には多くの細菌類がとりついており、そのなかには多数の発光バクテリアも含まれています。このケファロファネス属の仲間はパラボラアンテナのような眼を活用し、暗闇の中でぼんやりと、かすかに光りながら落ちてくる甲殻類の死骸を待ち構えていたというわけです。

もちろん、光っているものがすべて甲殻類の死骸ではありません。でも、ケファロファネス属の仲間は付属肢の感覚毛も発達しています。彼らは光と匂いの両方をとらえて好物の餌を探知していたのです。

ただ、これだけの進化を遂げたケファロファネス属ですが、決して繁栄した種とはいえません。同属の中にはたった3つの種がいるだけで、個体数も多くはないのです。摂餌戦略をこれほど進化させ、特化させたことによって、かえって食べることのできる餌の種類を自ら限定してしまったのです。

■ギガントキプリス属

ケファロファネス属のように、深海にあって集光効率を高めている仲間にギガントキプリス属があります（図3-1-13）。こちらはカイアシ類ではなく、貝虫

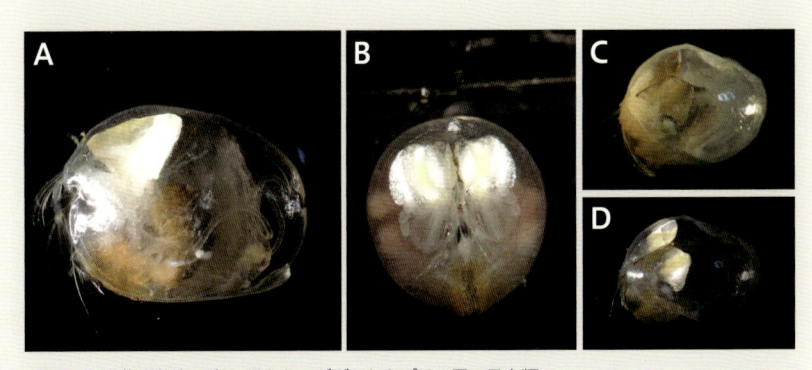

▲図3-1-13　集光能力の高い眼をもつギガントキプリス属の貝虫類
体の側面写真(A)と前方写真(B)で、白く光って見えるところが眼。薄暗い状態で前方からのライトを消した時(C)と、点けた時(D)。眼で光を集めていることが分かる。　　(A〜D : *Gigantocypris* sp., 10–20 mm)

（カイムシ）亜綱に分類される甲殻類で、二枚貝のような殻で体を覆っているのが特徴です。貝虫類にはさまざまな種がいますが、私たちに最もなじみ深いのが発光生物として有名なウミホタルでしょう。ただ、貝虫類にはベントスが多く、地層のなかに化石として遺されており、地質学の専門家にもよく知られる仲間です。プランクトンとして生活するのはごく一部で、中でもこのギガントキプリス属は水深500m以上の深海に住んでいます。

ギガントキプリス属の仲間は比較的大きく、その体長は10〜20mmほどです。その眼はパラボラアンテナのような形をし、ケファロファネス属以上に発達しています。人間の眼の8倍もの集光機能があると言われ、写真からもわずかな光を集めて驚くほど輝いていることがわかります（**C & D**）。

ギガントキプリス属の消化管内容物を調べると、カイアシ類や小魚、ヤムシ類（肉食性動物プランクトン）などが見つかります。いずれも発光することが知られている仲間ですので、それらの光を探し当てて餌にしているのでしょう。あるいはそれらの死骸に付いた発光バクテリアの光なのでしょう。ケファロファネス属と同じように眼を発達させる一方、餌の種類をそれほど限定しなかったタイプといえます。

光を出すプランクトン
（生物発光する仲間）

深海に生きるある種のプランクトンは自ら発光しています。カイアシ類の一部にも発光器官があることが知られ、そのような仲間の数は決して少なくありません。深海に生息することが知られているグループであれば、たとえばメトリディア科（Metridinidae）に属するものはすべての種が発光しますし、同様にヘテロラブドゥス科（Heterorhabdidae）やルシクチア科（Lucicutiidae）の多くの種、さらにアウガプティルス科（Augaptillidae）とメガカラヌス科（Megacalanidae）の一部の種といったように、多くの種が発光します。

図3-1-14-Aはメトリディア属の一種（*Metridia princeps*）のスケッチで、体表にある発光器官の位置を示しています。発光器官が体表に分布する場所は種によって異なるため、仲間同士のコミュニケーションに関係しているのではないかと考えられています。さらに雌雄で光の強さが異なることから、

▶図3-1-14
カイアシ類の生物発光器官
体の背面からみると体表に発光器（矢印）が存在している（**A**）。胸部にある遊泳脚にも発光器があり、内部に分泌腺が、その先端には外部に通じる噴出口がある（**B**）。

（A: *Metridia princeps*, 7–8 mm
　B〜D: *Euaugaptilus magnus*, 7–8 mm）

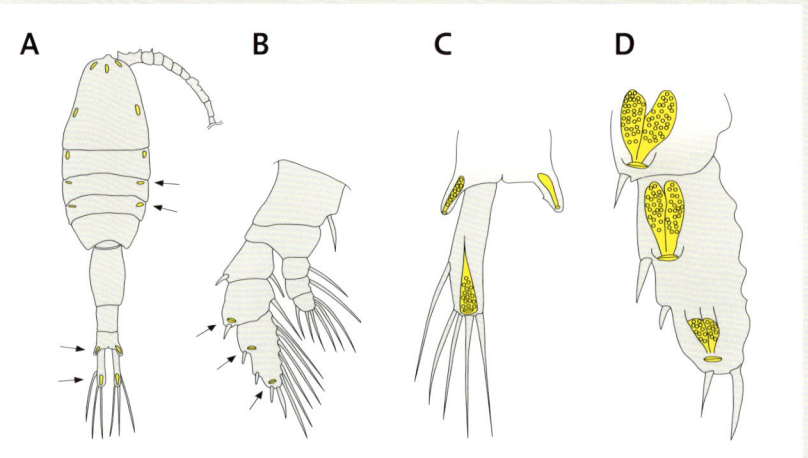

パートナーを認識するためのシグナルであるという可能性も指摘されているのです。

また、カイアシ類では、特に遊泳脚の先端に発光器官をもつことも知られています。Bは*Euaugaptilus magnus*の遊泳脚ですが、その内側には分泌腺が備わっていて、先端側に噴出口が開いています。119ページでも触れたように、この遊泳脚は泳ぐため、とりわけ外敵から急いで逃げるときに使います。つまり、この発光能力も同じ目的のために存在しているのです。

もし、*Metridia princeps*や*Euaugaptilus magnus*が身近に外敵の存在を察知し、すぐに逃げなければならないとしたら、彼らは遊泳脚を強く動かしてすばやく泳ごうとします。すると、内部の発光器官に貯められていた発光物質が勢いよく噴出されます。その反動と遊泳脚の働きで、カイアシ類自身は一瞬のうちに驚くほど遠くまで移動できるというわけです。ちなみに、カイアシ類が逃げるときのスピードは、体長の200倍以上に達するといわれています。

図3-1-15はガウシア属の一種（*Gaussia princeps*）で知られている逃避行動と発光の様子です。捕食者が近づいてくるのを察知すると、遊泳脚を使って逃避を開始します。この時、体の後ろ側の遊泳脚から順にドミノ倒しのように後方に動かして水をかきます。このタイミングに合わせて発光物質を噴出することで、発光物質をその場に残し、急速にジャンプして逃げます。

一方、遊泳脚の先端から噴出された発光物質は水中で酸化されて光を発します。噴出された発光物質には粘性があるため、すぐに拡散せずに塊になっており、まるで光るイカ墨のようです。もし、襲ってきた外敵が光を集めて認識するタイプなら、急にまぶしくなって驚くかもしれません。あるいは、その光が餌そのものだと判断するかもしれません。カイアシ類にとってその光は、目くらましや自らの替え玉というわけです。敵が光に驚いたり、アタックしたりしている隙に、カイアシ類はジャンプを繰り返して、まんまと逃げおおせることができるのです。

捕食者の接近（危険）を察知したら…

後ろの脚から順にドミノ倒しのように後方に水をかくと、脚から発酵液が放出！

発光物質をその場に残してジャンプ！！

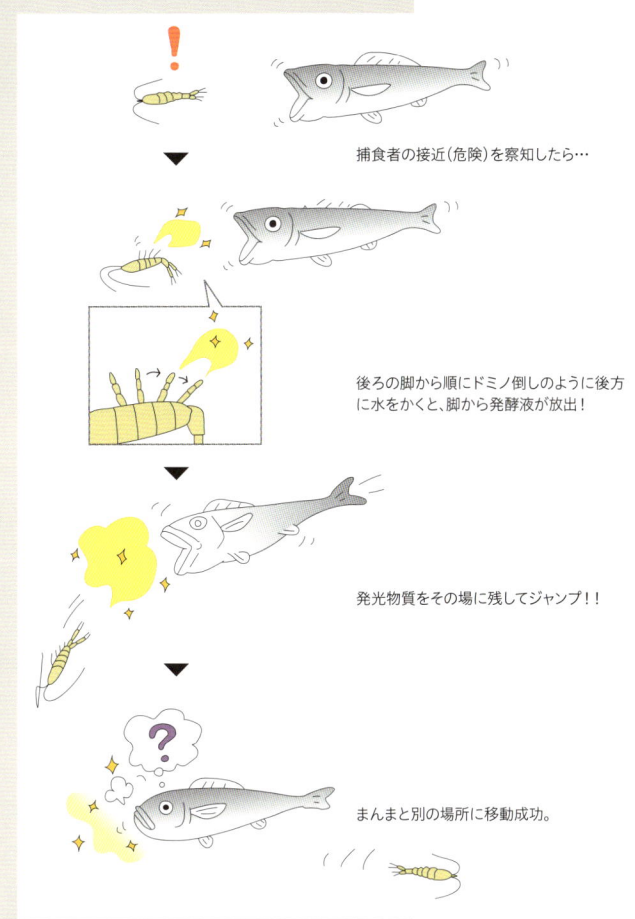

まんまと別の場所に移動成功。

▲図3-1-15
カイアシ類の逃避行動と生物発光

左：*Gaussia princeps*, 9–12 mm

深海の特徴的なプランクトン

■エイリアンのようなタルマワシ

図3-1-16はオオタルマワシ（*Phronima sedentaria*）というプランクトンで、500〜600mくらいの深海に多く見られます。甲殻類の端脚目タルマワシ科に属し、大きな頭部のほとんどを眼が占めているのが特徴の一つです（A & B）。オオタルマワシは海の中では、透明な〝樽〟のようなものの中に入って泳いでいることがほとんどです（C）。正面から見たその姿は、まるでガラスの檻に入ったエイリアンのようです。

彼らのいちばんの特徴といえば、やはりこの〝樽〟でしょう。この樽は、オオタルマワシの体の一部や、分泌したものというわけではなく、もともとはサルパ類というクラゲに似た別のプランクトンだったものです（D）。オオタルマワシはこのサルパ類を襲って、その内部を食べてしまい、残ったゼラチン状の被嚢を樽のように加工して利用しているのです。

サルパ類はプランクトンといっても脊索動物門タリア綱に分類される生き物です。我々人間も同じ脊索動物門に所属していますから、節足動物門のタルマワシやカイアシ類などに比べれば、このプランクトンは我々に近い仲間といえるでしょう。とはいっても、かなり遠い親戚ですが。サルパ類の透明な被嚢の周囲には筋肉があり、その動きによって入り口から水を吸い込んで移動します。

タルマワシは単体ではぐるぐると回転しながら泳ぎますので、お世辞にも泳ぎ方が上手とは言えません。しかし、この樽の内側に入っていると水の流れが一定になるのか、少し安定してスイーッと泳ぐことができます。

また、樽の利用方法はもうひとつあって、メスは孵化した幼体を樽の内部に

サルパとは

脊索動物門 尾索動物亜門 タリア綱 サルパ目に属する動物群で、同じグループにはヒカリボヤ目とウミタル目がいる。また同じ尾索動物亜門には「海のパイナップル」と言われる「ホヤ」が含まれている。サルパはゼラチン質の体で樽のような形をしており、筋肉の力で水を吸い込み排出することで遊泳する。水と一緒に吸い込んだ微小プランクトンや有機物を粘液のネットで捕らえて摂餌する。

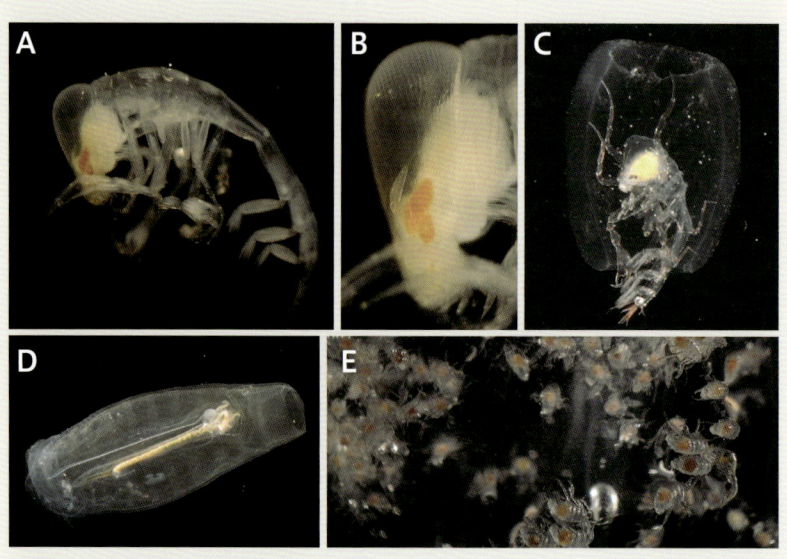

▲図3-1-16 深海のオオタルマワシ（*Phronima sedentaria*, 30-40 mm）　（C & D: 西川淳博士提供）
頭部のほとんどは眼で(A)、小さな個眼が集まった複眼をもっている(B)。ゼラチン質の樽の中で生活するオオタルマワシ(C)。樽の元になるサルパ類(D)。樽には、産み付けられた小さな子どもたちが多数生息していることもある(E)。

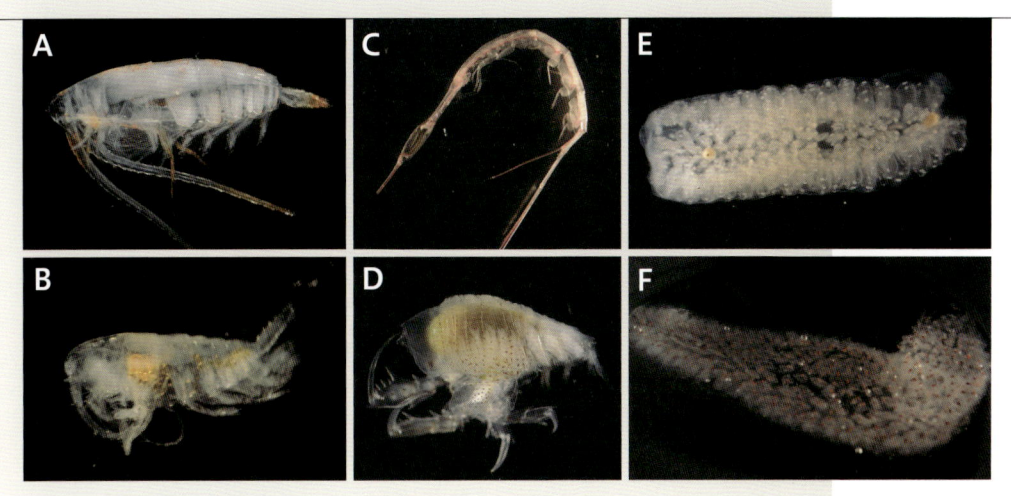

▲図3-1-17　体が透明なプランクトン
体内の筋肉や組織が白く見えるため、ほとんどが白色〜透明に見える。
A: *Neocalanus cristatus*, 7–9mm　　　　　　　　B: *Euaugaptulus magnus*, 6–7mm（カイアシ類）
C: ハリナガズキン属の1種（*Rhabdosoma* sp., 50mm）　D: ツノウミノミ（*Phrosina semilunata*, 30mm）（端脚類）
E: ワガタヒカリボヤ（*Pyrosomella verticillata*, 20mm）　F: イチゴジャムヒカリボヤ（*Pyrostremma agassizi*, 100mm）（タリア類）

産み付けます（E）。タルマワシの子どもたちは樽に守られていると同時に、それを餌にしながら成長するのです。

　他の生き物の内部を食べ尽くした上に、その体を使って泳いでしまうなんて、恐ろしいプランクトンだと感じますが、それは子どもたちをやさしく安全に育てる方法のひとつだったのです。

■透明な体のプランクトン

　図3-1-17の写真AとBはカイアシ類の仲間、中央のCとDはタルマワシと同じ端脚目の仲間です。プランクトンは透明な体をもつ種がほとんどで、深海のプランクトンも同様です。この写真では体の中にある筋肉や内臓などの組織が撮影用の光を反射して白く見えてますが、ほとんどが白色〜透明に見えます。それでも外殻に透明な部分が多いのでカイアシ類でもその輪郭がはっきりとしないところがあります。

　特に端脚類の一部の種では、さきほどのタルマワシのように、頭部に大きな眼があるので、遠くから見るとあたかも空洞があるかのように感じられます。ハリナガズキン属の1種（*Rhabdosoma* sp., C）は長細い体を持ち、前方に尖った頭部がありますが、そのほとんどに広がった眼はほぼ透明で、写真だと黒く穴が空いているように見えます。さらに、その下のツノウミノミ（*Phrosina semilunata*, D）の頭部もそのほとんどが半透明な眼ですので、黄色い内臓が透けて見えています。まるで曇りガラスのヘルメットか空っぽの宇宙服のようです。

　一方、右側のEとFはヒカリボヤの仲間です。分類学的にはタルマワシに食べられてしまうサルパに近い生き物ですが、全体の形がぼんやりしています。輪郭もはっきりしませんし、小さな塊がくっつき合っているような、あるいは体中に隙間か穴が多数あるように見えています。

　実は、彼らは群体といって、非常に多くの個体が集まってできているのです。それぞれの個体はとても小さいのですが、互いに役割を分担し、共

131

同生活を送っています。個体同士は透明なゼラチン質の物質で連結されており、個体自体も半ば透明ですので、このようなぼんやりとした輪郭に見えるというわけです。

深海にいるプランクトンは一般に小さく、体のつくりもそれほど複雑ではありません。それだけに透明な仲間が多いといわれます。外敵から見つかりにくいという利点もあるでしょうが、飲み込んだ餌や排泄物があると逆に目立ってしまいます。それだけに、単純な消化管構造をもち、消化効率より消化時間の短縮を優先している種が多いのかもしれません。

■赤い体と黒い体のプランクトン

前項では透明な体をもつプランクトンが多いことを紹介しました。たしかに多くの種は透明に近いのですが、水深が増すにつれて赤い色や黒い色をした仲間も目立つようになります。この変化は海水による光の吸収と関係が深く、最も吸収されやすい色が長い波長をもつ赤色であるためです。赤い色を認識するには、相手から反射してきた赤い光を受けとらねばなりません。しかし、赤い光は深海に届いていないため、赤い体は〝見えない体〟になるのです。

図3-1-18は主として赤い体をもつもの、次の図3-1-19は黒い体をもつ仲間たちです。赤～橙色の体のプランクトンは特に甲殻類の仲間に多く、また、少し体が大きい種類に見られます。

黒も赤と同じく深海では見えません。黒色は光のすべての波長を吸収しているわけですから、たとえ捕食者がどれほど視力を発達させようと、見るべき光の反射がないのです。ですから、

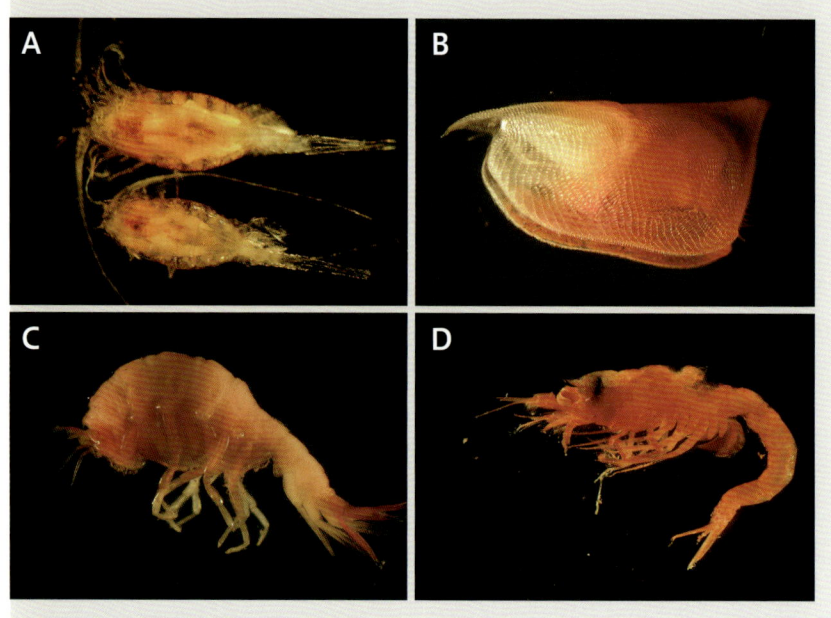

▲図3-1-18　体が赤いプランクトン
A：*Lucicutia wolfendeni*, 6–9mm（上）、*Lucicutia bicornuta*, 7–8mm（下）（カイアシ類）
B：コンケシア属の一種（*Conchoecia* sp., 2mm）（貝虫類）
C：ランケオラ属の一種（*Lanceola* sp., 30mm）（端脚類）
D：*Boreomysis intermedia*, 25mm（アミ類）

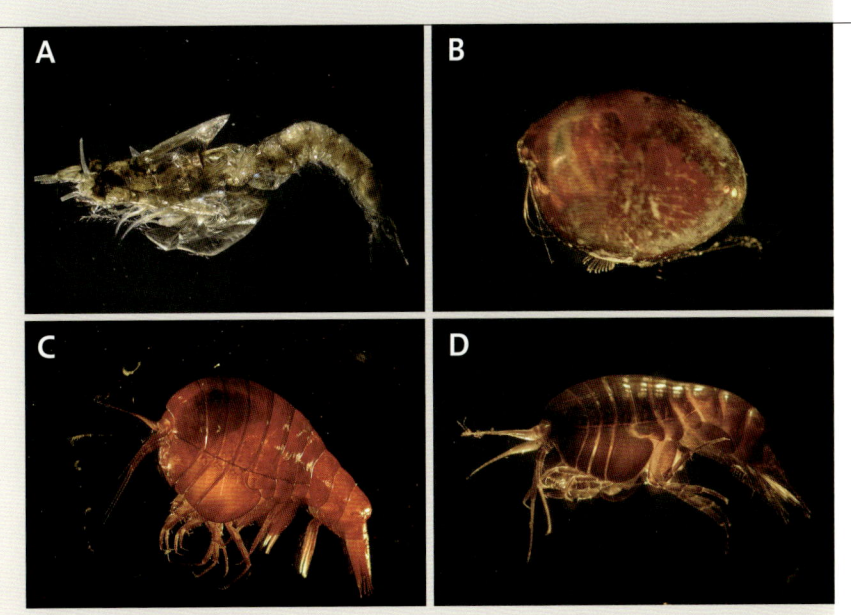

▲図3-1-19 体が黒いプランクトン
A: ロンギソラックス属の一種（*Longithorax* sp., 20mm）（アミ類）
B: ハロキプリス科の一種（*Halocyprididae* sp., 2mm）（貝虫類）
C: 端脚類の一種、10mm　D: 端脚類の一種、10mm

深海の生物は黒い体を持っていれば、視覚に頼る捕食者からは身を守ることができます。多くの深海魚が黒いのはそのためで、逆に捕食者として近づいても探知されにくいといえます。

深海と呼ばれる水深200m以上では、太陽の光はわずかにしか届いておらず、薄暗い、ぼんやりとした世界です。逆の言い方をすれば、海水に吸収されて届いていない波長以外は到達していますので、捕食者たちはうっすらとした姿の餌を見つけることが可能です。そのためプランクトンは、認識できないような赤色や黒色の体になって、身を隠しているのです。

一方、水深1000m以上になると、太陽の光は完全に届かなくなりますので、赤色や黒色の体で消える戦術も意味が無くなり、体の色素を失っている生き物も多くなります。また捕食者にしてみても、視覚が意味を成さないため、眼が退化したような生き物が存在するようになるのです。

このように、深海では色によって体を消すことができますが、プランクトンに限らず、甲殻類では黒いものより赤い種のほうが普通です。カイアシ類がそうですし、アミの仲間も少数の黒い種を除いて同様です。ところが、魚類は一般に黒い体を持ちます。同じように深海で生きていても、甲殻類と魚類では体色の傾向が異なるのです。

この原因については詳しくは分かっていませんが、今後の研究によって、進化の過程に隠された謎が解明されるかもしれません。

■世界最大の甲殻類プランクトン

駿河湾では世界最大の甲殻類、タカアシガニが採れます。このカニは大きなものでは、甲羅の大きさが40cmにもなり、脚を広げると3mを超すともいわれています。大きな体で海底を歩いていますので、タカアシガニは最大の甲殻類ベントスです。

それでは世界最大のプランクトンは

タカアシガニ

日本の太平洋沿岸の深海に生息するクモガニ科に属するカニ（高脚蟹・学名：*Macrocheira kaempferi*）。系統的に古い種類とされており、同じ属の近縁種はすでに絶滅。脚が非常に長いのが特徴で、成体ではハサミがある脚が歩脚よりも長くなるのも特徴のひとつ。静岡県戸田港では底曳き網によって漁獲して、名物料理となっている。

何でしょう。体の大きさでいえばキタユウレイクラゲで、傘の直径は2mを超し、伸ばした触手は40m近くともいわれています。その一方で、世界最長の生き物といわれているのもプランクトンで、マヨイアイオイクラゲという深海性のクダクラゲの仲間が、40m以上になります。しかしクダクラゲ類は小さな個体が集まった群体としての生き物なので、最長の生き物なのかは意見が分かれるところです。

クラゲの仲間は体のほとんどが水でできているので沈みにくく、体を大きくすることができたのかもしれません。

図3-1-20-Aは世界最大といわれる甲殻類プランクトン、オオベニアミ（*Gnathophausia ingens*）です。日本の外洋域でも出現が報告されている種で、体長は一般に200mmほどですが、過去に報告のあった最も大きな例はアメリカのカリフォルニア沖で採集された351mmの個体です。プランクトンなのに、これほど大きく成長することに驚かされますが、成長するにしたがって深いところに移動していって、沈降してくる魚の死骸などを食べながら、6〜7年間も生きるといわれています。

和名にオオベニアミとあるように、この種はアミ類としてこれまで扱われてきました。アミ類とは佃煮や干しエビとして食品になったり、釣りのときの餌にしたりする小型の甲殻類です。近年、分類学的に「アミ目」に含まれていた種類のうち、形態が異なる箇所が多く認められる仲間を別のグループに分けることになり、オオベニアミは「ロフォガスター目」というグループになりました。和名には「アミ」とあるのに、分類学的にはアミではないのです。ちなみに同じように小型のエビ型の体をしている「オキアミ」も、アミとは異なる分類群です。

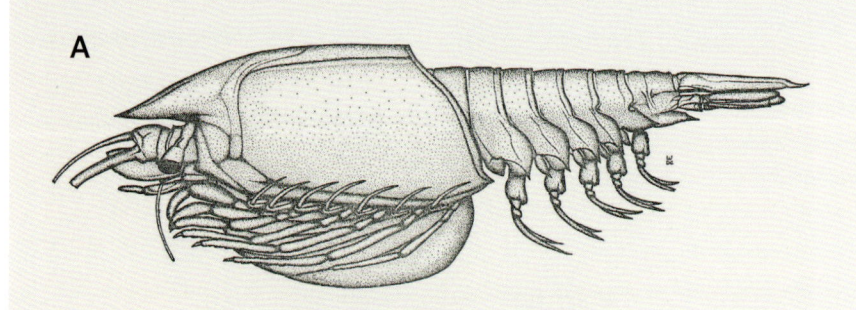

▲図3-1-20　世界最大の甲殻類プランクトン（A: Clarke, 1961を改変）
　A: オオベニアミ（*Gnathophausia ingens*, 351mm）
　B: *Gnathophausia gigas*, 60mm（ロフォガスター類）

下側の写真Bは同じ属の一種（*Gnathophausia gigas*）で、オオベニアミほど大きくはなりませんが、それでも140mmほどになります。駿河湾でもたまに採集される種類です。オオベニアミも子どものころは、*Gnathophausia gigas*のように目の上の角（額角といいます）が長く伸びているのですが、成長するに従って短くなります。見た目の印象が全く異なるため、昔は角の長い子どもを別種としていたこともあるほどです。

これだけの大きさになると、食用資源として利用できそうにも思えるのですが、現在のところはどちらも食べられていません。というのは、ある種の深海魚などと同様、比較的体の大きな深海生物の多くが体内に脂肪を蓄えているからです。このオオベニアミも同じで、筋肉中に大量のワックスエステル（いわゆる蝋）をためています。ワックスエステルは人間が消化できない成分なので、仮にこれを人間が飲み込んだとすると、ワックスで消化管内がコーティングされてしまい、ひどい下痢に悩まされることになるでしょう。

■深海の強力な肉食プランクトン

ヤムシという聞きなれない動物が海にはいます（図3-1-21）。細長い体の先端に頭があり、顎に相当する両脇の部分に毛があるため毛顎動物という名で分類されますが、実はこの顎の毛は硬く、牙の役目を果たします。つまり、ヤムシ類は肉食性の捕食者なのです。体の後端と側面にある鰭で直線状に泳ぎ、まるで矢のように見えることからヤムシと呼ばれます。

彼らの体長は10〜60mmほどで、小

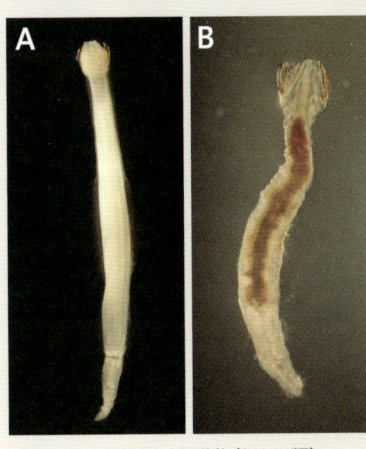

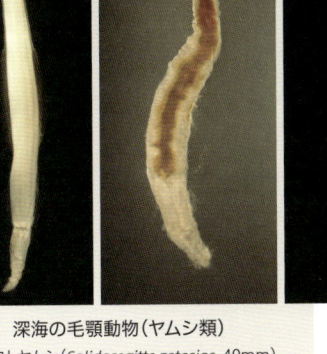

▲図3-1-21 深海の毛顎動物（ヤムシ類）
A: シンカイフトヤムシ（*Solidosagitta zetesios*, 40mm）
B: メクラヤムシ（*Caecosagitta macrocephala*, 30mm）
C: *Eukrohnia fowleri*, 40mm

型のカイアシ類や端脚類をはじめ、たいていの小型生物を獲物にします。自分よりある程度大きな相手でも捕食し、なかには魚の子どもを襲うことさえあります。

餌を認識する際に感じているのは振動だといわれています。光を感じる眼点も持つのですが、体表に何本も生えている感覚毛で獲物の動きを感知するのです。このため、プランクトンネットで採集されたヤムシたちの多くが、ネット内で距離が近くなったカイアシ類などのプランクトンに噛みついた状態で見つかるといいます。

一方、肉食性とはいっても、より大きな魚などに捕食されることもあります。そのため、メクラヤムシ（*Caecosagitta macrocephala*）や*Eukrohnia fowleri*（BとC）などは発光物質をつくる能力をもつことが近年になって判明し、17ページで紹介したカイアシ類の*Gaussia princeps*のように、尾部から発光物質を噴出して外敵を惑わそうとします。

獲物の振動を感じるやガブリと食

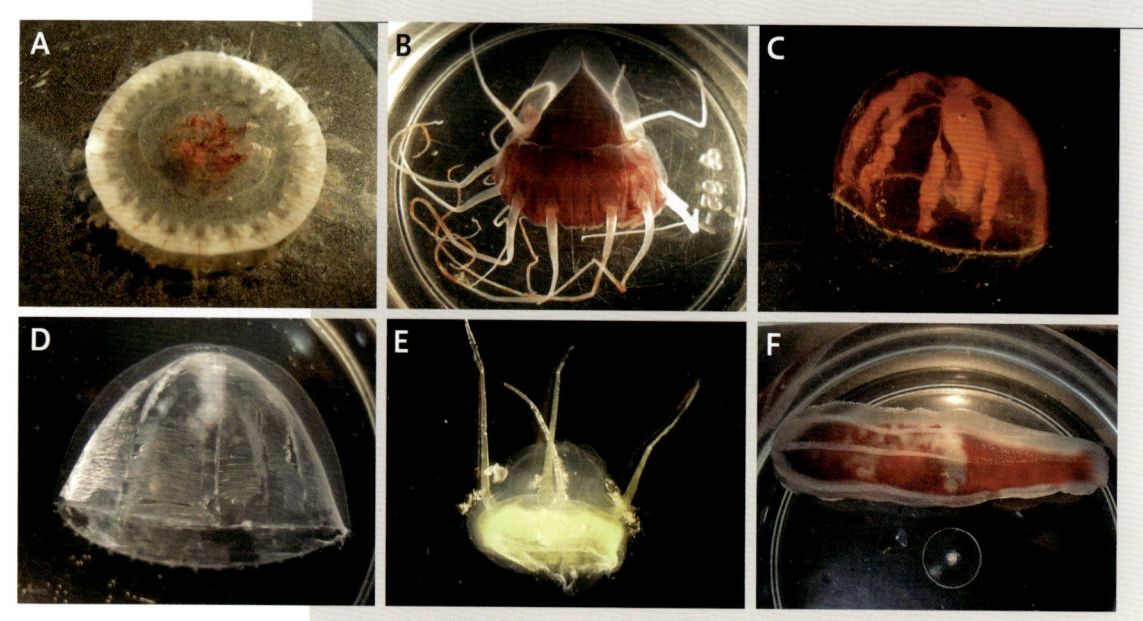

▲図3-1-22　深海の刺胞動物（クラゲ類; A〜E）と有櫛動物（クシクラゲ類; F）
A: ヒラタカムリクラゲ属の1種（*Atolla* sp., 40mm）　　B: クロカムリクラゲ（*Periphylla periphylla*, 50mm）
C: フカミクラゲ属の1種（*Pantachogon* sp., 15mm）　　D: ニジクラゲ属の1種（*Colobonema* sp., 40mm）
E: ツヅミクラゲモドキ（*Aegina citrea*, 30mm）　　　　F: シンカイウリクラゲ（*Beroe abyssicola*, 70mm）

いつく強力な捕食者も、危険を察知した途端、巧みに光を操って身を守るのです。

■深海に住むクラゲの仲間たち

ゆらゆらと海を漂うクラゲたちも、やはりプランクトンの仲間です。ただ、深海にいるクラゲたちはプランクトンネットなどで捕獲すると、体が壊れてしまい、ゼラチン質の破片だけが残っていることが多いです。きれいに採集できても、体の一部が壊れるか、無くなっていることがほとんどです。そのため、どのような種類のクラゲが、どのくらい生息しているのかは不明なままでした。

近年、深海潜水艇を使った採集や撮影による深海生物調査が活発になり、深海には多くの種類のクラゲがたくさん生息していることが徐々に分かってきました。

図3-1-22は深海に見られるさまざまなクラゲの仲間です。なかでも有名なのが、傘径4cmほどのヒラタカムリクラゲ属の一種（*Atolla* sp.）やクロカムリクラゲ（*Periphylla periphylla*）などで、傘の部分が比較的しっかりしているため、水深500m以上の深海からのネットで採集されることが多いクラゲです。これらのカムリクラゲの仲間は深海のクラゲの中では大型になるグループで、10〜30cmの個体も報告されています。クロカムリクラゲはノルウェーで大量出現することがあり、エチゼンクラゲのように漁業者を悩ますことがあります。

フカミクラゲ属（*Pantachogon* sp.）やニジクラゲ属（*Colobonema* sp.）は500m以上の深海にみられるクラゲで、傘径は15〜50mmと比較的小さなタイプです。傘の縁に触手が多数あり、それで獲物をからめ捕りますが、採集されたときには触手は取れて無くなっています。これらのクラゲには、触手

の先端を発光させることが知られている種もいて、捕食者に襲われたときはその部分の触手を光らせながらちぎり、いわば光を替え玉にして逃げるというのです。

写真Fはクシクラゲの仲間で、シンカイウリクラゲ（*Boreo abyssicola*）です。クロカムリクラゲのように、透明な体の中身が赤紫色に染まっているのが特徴です。

クシクラゲは有櫛動物門という分類群で、これまでのクラゲとは異なる生き物です。クラゲは刺胞動物門で、触手に相手を刺すための刺胞をもっていますが、クシクラゲはそれをもっていません。また、細かな繊毛で形成された櫛状の小さな「櫛板」が、体表に列になって並んでいて、これを波立つように動かすことで移動します（写真で横に白く見える線が櫛板列）。これを動かすと、クシクラゲの体表の列が光っているように見えるのですが、これはクラゲ自身の発光ではありません。櫛板の細かな繊毛が周りの光を反射することによって、虹色の光を放っているように見えるのです。

シンカイウリクラゲなどのクシクラゲの仲間は、クラゲよりも体が柔らかく、非常にもろいため、採集自体が難しいのですが、標本にするのはさらに困難です。また、この仲間の場合、いちばん困るのが新種の登録です。新しい種を発見した場合、一般にその標本を博物館などに納めて保管するものなのですが、保存液に入れておくと、体がくずれて溶けてしまうのです。標本を博物館に確認しようと行ってみたら、濁った液体だった。なんて笑い話があるほどです。

深海のプランクトンについて、主にカイアシ類の生態を紹介してきましたが、これはカイアシ類が個体数が多く、採集しやすいために、他の生き物よりも研究成果の情報が多いからです。それでも不明なことはまだまだ多くて、未知の種類も多くいると考えられています。クラゲの仲間のように採集するのも、保存するのも難しい生き物たちもいます。深海のプランクトンは生息密度が低いために、何回も何回も調査して、やっと1匹が見つけられるような、いわゆる「レアもの」の種類もたくさんいます。

プランクトンは小さな生き物がほとんどで、採集や飼育実験などの扱いが難しいですし、さまざまな分類群のグループが含まれていますので、現在までに明らかになっている深海プランクトンの生態は、ごく一部の種類の、ほんの一部だけなのです。

深海の生き物にとって、餌を食べるための工夫と、光を使った工夫は、さまざまな分類群にみられる共通した生き残り戦略であり、深海への適応の結果といえます。でも、それは特異な形状をしている一部の種類について、人間が理解しやすい解釈をしているだけかもしれません。もしかしたら、表層種と同じような姿形で、普通に見える種類でも、驚くような行動をしている深海のプランクトンもいる可能性があるのです。

（松浦 弘行　まつうら ひろゆき）

第二章 ミステリアスな深海魚

深海魚の多様な形

深海魚とは、水深200mより深いところに生息する魚を指します。駿河湾には約1200種の魚がいますが、これらのうち38%が深海魚です。

しかし、駿河湾に何種類の魚がいるのか、その正確な数字はわかっていません。深海魚のなかには、まだ新種もいます。日本で初めて記録される種もいます。例えば、最近行われた東海大学海洋学部水産学科の海洋実習中に駿河トラフで採集されたアシロ目アシロ科のナンヨウフクメンイタチウオやイシフクメンイタチウオ（図3-2-1）は、日本初記録種でした。また、成魚しか採集されていないため、発育過程がわかっていない種も多く残っています。

駿河湾に生きる深海魚たちは、未だ多くの謎を秘めているのです。

最初に、深海魚が生息する環境を知っておいてください。

海の中は、水深の増加とともに太陽光が減衰し、暗くなっていきます。減衰の程度は波長によって異なります。赤色系の光は水深100mぐらいまで、青緑色系の光は水深約720mまで届きます。それ以深では、生物の感光限界以下となり、無光層と呼ばれます。海中の植物プランクトンによって生産的な光合成が可能な水深は150–200mです。これを有光層（あるいは真光層）と呼びます。海洋全体の平均水深が約3800mですので、有光層の鉛直的な範囲は非常に狭いです。生息する生物の種類数や個体数は、有光層で多く、深くなればなるほど減少していきます。

水圧は、水深が10mに対し1気圧が加わります。駿河湾における水温は、水深200mでは暖候期に11°C、寒候

動物の分類階級

動物の分類は細かく階層に分けられています。分類群の階層関係を示す単位の代表的なものに界、門、綱、目、科、属、種があります。例えばナンヨウフクメンイタチウオでは、動物界、脊索動物門、硬骨魚綱、アシロ目、アシロ科、フクメンイタチウオ属、ナンヨウフクメンイタチウオとなります。

ナンヨウフクメンイタチウオ　148.1mm SL

イシフクメンイタチウオ　81.4mm SL

▲図3-2-1　最近の駿河湾からの日本初記録種

期に13℃です。陸上とは逆の季節変化があります。しかし、300m以深になると季節変化がなくなり、300mで約9℃、1000mでは約3.5℃まで下がります。

深海魚の多様な形態と生き残り戦術

暗く水圧が高い深海で生活する魚は、自身を生存させ、繁殖して種を維持していくため、様々な工夫を凝らして環境に適応しています。ここでは、深海魚の多様な形態と生き残り戦術を紹介します。

深海魚というと、黒くグロテスクな形を想像される方が多いでしょう。写真（図3-2-2）の魚もまさにそんな風貌です。これはチョウチンアンコウ亜目クロアンコウ科のペリカンアンコウモドキです。水深700〜4000mに生息しています。

ペリカンアンコウモドキは、口が巨大で、長い歯をもち、小さな眼をもっています。眼の前方には、釣り竿があり、その先端には光るルアーを備えています。ルアーをエスカ、釣り竿をイリジウムと呼びます。エスカを振りながら獲物をおびき寄せ、大きな口で噛みつきます。エスカが光るのは、そこに発光バクテリアを共生させているからです。全身の化骨（硬い骨の形成）の程度が低いことも特徴です。深海の高い水圧に耐えられるのは、そのためです。

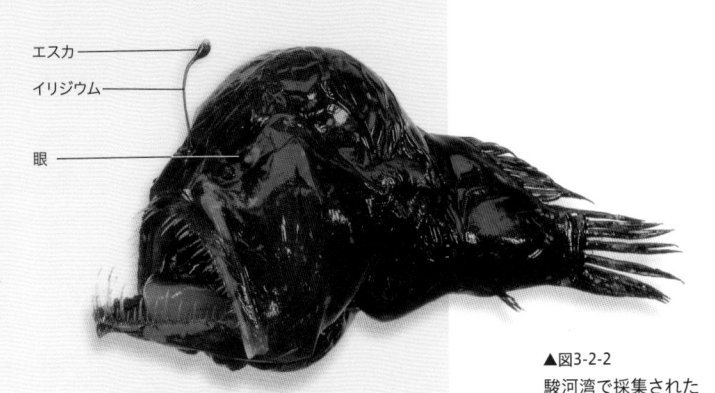

ペリカンアンコウモドキなどのチョウチンアンコウ亜目の仲間は、基本的に、ここで述べたような形をしています。しかし、エスカやイリジウムの形状は、種によって様々です。

■ 繁殖（オスの寄生）

チョウチンアンコウ亜目の仲間では、共通して、オスの体がメスに比べて非常に小さいです。例えば、ペリカンアンコウモドキの体長は、メスでは10cm近くになりますが、オスでは3cmにしかなりません。

オスがメスに寄生する特殊な繁殖を行う種もいます。寄生前のオスは種ごとに異なるフェロモンを頼りにメスを探す、と言われています。1個体のメスに複数のオスが寄生することがあります。寄生の方法は種によって異なります。次の3タイプが知られています。

- オスの寄生を必須とするもの（真性寄生型）
- 繁殖期だけに限られるもの（一時付着型）
- 寄生してもしなくても良いもの（任意寄生型）

真性寄生型のミツクリエナガチョウチンアンコウ（図3-2-3）では、オスがメ

▲図3-2-2
駿河湾で採集された
ペリカンアンコウモドキ
70mm SL

魚体の大きさの表示法

標準体長、全長、脊索長などによって示されます。

- **標準体長（SL）**：頭部の先端（吻端）から尾鰭条を支える下尾骨の後端中央までの距離です。体長と略されることもあります。

- **全長（TL）**：体の前端から尾鰭条を含む最後部までの距離です。

- **脊索長（NL）**：仔魚の初期と中期に用いられ、吻端から脊椎骨ができる前の状態である脊索の末端までの距離です。

▲図3-2-3　真性寄生型のミツクリエナガチョウチンアンコウ　33mm SL

深海では、個体数が少ないため、オスとメスの出会いも少なくなります。このような状況のなかでパートナーを確実に確保するために、オスがメスに寄生することはとても有効です。真性寄生型のように、体の構造が一体化すれば、オスとメスが同時に成熟することも可能です。

スに噛みついた後、オスとメスの体が一体化します。一体化した後、オスは餌を食べなくなり、消化器官が退化します。噛みついた部分を通して、必要な栄養がメスから補給されるようになります。そして、精巣が大きく発達していきます。ミツクリエナガチョウチンアンコウでは、1個体のメスに8個体のオスが寄生していた記録もあります。

ペリカンアンコウモドキは一時付着型です。オスは繁殖期になるとメスに噛みつき、メスの体に付着します。しかし、このタイプでは、オスとメスの体の構造が一体化することはありません。

任意寄生型には、ラクダアンコウ科やヒレナガチョウチンアンコウ科の仲間がいます。

■ 発光器

深海魚には、エスカのほかにも発光器を多数もつものがいます。発光器はいろいろなことに使われています。どんな機能があるか、発光器の特徴も含めて紹介します。

ペリカンアンコウモドキのエスカは発光バクテリアを共生させて光りました。しかし、これから紹介する3種は、ホタルのようにルシフェリンとルシフェラーゼいう物質を使って、自力で発光します。

■ カウンターシェーディング

ワニトカゲギス目ムネエソ科の発光器は体の腹縁に沿って並んでいます。図3-2-4はトガリムネエソの写真です。ムネエソ科の仲間は、中深層（水深

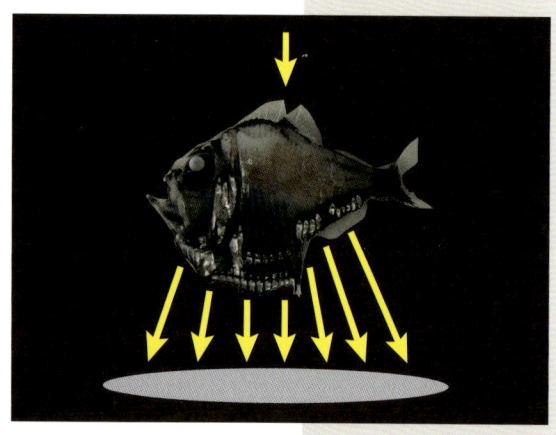

▲図3-2-4　発光器の機能1　カウンターシェーディング、トガリムネエソ

▲図3-2-5　発光器の機能2
雌雄間のコミュニケーション、ススキハダカ
Aがオス、Bがメス。オスの赤で囲んだ部分の発光腺はメスにはありません。

200〜1000m）に生息しています。中深層は太陽光がわずかに届くので、トワイライトゾーンとも呼ばれます。

トワイライトゾーンでは、昼間、太陽光が届くと、体の下には影ができてしまいます。影ができると、捕食者に発見されやすくなります。そこで、発光器から光を下側に放射し、影を消しているのです。これをカウンターシェーディングと呼んでいます。

▲図3-2-6
発光器の機能3　サーチライト、オオクチホシエソ

■ 雌雄間のコミュニケーション

ハダカイワシ目ハダカイワシ科魚類も、体に多数の発光器をもっています。図3-2-5はススキハダカの写真です。白っぽく見える小さな球状のものが発光器です。写真のAがオス、Bがメスです。尾鰭前方の背側をみてください。オスには白色の発光腺（発光器の変形）がありますが、メスにはありません。ススキハダカのほか、ワニトカゲギス目ミツマタヤリウオ科などでも、雌雄間で発光器が異なる種がいます。

これらの仲間は、雌雄間のコミュニケーションにも発光器を使っている、と考えられています。

■ サーチライト

ワニトカゲギス目ホウキボシエソ科のオオクチホシエソは、頭部に大きな発光器が2つあります（眼の後方と直下、図3-2-6）。深海魚の発光器から放射される光はふつう青緑系ですが、オオクチホシエソは赤系の光も放射します。青緑系の光は眼後部の発光器から、赤系の光は眼の直下から放射されます。発光器の外側にあるフィルターの特性によって、波長を変えているのです。

海中では、赤系の光は早く吸収されてしまいますが、青緑系の光は遠くまで届きます。このため、ほとんどの深海魚の眼は、青緑系の光のみに反応する視細胞しか持っていません。しかし、オオクチホシエソなどの仲間は、赤系光を放射できることに加え、赤系光にも反応する視細胞をもっています。

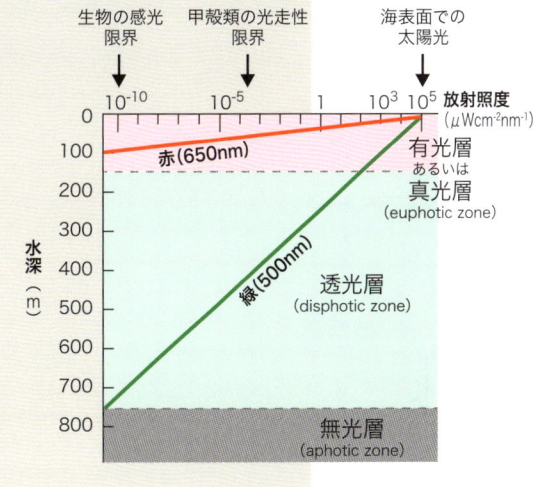

さて、これらがどんなことに役立つでしょうか？

中深層に届くかすかな青緑系の光の環境下では、赤色のエビ類も黒色

▲ 光の波長による
　水中照度の減衰の違い

有光層は可視域の放射エネルギーが海表面の1/100になる深度。これは植物プランクトンが光合成をできる範囲ともいえる。

東海大学の海洋実習

海洋学部では、海洋調査研修船望星丸による海洋実習が行われています。望星丸は国際総トン数2,174トン、長さ87.98m、幅12.80m、深さ8.10mで、2,500馬力の主機関を2基備えています。水産学科生物生産学専攻の3年次に実施される海洋実習では、IKMT（幅3.1m、高さ2.8m、長さ12.7mの中層トロール）を水深約2,000mから表層まで曳網し、マイクロネクトン（中深層の小型遊泳動物）の出現状況を調査します。本実習で今までに採集された日本初記録の深海魚には、ナンヨウフクメンイタチウオ、イシフクメンイタチウオ、コガシラボウエンギョがいます。

アカチョッキクジラウオ

カンムリキンメダイ目アンコウイワシ科の深海魚です。体は約10cmまで成長しますが、多く採集されるのは体長5cm以下です。駿河湾でも採集されます。

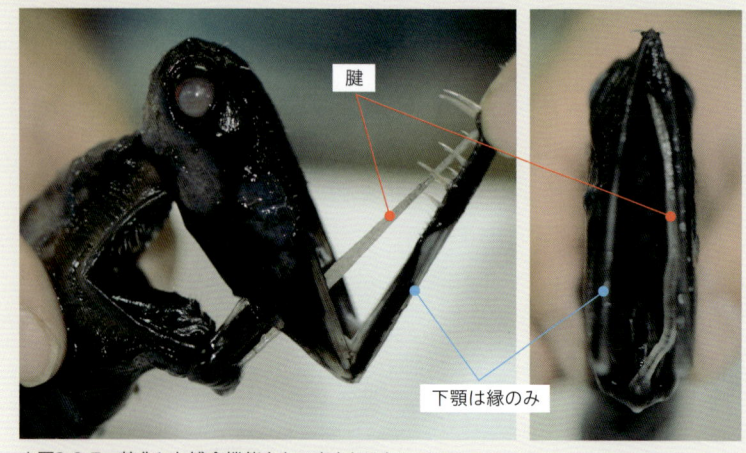

▲図3-2-7　特化した捕食機能をもつオオクチホシエソ

の魚も、ほぼ黒色に見えます。その環境下で青緑系の光を放射しても、効果はあまり期待できません。しかし、赤系の光を放射すると、赤色の生物（例えば、アカチョッキクジラウオや甲殻類）を「鮮明な赤色」として、照らし出すことができます。しかも、多くの深海生物は、赤系の光に反応する視細胞をもっていませんので、自分が照らし出されていることに気付きません。オオクチホシエソは、青緑系と赤系の発光器を使い分けながら、餌に近づき、相手に気づかれることなく、捕食していることが考えられます。

オオクチホシエソは、捕食機能も特化しています。図3-2-7のように、口がトラバサミのように大きいです。下あごの先端には大きな牙のような歯があり、下あごの先端と喉の奥が腱でつながっています。下あごは縁のみで、中は空洞です。大きな口を閉じる時に、水の抵抗を最小限にするためです。大きく開いた口を瞬時に閉じて、餌を逃がさないようにしているのです。

眼の発達 vs 退化

さて、次は深海魚の眼に注目して、その発達と退化の形態を紹介します。太陽光のほとんど届かないあるいはまったく届かない深海の中で、どのような魚たちが眼を発達させ、あるいは退化させてきたのでしょうか？

■ 眼を発達させた深海魚たち

図3-2-8はヒメ目ボウエンギョ科のコガシラボウエンギョです。この標本は、2006年の東海大学海洋学部水産学科の海洋実習中に九州南東沖で、日本初記録種として採集されました。両眼がまるで望遠鏡のように、大きく発達しています。ふつう、魚の眼は頭部の側面にありますが、この仲間は前面にあります。

図3-2-9はニギス目デメニギス科のヒナデメニギス属の仲間です。西マリアナ海嶺の南部で採集されました。この写真は、魚の真上から撮影したものです。眼が内外に1対ずつ、4つあるように見えます。

頭部背面にある内側の1対がレンズ

▲図3-2-8 望遠鏡のような眼をもつコガシラボウエンギョ
スケッチ 冨山晋一氏提供

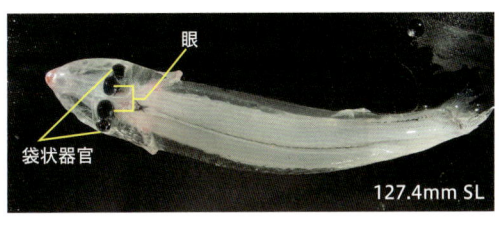

◀図3-2-9
4つの眼があるようにみえるヒナデメニギス属の仲間

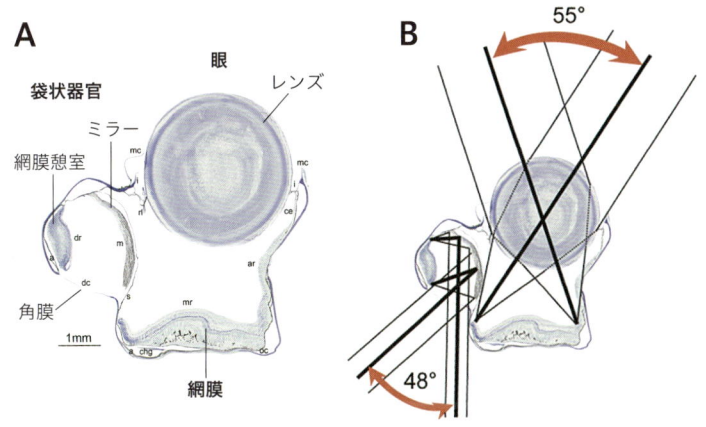

▲図3-2-10 ヒナデメニギス属の仲間の頭部横断面(a)と眼および袋状器官の視野角(b)
Wagner et al.(2009)を改変
Wagner HJ, Douglas RH, Frank TM, Roberts NW, and Partridge JC (2009):A novel vertebrate eye using both refractive and reflective optics. Current Biology 2009 Jan 27;19,1-7. doi: 10.1016/j.cub.2008.11.061.

を有した、"本来の眼"です。円形で、上方を向いています。一方、眼の外側にある1対はやや下側に位置し、袋状になっています。これを〝袋状器官〟と呼びます。袋状器官は眼の補助的な役割を果たしている、と考えられてきました。

最近、ワグナー博士らは、この仲間の眼と袋状器官の機能を詳細に調べました。その研究成果を紹介します。

頭部横断面の組織切片の写真を図3-2-10のAに示しました。右側の眼では、背（上）方に大きな丸いレンズがあります。下側の内壁にあるやや厚く見えるのが網膜です。この構造から、眼は背（上）側の光しか探知できな

いことがわかります。

眼の外（左）側にある楕円形の小部屋が袋状器官です。腹（下）側が開孔し、角膜で覆われています。眼に近い方の内壁面には、凹面鏡のようなミラーがあります。その反対側の内壁面にあるのが、網膜が変形した網膜憩室です。腹（下）側からの光は、開孔部の角膜を通り、ミラーに反射されて網膜憩室に届きます。

視野の範囲を計算したところ、背（上）側に対しては55°、腹（下）側に対しては48°（図3-2-10のB）であったそうです。背腹にこのような広い視野角があるとは、驚きです。人に例えれば、頭の後側も見える！ということになります。

■ 眼を退化させた深海魚たち

一方、眼が明らかに退化している種もいます。

図3-2-11はヒメ目チョウチンハダカ科のチョウチンハダカの写真です。この魚には、レンズがありません。網膜が変形した感光板のような組織が残されているだけです。もう1つの例がアシロ目アシロ科のヨミノアシロ（図3-2-12）です。眼は痕跡程度にまで退化しています。

以上のように、深海魚の眼は発達と退化という、反対方向に変化しています。では、このような現象がなぜ引き起こされたのでしょうか？

それは水深との関連と考えられています。眼が発達していたコガシラボウエンギョやヒナデメニギス属の仲間は、主に1000mより浅い層に生息しています。一方、退化したチョウチンハダカの生息水深は1380-5400m、痕跡程度のヨミノアシロにいたっては3100m以深で、8370mの超深海での採集記録もあります（これが魚類の最深記録で、1952年にデンマークのガラテア号によって採集されました）。

つまり、太陽光がわずかにでも届くような-中深層-に生息する魚類では眼が発達する種がいるのに対し、太陽光が届かない-漸深層（1000m）以深-に生息する魚類の眼は退化する

▲図3-2-11　レンズがない眼をもつチョウチンハダカ　写真 尼岡邦夫氏提供

傾向があります。

コガシラボウエンギョとチョウチンハダカは同じ〝ヒメ目〟に属しています。分類学的位置が比較的近いにもかかわらず、ある分類群では眼が発達、他の分類群では退化といったことが認められます。きわめて多様性に富んでいるのです。

生態系における 深海魚の役割

ここでは、深海魚の特徴ある生態的な事例とそれが生態系において果たす役割を紹介します。

ハダカイワシ目ハダカイワシ科魚類の仲間では、昼夜で生息水深が異なるものがいます。これを日周鉛直移動と呼びます。例えば、ススキハダカは、昼間では水深200-400mに生息していますが、夜間になると水深10m以浅、多くは海表面まで浮上します。

ハダカイワシ科魚類の餌となる動物プランクトンや小型の遊泳動物は、表層域で多く、中深層では少ないです。したがって、彼らは餌を食べるために、毎日、暗くなり始めると中深層から表層へと浮上します。

しかし、すべてのハダカイワシ科魚類が海面まで浮上してくるわけではありません。100-200m層までしか浮上しない種もいます。昼夜による生息水深が変わらない種もいます。

ハダカイワシ科魚類が行っている日周鉛直移動は個体の生残に関わりますが、これは生態系においても重要な役割を果たしています。「夜間、表層域で豊富な餌を食べたハダカイワシ類が、昼間には中深層へ戻り、中深層でより大型の深海生物に食べられる」という連鎖がおこります。これは、ハダカイワシ科魚類が表層から中深層へ有機物を運んでいることを意味します。

ハダカイワシ科魚類の日周鉛直移動は有機物の輸送に関与し、「生物ポンプ」としての機能を果たしているのです。

▲図3-2-12　最深記録をもつヨミノアシロの眼
矢印は眼を示す　写真 髙見宗広氏提供

コラム❶ 日周鉛直移動

　駿河湾特産のシラス（主にカタクチイワシの仔魚）やサクラエビも日周鉛直移動を行っています。その習性をうまく利用して、漁業が行われています。

　シラスは、昼間では浅海の海底近くに群れをなして分布していますが、夜間では海表面近くに浮上し分散します。サクラエビは、昼間では水深200〜350mの海底近くに分散していますが、日没近くに浮上し、夜間には浅層で群れをなします。

　シラス漁は昼間に浅海底近くにいる群れを（図3-2-13A）、サクラエビ漁は夜間に浅層にいる群れを狙って（図3-2-13B）、操業が行われているのです。ですから、日周鉛直移動を行っているハダカイワシ科の仲間は、サクラエビ漁によって混獲されるのです。

A

B

▲図 3-2-13　A、B 駿河湾奥でのシラス漁（A）とサクラエビ漁（B）の操業風景　　提供：静岡市役所　水産漁港課

ミステリアスな形態発育と生態変化

前節で説明した内容は、すべて成魚に関することでした。この節では、彼らのもう1つの素顔である仔魚期の特徴を紹介します。"仔魚"とは、発育段階を示す用語で、生まれてから稚魚になるまでの段階を指しています。正確には、「すべての鰭条（鰭にある棘条や軟条）の数が成魚の数と同じになるまで」です。

仔魚期には、稚魚期や成魚期とは大きく異なる形態に成長する種がいます。そして、仔魚から稚魚への移行期には、まるでイモムシが蝶になるかのごとく、変態を遂げます。生態も異なり、仔魚は稚魚期以降とは異なる場所で生息している種も知られています。

千変万化の深海魚 多様な仔魚期の形態

■ 腹が膨れる

図3-2-14の仔魚は体長18.1mmです。体が高く、ピンポン玉のように膨れた腹部をもっています。腹部は透明で、外から消化管が透けて見えます。眼は円形で、普通の魚類と同じように頭部の側方を向いています。腹部の後端近くに腹鰭があり、背鰭と尾鰭の間には脂鰭があります。

さて、この仔魚が成長して成魚になると、どのようになるでしょうか？

実は、この仔魚の成魚はすでに本書で紹介されています。前節で登場したコガシラボウエンギョ（図3-2-8）です。仔魚と成魚では、体の形が全く異なります。成魚では、尾鰭の一部が著しく伸長します。眼は、前方を向き望遠鏡のような形になります。胸鰭の位置も異なります。腹鰭や背鰭と尾鰭の間の脂鰭もありません。

コガシラボウエンギョの仔魚と成魚は、インド洋で採集された標本に基づき、1901年にブラウアー博士によって報告されました。この時にブラウアー博士が与えた学名は、仔魚が*Rosaura indica*、成魚が*Gigantura indica*でした。学名は分類階級を示しています。最初が属名、次が種小名です。仔魚と成魚では属名が異なっています。ブラウアー博士は、同一種である仔魚と成魚を別種して報告してしまったのです。無理もありません。両

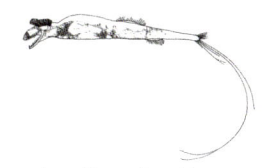

コガシラボウエンギョの成魚

魚類の発育段階

魚類の発育段階は卵、仔魚、稚魚、未成魚、成魚に分けられます。仔魚は、卵黄の有無、脊索末端や尾鰭支持骨格の発達過程によって、卵黄期、前屈曲期、屈曲期、後屈曲期に細分されます。

鰭条（きじょう）

硬骨魚類の鰭は、筋のように見える鰭条に支えられています。鰭条は棘条と軟条からなり、棘条は硬く節が無いのに対し、軟条は軟らかく節があります。

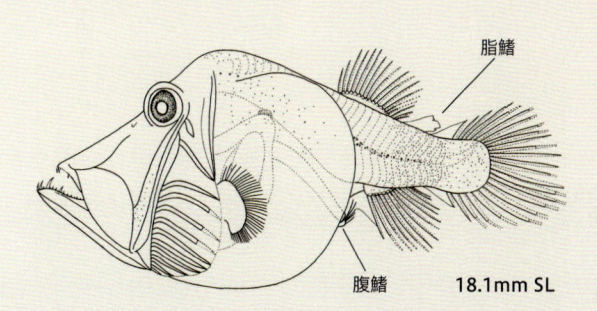

▲図3-2-14　コガシラボウエンギョの仔魚　スケッチ 冨山晋一氏提供

▲図3-2-15　オオコンニャクイタチウオの仔魚　採集直後の写真

者の間には、このような著しい形態の相違があるのですから。

　生息水深も違います。仔魚は成魚が決して採集されることがない水深100m以浅に主に分布しています。

　その後、仔魚と成魚の中間形の個体が採集されました。ジョンソン博士とバーテルセン博士が、この仔魚と成魚が同一種であること、そして仔魚から稚魚への変態過程を明らかにしました。それはなんと90年後のことでした。今は、かつての属名を用いて、ボウエンギョ属の仔魚を"ロザウラ（Rosaura）幼生"と呼んでいます。

　コガシラボウエンギョは、仔魚と成魚の間での著しい形態の相違によって、分類が混乱していた例です。仔魚期に幼生名が与えられている場合、その多くが誤って分類されていた時代の分類階級の名称です。例えば、ウナギやアナゴ類などの仔魚は"レプトセファルス（leptocephalus）幼生"と呼ばれています。この"レプトセファルス"とは、かつてアナゴの仲間の仔魚期につけられた属名なのです。

■ 腸が出る

　図3-2-15は、アシロ目アシロ科のオオコンニャクイタチウオの仔魚です。ニホンウナギの産卵場である西マリアナ海嶺の南部で採集されました。体長は113.3mmです。このサイズは、100cmを超えるソコギス目のレプトセファルス幼生を除けば、仔魚としては大きなものです。強烈な印象を受けると思います。腹部から体外へ出ているものは、消化管です。

　写真よりもスケッチの方がわかり易いので、図3-2-16のスケッチを用いて、本種の仔魚期の発育を紹介します。本種の仔魚は、体が薄く、消化管が体外へ伸長する外腸を形成します。外腸は、袋状の組織に入っており、発育にともない長くなります。外腸の末端（腸が反転する）部は、体長37.8mmまでは体長を超えることはありません。しかし、体長113.3mmでは、体のはるか後方（スケッチでは曲げて示し

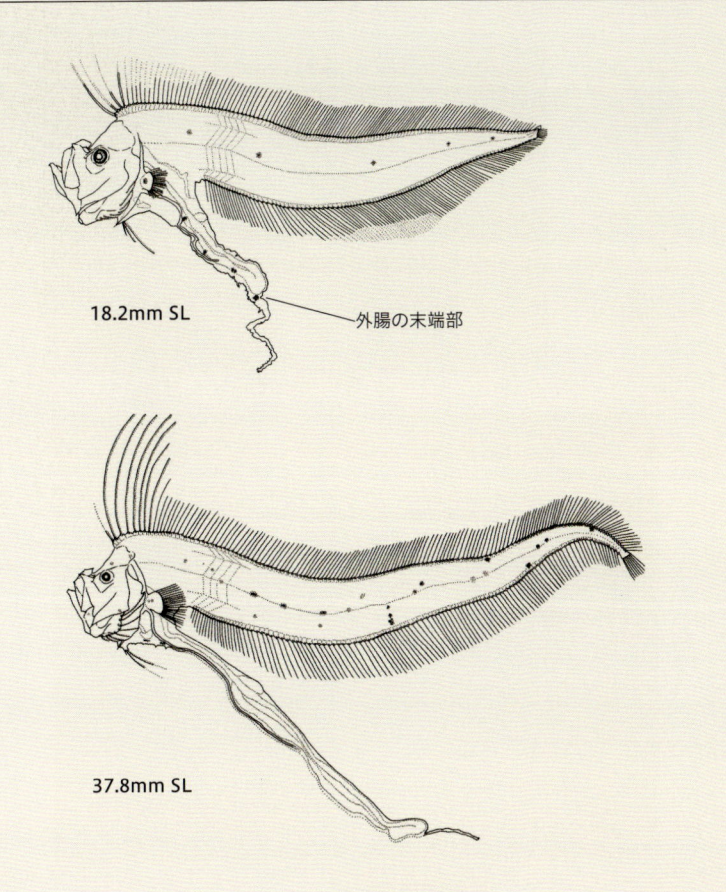

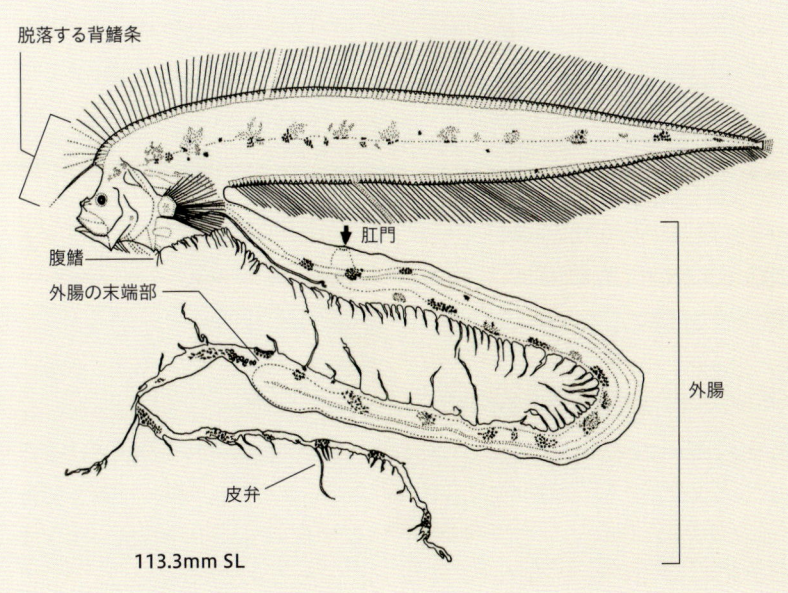

▲図3-2-16　オオコンニャクイタチウオの仔魚の発育
ホルマリン固定後のスケッチ

▲図3-2-17　ザラガレイの変態前の仔魚(A)と変態後の稚魚(B)
A　変態前の仔魚　108mm SL
B　変態後の稚魚　128mm SL

ています）にあり、腸の長さは体の長さの約2倍に達します。矢印で示したところが肛門です。また、袋状の組織には、多数の皮弁が形成されるようになります。

発育が進むにつれ、より奇妙な形態へと成長していくことがわかったと思います。もちろん、このような形態をした成魚は、誰も見たことがありません。

もう少し成長し、変態期になると、体が厚くなり、外腸はすべて体内に入ります。このときに、腹鰭や眼の上方にある背鰭条の数本も脱落します。このような変化を経て、成魚は体長2mほどに成長します。

生息域は、仔魚では水深500m以浅です。しかし、成魚では水深1000mまでの中層から海底近くにあります。

腸が体外へ出る仔魚として、もう1種、カレイ目ダルマガレイ科の深海魚ザラガレイを紹介します。ザラガレイは、オオコンニャクイタチウオに比べればわずかですが、腸の一部が体外に出ています（図3-2-17a）。

ヒラメやカレイ類の仲間は、体の片側に両方の眼があります。しかし、この状態になるのは変態期以降です。仔魚期では、ほかの魚と同じように、体の両側にそれぞれ眼があり、変態期にどちらかの眼が反対側へ移動します。ダルマガレイ科では、右体側にある眼が左体側へ移動します。写真では右体側が写っています。よく見ると、右眼がすでに斜め前上方へ移動しています。下の写真（図3-2-17B）が変態を終えたものです。変態後の標本は駿河湾の底曳網で漁獲されました。体長の差はわずか2cmです。しかし、右眼は左体側に移り水平方向に長い楕円形に変形し、口は大きく、体側には鱗が形成され始めています。

仔魚は水深100m以浅で浮遊生

56mm NL

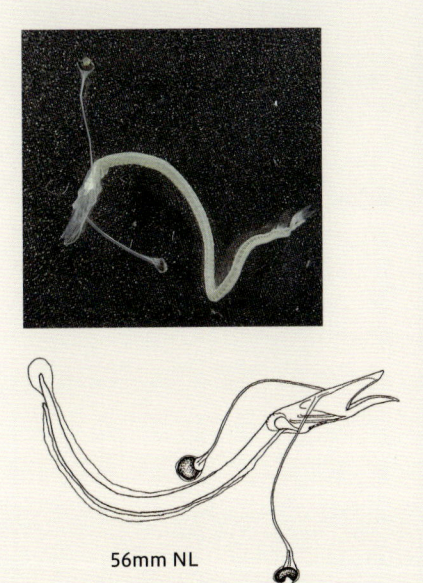

▲図 3-2-18　ミツマタヤリウオ属の仔魚

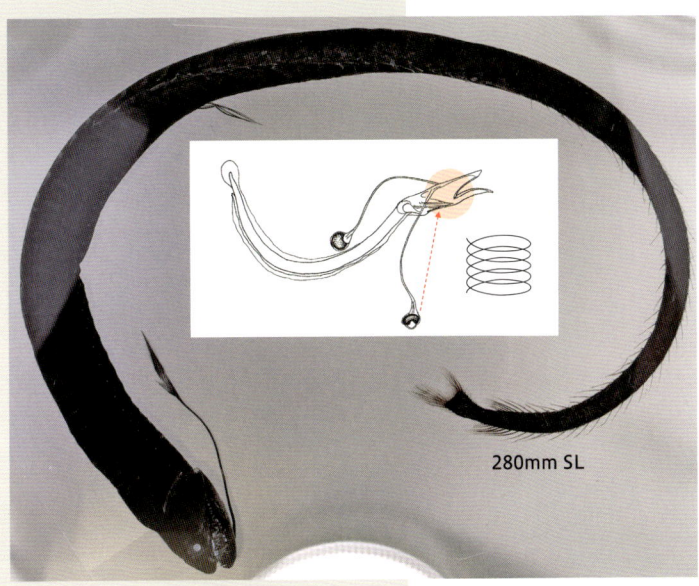

280mm SL

▲図 3-2-19　ミツマタヤリウオの成魚

活を送っています。しかし、成魚は水深200〜1100mの海底で生息しています。

　オオコンニャクイタチウオとザラガレイの仔魚の外腸には、橙色に見えているものがあります。これらは、彼らが餌として食べた動物プランクトン（カイアシ類）です。食卓にあがるシラスでも、ときどき体の腹縁が橙色になっていますね。これも、彼らが食べた動物プランクトンです。

　さて、外腸はどのような役割を担っているでしょうか？　オオコンニャクイタチウオが浮遊している姿を想像してみてください。

　多数の皮弁とともに、浮力を増大させていることが考えられます。あるいは、外敵から身を守るため猛毒を持った刺胞動物（クラゲ類）に擬態しているのかもしれません。また、長い腸は、餌生物が少ない外洋域でたまに出会った動物プランクトンを食い溜めすることを可能にし、栄養分の吸収面積の増加に寄与しているのかもしれません。

■ 眼が出る

　図3-2-18はワニトカゲギス目ミツマタヤリウオ科ミツマタヤリウオ属の仔魚です。体長は5.6mmです。この仔魚の体はシラスのようですが、なんと眼は頭部から著しく離れたところにあります。また、普通、頭部側面には眼球が収まる眼窩がありますが、この仔魚ではほぼ扁平です。深海魚の仔魚には、ほかにも眼が飛び出る種がいますが、これほど遠くに眼があるのはミツマタヤリウオの仲間だけです。

　眼は細くて軟らかい眼柄という軟骨によって、頭部とつながっています。眼柄はパイプ状の構造で、内部には神経が走っています。図3-2-19の魚は体

151

長28cmで、眼は普通の位置にあります。これがミツマタヤリウオの成魚です。仔魚から成魚を、あるいは成魚から仔魚を想像することはできません。

ミツマタヤリウオの仲間の眼が頭部に収まる過程の観察例は古く、ビービィ博士によって1934年に発表されました。

① 眼柄とその内側にある神経が分離する
② 扁平だった頭部側面の一部が少し変形する
③ 眼球と脳をつなぐ神経が徐々に縮み、眼球が頭部に引き寄せられる
④ 変形した頭部側面に余った眼柄がコイル状に巻き取られ、眼窩を形成する
⑤ 引き寄せられた眼球が眼窩に収まる

不要になった眼柄を利用して眼窩を形成するという合理的な方法です。しかし、眼柄が縮小中の標本がほとんど採集されないため、残念ながら私はこの過程をまだ確認できていません。

旅する深海魚

仔魚期と稚魚期以降で形態が著しく変化する種は、それぞれの時期で生息水深が異なる場合がほとんどです。発育にともなって生息水深が異なることを、"個体発育的鉛直移動"と呼びます。これは、前節で紹介した日周鉛直移動とは異なるものです。

ここでは、ヒメ目チョウチンハダカ科ナガヅエエソを紹介します。ナガヅエエソの成魚は水深550-1200m

▲図3-2-20　ナガヅエエソの成魚　写真JAMSTEC提供

▲図3-2-21 海洋実習における表層の仔魚採集

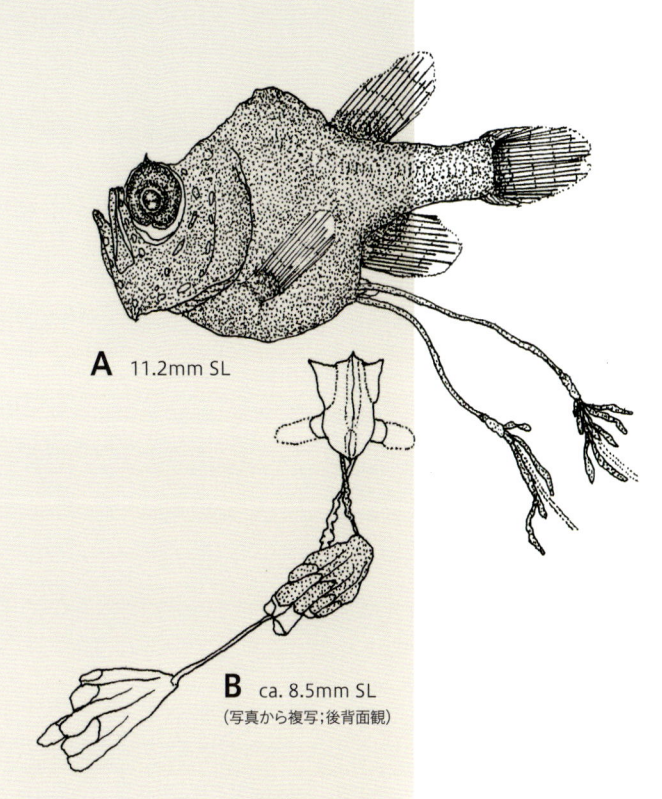

A 11.2mm SL

B ca. 8.5mm SL
（写真から複写；後背面観）

▲図3-2-22 マカフシギウオの仔魚　沖山（2014）
沖山宗雄（2014）：フシギウオ科．沖山宗雄 編, pp475-476. 日本産稚魚図鑑 第二版. 東海大学出版会, 秦野.

の深海底に生息しています。腹鰭と尾鰭の一部が長くしっかりしており、それらを使って海底に立つ習性があるので、"三脚魚"とも呼ばれます（図3-2-20）。本種の成魚は中層や表層で採集されたことはありません。

では、仔魚はどこで採集されるでしょうか？

図3-2-21を見てください。ここで使用している採集ネットは口径1.3mです。ただ口径の約1/3は水面から出ていますので、ネットは海表面から海面下1mまでしか曳網していません。ナガヅエエソの仔魚は、このような表層で採集されます。

卵期に浮上し、仔魚期に表層でしばらく生活し、やや大型の仔魚（体長40mm）に成長した後に、深海底へ沈降するのです。表層への浮上は、餌となる動物プランクトンが豊富であることに関連がある、と考えられます。また、仔魚の大型化は表層での滞在期間の延長に寄与している、と思われます。しかし、表層域では他の生物に捕食される確率が高く、個体群維持にどれだけ効果があるかはよくわかりません。とはいえ、発育初期に、長距離の鉛直移動を行っていることは間違いないことです。

もう1種、興味深い仔魚を紹介します。カンムリキンメダイ目フシギウオ科のマカフシギウオの仔魚（図3-2-22）です。あたかも複数の個体がいるようにも見えます。

この種の仔魚では腹鰭の一部が著しく伸長し、その先端部に特異な付属物が複数発達します。沖縄県座間味島のサンゴ礁内の水深4-5mで採集されました。一方、本種の成魚では、頭部がごつごつし、腹鰭は伸長しません。西部太平洋からインド洋の750-2000mの深海に生息しています。

仔魚期に腹鰭を伸長させ複数個体に擬態しながらサンゴ礁内に出現する。まさに"摩訶不思議"な深海魚です。

魚類の幼生名

特異な形態をもつ仔魚期には、幼生名（ステージ）がつけられている場合が多くあります。ロザウラ（*Rosaura*）幼生やレプトセファルス（*Leptocephalus*）幼生のほか、本文で紹介した魚類の幼生名（ステージ）は次の通りです。

エクステリリウム（*Exterilium*）幼生：腹部が消化管の伸長をともなって体の腹縁から著しく突出します。アシロ科オオコンニャクイタチウオなど。

ガルガロプテロン（*Gargaropteron*）幼生：著しく伸長した胸鰭と腹鰭をもちます。クロボウズギス科ワニグチボウズギス属（図3-2-23b参照）。

カシドロン（*Kasidoron*）幼生：分岐した巨大な腹鰭をもちます。フシギウオ科マカフシギウオ。

ガルガロプテロンとカシドロンはそれぞれの仔魚期に与えられた属名に由来しています。

コラム❷ スケッチの重要性

　仔魚が何の種なのかを決定すること（〝同定〟といいます）は、非常に難しいです。仔魚を同定するには、体の長さや形はもちろんですが、鰭を構成する鰭条や脊椎骨の数、棘、色素胞など厳密なデータをとることが必要です。このような場合に役立つのがスケッチです（図3-2-23A,B）。

　「デジタルカメラによる写真のほうが、容易で、わかりやすいのでは？」と思われがちです。しかし、写真は魚の輪郭や色彩を把握するには良いですが、顕微鏡的な細部がわからないので、それだけでは不十分です。スケッチというと、デッサンのような印象を受けるかもしれません。しかし、生物のスケッチは、そのようなものと異なります。各部位の比率が正確で、鰭条の本数など、標本の状態を完璧に再現しなければいけません。ですから、芸術的センスは必要なく、何よりも専門的な知識と観察力が要求されます。また、時間を要する作業なので、持続的な集中力が必要です。正確なスケッチこそ、仔魚の研究になくてはならない基礎データです。

　最も大変なのが、孵化実験中のスケッチです。例えば、種不明の卵が採集されたとします。卵は情報量が少なく、そのままでは同定することはまずできません。このような場合、室内で卵を飼育、孵化させて仔魚へ成長させてから、同定を試みます。この時、刻々と発生が進む卵内発生や孵化仔魚の形態を、数日間にわたってスケッチします。正確さに加えて、対象が生きているので、短時間に仕上げなければなりません。徹夜作業が続きます。このような孵化実験の成果のひとつが、次節で紹介するソコダラ科ムグラヒゲです。

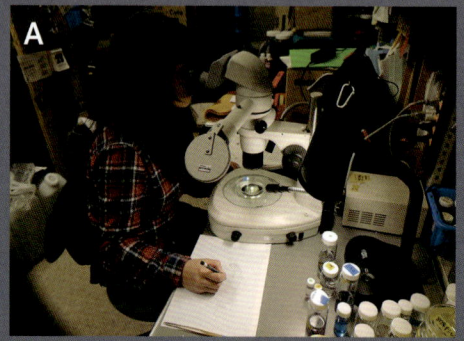

描画装置付の実体顕微鏡下によるスケッチ。最初に、鉛筆で方眼用紙に書きます。

◀図 3-2-23　仔魚のスケッチの風景（A）と墨入れを終えた深海魚クロボウズギス科仔稚魚のスケッチ（B）
スケッチ／伴 和幸氏　提供

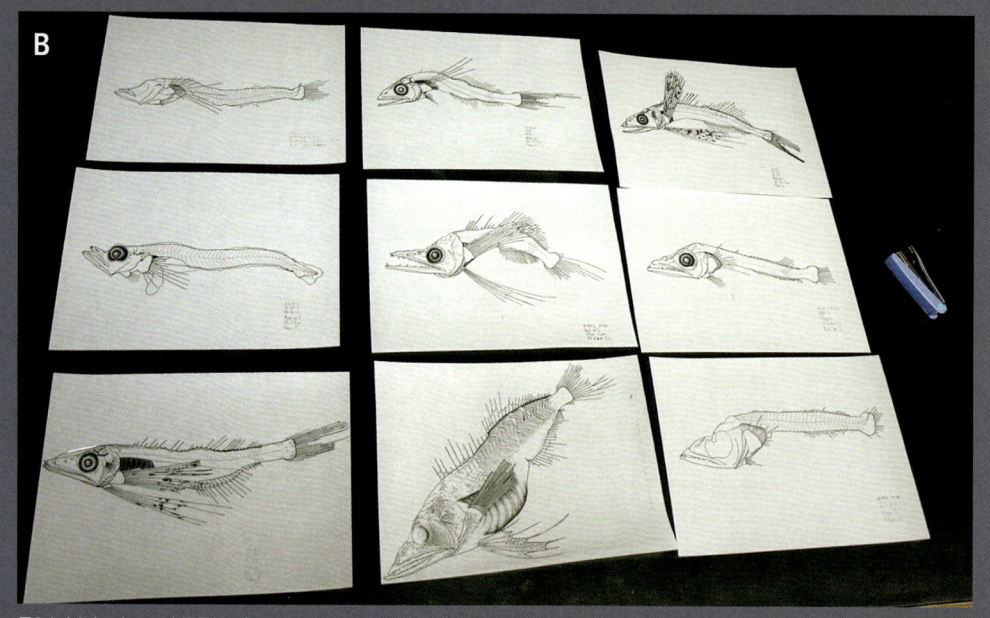

墨入れされたスケッチ。方眼用紙に書かれたスケッチをトレーシングペーパーと製図用のペンを用いて、転写します。

駿河湾における深海近底層調査

前節で紹介した仔魚の生息域は、個体発育的鉛直移動によって成魚に比べ浅いところにありました。しかし、すべての深海魚が、ナガヅエエソのように、顕著な鉛直移動を行うわけではありません。図3-2-24のBのように浮上するがその距離が短いものがいます。あるいはCのようにまったく浮上せず、仔魚と成魚が同所的に海底やその直上の近底層（海底から数m上の層までを示す）に生息しているものもいます。

図3-2-25は英国海軍の艦船チャレンジャー号の雄姿です。チャレンジャー号による海洋学術探検航海は19世紀末（1872年12月21日–1876年5月24日）に行われ、近代海洋学の基礎を築きました。この航海によって、深海から表層まで多大な生物採集が行われました。深海魚を含む4417種の新種の海洋生物が発表されました。

その後、外洋域での魚類の個体発育に関する研究調査が始まりました。これは図3-2-24の表層を含む水柱を対象に行われてきました。一方、近底層は調査されない空白域として残されてきました。近底層で仔魚を採集するには、仔魚ネットを海底直上で曳網すれば良いのですが、実はこれがきわめて大変な作業になります。海底は平面ではなく、でこぼこが多数あります。それに引っかかれば、ネットを回収することはできません。また、回収できたとしても、泥が入ってしまえば、曳き上げるまでに小さな仔魚はボロボロになってしまいます。一方、ネットを海底からかなり離して曳網すれば、そこは近底層ではありません。チャレンジャー号でも行われた伝統的な底曳網やドレッジは近底層をカバーします。しかし、これらの器具は成魚あるいは底生生物を対象としており、研究材料として適した仔魚を採集することはできません。

▲図 3-2-25　H.M.S. Challenger 号の雄姿

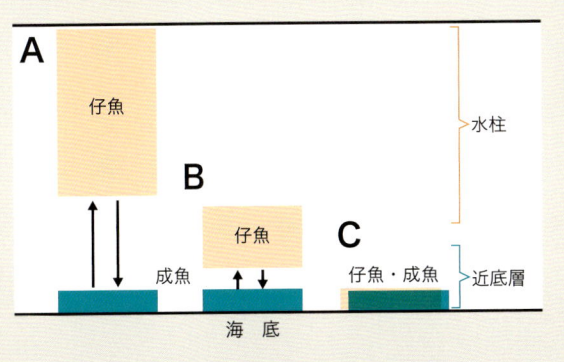

◀図 3-2-24
深海魚の個体発育的鉛直移動の模式図

H. M. S. (Her Majesty Ship) Challenger号

英国海軍艦船チャレンジャー号は、排水量2,306トン、長さ約67m、幅約9m、1,234馬力の補助蒸気機関を備えた3本マストの帆装戦艦です。これを海洋探検船として改造し、当時、まったく知られていなかった深海の生物や底質などを調査するために、約7,300mの麻縄を装備して、世界中の海を探検しました。

海洋学術探検航海中の1875年4月11日、横浜に寄港し、船体修理を行っています。その後、相模湾、遠州灘、神戸沖などで調査を行った後、再び横浜に戻り、同年6月16日に次の寄港地ハワイへ向けて出航しました。

チャレンジャー号が横浜沖で採集したカレイ類は、大英博物館のGünther博士によって、*Pleuronectes yokohamae* Günther, 1877（標準和名マコガレイ）と命名されました。

この航海の膨大な報告書（Challenger Report全40巻50冊）は、東海大学付属図書館清水図書館に所蔵されています。

▲図3-2-26
東海大学海洋学部調査練習船 北斗

調査練習船 北斗

東海大学海洋学部には、北斗と南十字の小型舟艇があります。小型舟艇は、海洋学部の授業や実習、大学院生や教員の研究などに活発に使用されています。
北斗は2014年4月に代替わりし、4代目となりました。総トン数18トン、長さ16.50m、幅3.99m、深さ1.74mで、620馬力のディーゼル機関を備えています。駿河トラフの近底層を調査できるように、2,600mのナイロンロープを装備しています。

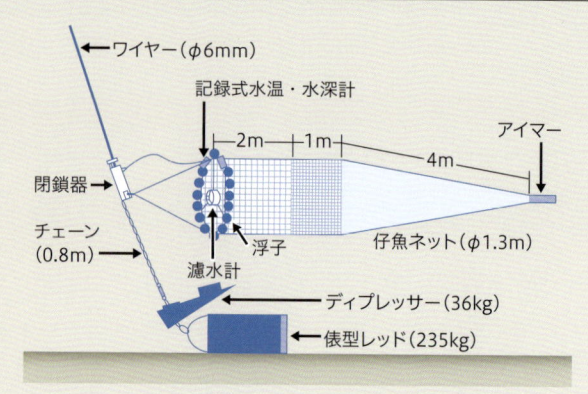

▲図3-2-27 駿河湾羽衣海底谷における深海近底層の採集器具

以上のことから、深海近底層は、誰も手をつけないままの層として残されてきました。その結果、深海近底層（図3-2-24のBの一部やC）に分布する仔魚は、未解明のままになっていました。

私たちの研究室はそこに目をつけ、駿河湾をフィールドとして深海近底層の採集方法を検討してきました。用いる船は、東海大学の18トンの調査練習船北斗(図3-2-26)です。数々の失敗をしながら、10年近い歳月を経て、深海近底層を採集できるようになりました。

現在、その方法で採集される深海性魚類の個体発育や分類学的研究を行っています。本章では、その調査によって得られた成果のいくつかを紹介します。

駿河湾羽衣海底谷近底層の採集方法

採集方法を（図3-2-27）に示します。まず、水深の2倍程度の曳索ロープを用意します。曳索ロープの末端に合わせて300kg近い潜航板と俵型レッドを取り付けます。その80cm上に口径1.3mの仔魚ネットをセットします。ネットには、記録式の水温・塩分計と水深計を取り付けます。また、ネットが海底に着底しないように、多数の浮きも装備します。

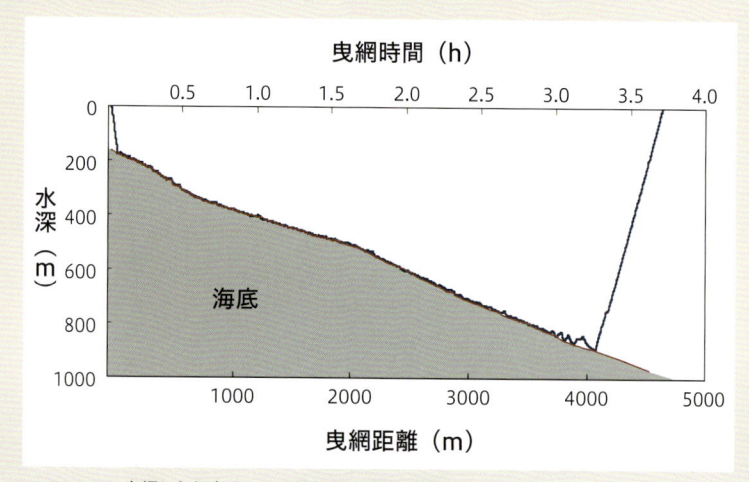

▲図3-2-28 曳網した仔魚ネットの軌跡と水深との関係

船を微速で走らせながら、これらの器具を投入します。俵型レッドの着底を確認したら、海底から離れないように、航走と減速を繰り返して曳網します。航走時の船速は約1.7ノットです。俵型レッドの着底は曳索ロープを手で触りながら、そのテンションで判断します。

図3-2-28は清水キャンパスの前面近くにある羽衣海底谷で行った水深約200～約800mの曳網結果です。青い線がネットの軌跡です。ネットは海底を離れずに、きれいに曳けていることがわかります。

深海近底層に出現する魚類の個体発育

■ 1 ソコダラ科ムグラヒゲ

タラ目のソコダラ科魚類は北極海を除く世界の深海の底層域に生息し、300種あまりが知られています。生物量はきわめて大きく、深海域の重要な要素と位置づけられています。ソコダラ科で卵から仔魚までの発育が明らかにされたのは、私たちの報告が初めてです。

卵と仔魚の形態

ムグラヒゲは卵径1.18-1.31mmの浮遊卵を産みます。鉛色の小さな油球が1個（0.28-0.33mm）あり、卵膜には亀の甲羅に似た小さな模様（径0.017-0.020mm）があります。この卵（図3-2-29）を、採集された水深の水温12℃で、室内で飼育すると、図3-2-29のAからDのように発生していきます。胚体が形成され、黒色素胞や黄色素胞が出現してきます。Dが間もなく孵化する卵です。Dを経過するのに、2-3日かかります。

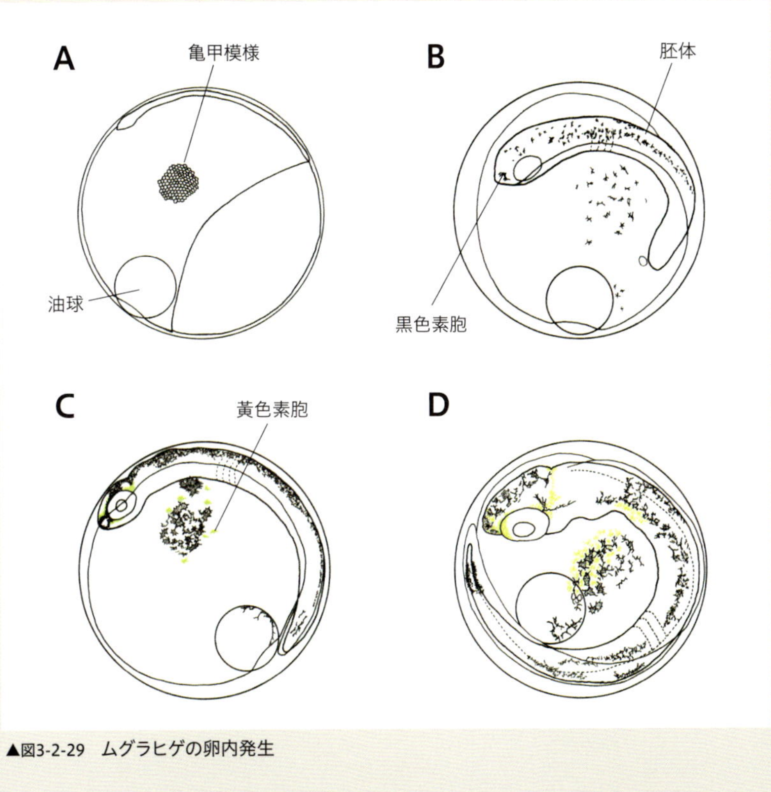

魚卵の種類

魚の卵は水分含量の違いなどから、水に浮く浮性卵と沈む沈性卵に大別されます。

浮性卵には、個々に分離して浮遊する「分離浮性卵」と塊状になって浮遊する「凝集浮性卵」があります。ほとんどの海産魚はムグラヒゲのような「分離浮性卵」を産みます。「分離浮性卵」は種によって、油球の有無、卵膜の模様の有無、卵径や油球径などが異なります。「凝集浮性卵」はアンコウ科やフサカサゴ科などの一部に限られています。

沈性卵は、基物に付着するものとしないものに分けられます。基物に付着する卵は、卵膜の表面に粘着層や付着器がある「沈性付着卵」と纏絡糸（てんらくし）がある「沈性纏絡卵」に分けられます。「沈性付着卵」を産む代表的なものには、ニシンやコイ科など（卵に粘着層があり、「沈性粘着卵」という）やアユやハゼ科（卵に付着器がある、「沈性付着卵」という）などがいます。「沈性纏絡卵」を産む魚には、メダカ、ダツ、サンマなどがいます。基物に付着しない「沈性不付着卵」を産む魚にはサケ・マス類、ゴンズイなどがいます。

A 亀甲模様 油球
B 胚体 黒色素胞
C 黄色素胞
D

▲図3-2-29　ムグラヒゲの卵内発生

157

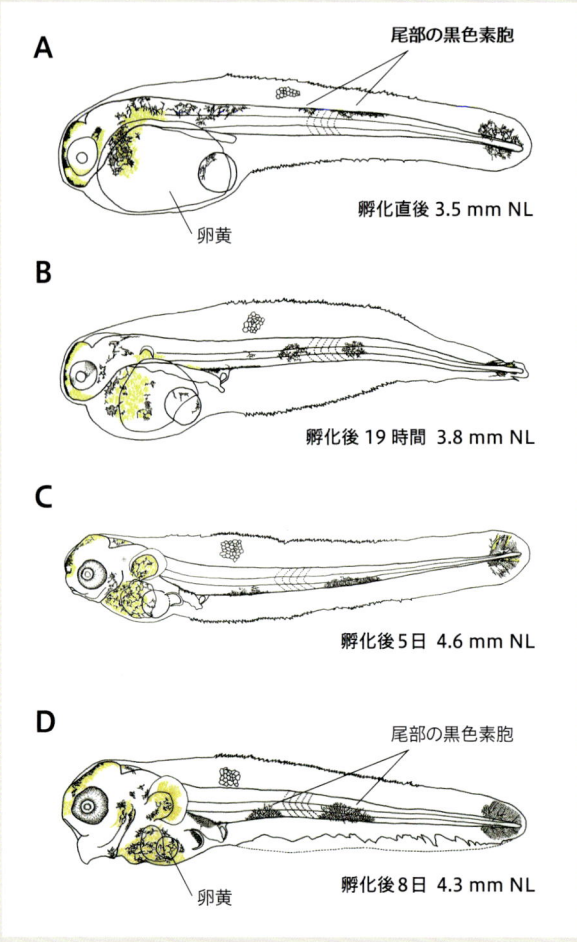

▲図3-2-30　ムグラヒゲの卵黄期仔魚の発育

　孵化した仔魚は大きな卵黄があります（図3-2-30のA）。この卵黄を栄養にして、仔魚は成長します。卵黄をもった仔魚を、卵黄期（あるいは前期）仔魚と呼びます。孵化後8日を経過すると、卵黄はかなり小さくなり、口が形成されます（図3-2-30のD）。尾部にある黒色素胞は、AからCのように、背側から腹側に移動します。ここまでが、孵化実験の観察記録です。

　一方、ネット採集された仔魚の最小個体は図3-2-31のAです。これは、図3-2-31のように成長していきます。胸鰭の基部が伸長し、団扇状になるのがソコダラ科仔魚の特徴です。

　孵化実験で最も成長した仔魚（図3-2-30のD）とネット採集された最も小さい仔魚（図3-2-31のA）では、黒色素胞の配列やそのほかの特徴が良く一致しています。これらのことから、この卵と仔魚は同一種であることがわかります。

　種の不明な仔魚を同定するには、脊椎骨の数や各鰭の鰭条数が成魚と一致することが必要です。この仔魚の場合、これらの計数値がムグラヒゲのほか、複数の種にも一致してしまいました。したがって、計数形質だけでは同定できませんでした。

A

2.8 mm NL

B

9.3 mm NL

C
団扇状の胸鰭

黒色素胞（この体内に発光器がある）

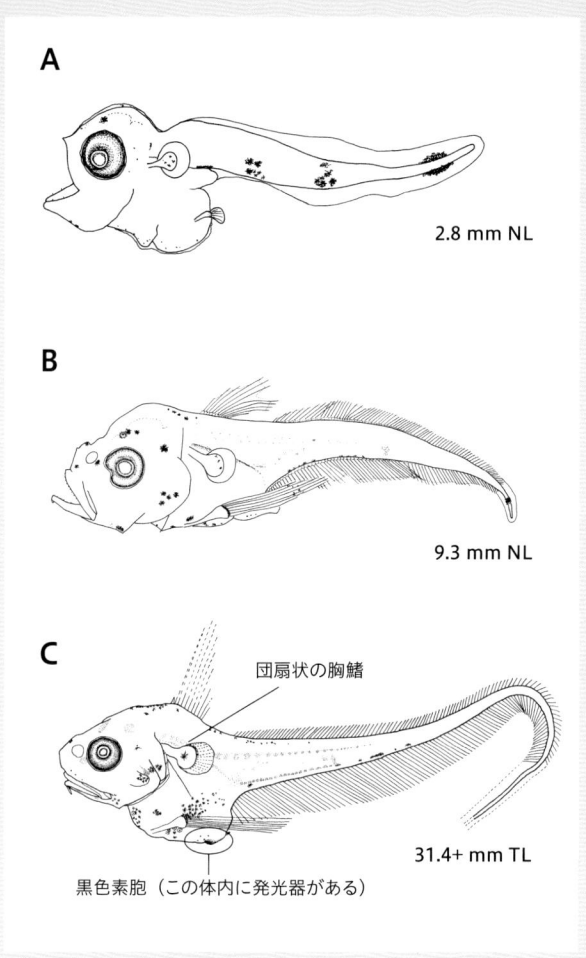

31.4+ mm TL

▲図3-2-31　ムグラヒゲ仔魚の発育

　そこで、DNAの塩基配列を解析しました。まず、駿河湾に生息するソコダラ科魚類の成魚をくまなく採集し、本科魚類のDNAのデータベースを作成しました。図3-2-29の卵と図3-2-31の仔魚の塩基配列をソコダラ科魚類のデータベースと比べた結果、どちらもムグラヒゲの成魚のみ（図3-2-32）に完全に一致しました。

　以上のことから、ムグラヒゲの初期発育が明らかにされました。我々の記載やスケッチに基づいて、仔稚魚の研究者ならば、だれもが本種の卵や仔魚を同定できるようになりました。

　また、卵から全長20mmぐらいまでの仔魚が水深350m以浅の水柱（海底から離れた層）に生息し、それ以上に成長すると、水深500mまでの近底層（海底近く）に分布することも明らかになりました。

発光バクテリアとの共生開始時期

　ムグラヒゲが含まれるソコダラ科トウジン属では、体腹部の肛門前方に線状の発光器があります（図3-2-32のB）。ソコダラ科の仲間は、発光バクテリアを共生させて発光します。
　では、いつから、発光バクテリアとの共生が始まるのでしょうか？　私たち

発光バクテリア

生物発光を行うバクテリアを指します。発光バクテリアには、海中を自由に漂っている「自由生活型」と発光器官をもつ魚類と共生関係にある「共生型」の2タイプがあります。本文で紹介したように、発光器官をもつ魚種ごとに、共生する発光バクテリアが決まっています。

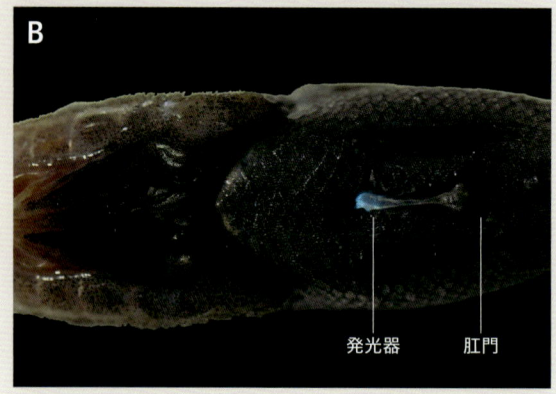

▲図3-2-32　ムグラヒゲ成魚の全形(A)と肛門前方にある発光器(B)
(B) 髙見 宗宏氏　提供

はミシガン大学のダンラップ博士とこの問題に取り組みました。

沿岸性のヒイラギ類も発光バクテリアを共生させます。ヒイラギの仔魚は孵化後やや沖合に分布していますが、成長が進むと砕波帯（波打ち際）に出現するようになります。ヒイラギでは、砕波帯に出現するころから発光バクテリア（主に、*Photobacterium leiognathi*）との共生が始まります。ですから、深海性のムグラヒゲでも、生息域が変わる―近底層へ出現するころから発光バクテリアを共生させるのでは、と予想しました。

多数のムグラヒゲ仔魚を調べた結果、やはり近底層に移ると、発光バクテリアを共生させていました。

近底層で採集された仔魚では、肛門前方の腹部に、すでに黒色素胞（図3-2-31のC）が出現しています。この黒色素胞がある部分の体内に、発光器があります。

全長33.2mmの腹部を体軸と平行に切断し、染色して組織切片を作ったものが、図3-2-33のAです。楕円状のものが発光器の全体で、右に見える部分が肛門です。そこから頭部（左）側の体腹縁に沿って黒色素胞が並んでいます。発光器の中には、細長い袋状の部屋が多数見えます。そこが、発光バクテリアが共生するところです。この袋状の部屋の頭部（左）側を拡大したのが、図3-2-33のBです。部屋の内側にある「モヤモヤ」と写っているもの（Bの白矢印）が、発光バクテリアです。すでに、この個体は発光バクテリアとの共生を始めています。

ムグラヒゲは、摂餌物とともに発光バクテリアを取り込み、消化管を通して袋状の部屋に発光バクテリアを共生させていきます。近底層に移って間もないと思われるこの個体は、まだ部屋の末端（奥）側しか発光バクテリアを共生させていません。肛門に近い方（図3-2-33のCの白矢印）は、空洞です。

その後、袋状の部屋は水平方向か

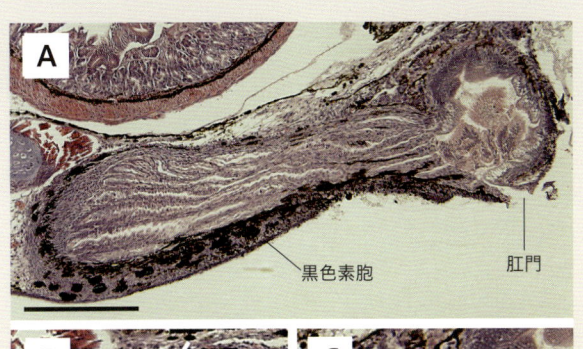

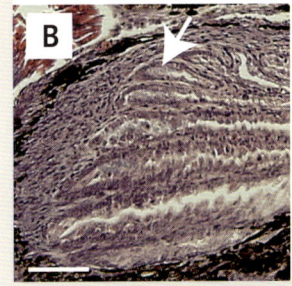

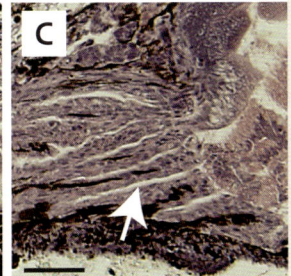

▲図 3-2-33 近底層で採集されたムグラヒゲ仔魚（全長３３.２mm）の発光器の組織切片写真

ら垂直方向へと変わり、袋状の部屋には無数の発光バクテリアが共生するようになります。

図3-2-34は、ムグラヒゲの近底層仔魚から抽出した発光バクテリアを好適培地で培養したコロニー（集団）の写真です。暗室では、煌々と光り輝いていました。この遺伝子を解析した結果、発光バクテリアはヒイラギに共生する発光バクテリアとは異なる*Photobacterium kishitanii*であることが確かめられました。

■ 2 クサウオ科スルガインキウオ

前節で示した仔魚やソコダラ科ムグラヒゲの仔魚は、団扇状の胸鰭など仔魚期固有の形態的特徴がありました。これら仔魚期固有の形態は、変態時には認められなくなり、稚魚へと成長します。このように、発育にともなって形態が変化し、変態が認められる発育を"変態発育"と呼びます。

一方、仔魚から成魚まで形態がほとんど変わらないで、変態が不明瞭な深海魚もいます。このような発育を"直達発育"と呼びます。

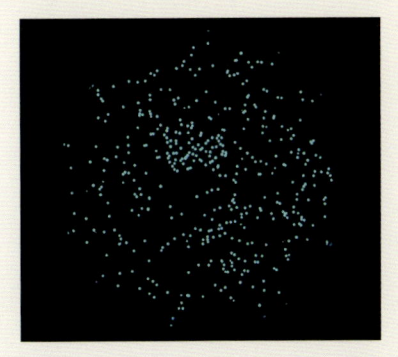

◀図 3-2-34
近底層で採集されたムグラヒゲ仔魚（全長２８.８mm）から抽出した発光バクテリアのコロニー

A 5.6 mm SL

B 6.4 mm SL

C 7.3 mm SL

D 10.1 mm SL

E 11.2 mm SL

▲図 3-2-35　スルガインキウオの発育　yは卵黄を示す

46.3mm SL

▲図3-2-36　スルガインキウオの成魚
写真・スケッチ　髙見宗広氏　提供

完模式標本

種の模式として、具体的に指定された単一の標本です。種を記載するときに使用される1個体の標本が完模式標本（holotype）、それに指定されなかった模式標本の系列が副模式標本（paratypes）となります。

標本は大変貴重です。完模式標本や副模式標本に限らず、採集された標本は博物館などで、永久的に保管されます。例えば、スルガインキウオの完模式標本は北海道大学総合博物館にHUNZ 106666として保管されています。私たちが採集したスルガインキウオの仔稚魚や成魚は、国立科学博物館にNSMT-PL1527-1541として、東海大学海洋科学博物館にMSM-11-370–11-396として保管されています。

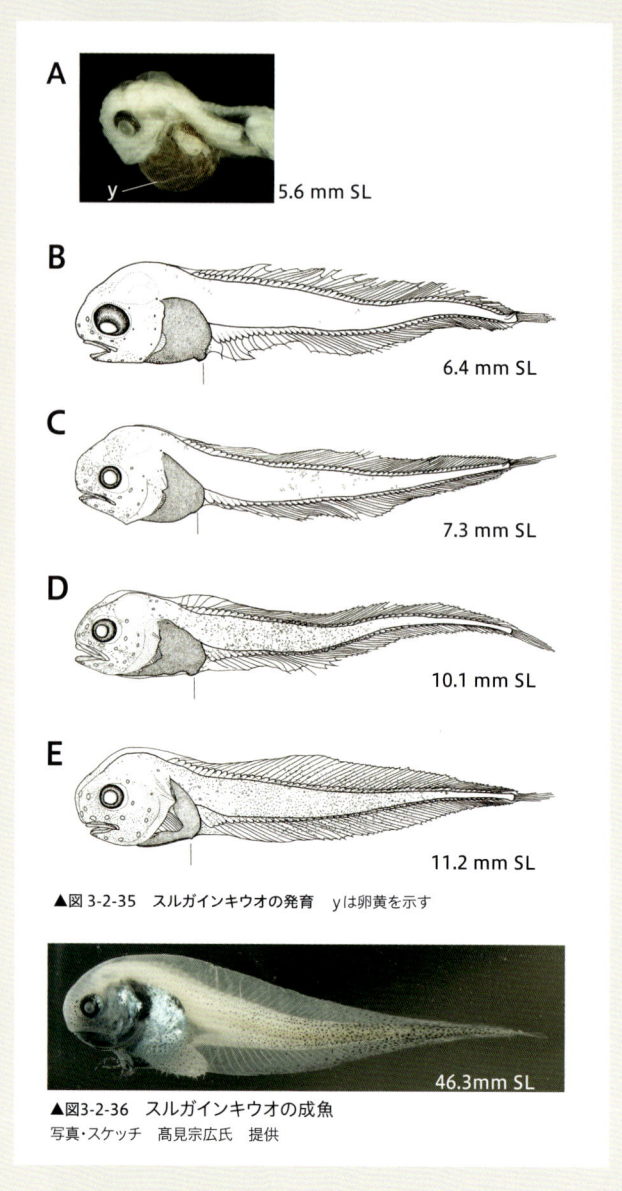

　ここでは、"直達発育"の例として、カジカ亜目クサウオ科のスルガインキウオを紹介します。スルガインキウオは、標準和名が示すように、駿河湾から1988年に新種記載されました。その時の研究に用いられた標本は完模式標本の成魚1個体のみでした。それ以後、私たちの近底層調査が始まるまで、採集されたことはありませんでした。

　駿河湾羽衣海底谷での近底層調査では、スルガインキウオは常連です。孵化して間もないと思われる仔魚から成魚までの多数の個体が採集されます。このことから、スルガインキウオは一生を近底層で生活していることがわかります。図3-2-24のCタイプです。

　図3-2-35に、スルガインキウオの発育を示しました。体長5.6mmの仔魚では、まだ体内に卵黄が多く残っています。体はどこかユーモラスです。やや丸みを帯びた厚い頭部の後ろに短い腹部があり、尾部はやや伸長し先

細りしていきます。体長11mm以上になると、すべての鰭条が完成し、稚魚期になります。図3-2-36に、スルガインキウオの成魚（体長46.3mm）を示しました。仔魚、稚魚、そして成魚へと発育が進んでも、卵黄をもっている仔魚の形態とほとんど変わりません。今まで紹介してきた仔魚の発育とは、大きく違います。

再生産についても特徴があります。スルガインキウオの抱卵数（卵巣の中にある卵の数）を数えてみると、500個ぐらいしかありませんでした。また、卵巣卵の卵径の頻度分布から、大きな卵を少数しか生まないこともわかりました。卵径は2.0- 2.3mmで、産卵1回当たりの産卵数は10個程度です。ただし、産卵数が少ない代わりに、成魚は1年中、成熟と産卵を繰り返しています。卵の性状は、海水の比重よりも大きい沈性卵です。

表層で浮性卵を産む海水魚では、卵径が小さく、抱卵数が多いです。しかし、沈性粘着卵を産む海水魚や沈性卵を産む淡水魚では、卵径が大きく、抱卵数が少ないです。それにしても、産卵1回当たりの産卵数が10個程度というのは、あまりにも少ないです。

近底層で一生を生活する図3-2-24のCタイプには、スルガインキウオのほか、セキトリイワシ科のヤセナメライワシなどがいます。これも、孵化した仔魚は早期に成魚の特徴を獲得します。その後、成長にともなう大きな形態変化がなく、変態期は不明瞭です。抱卵数も少なく、大型の沈性卵を少数しか産みません。

スルガインキウオやヤセナメライワシは、浅層へは浮上しません。ですから、沈性卵を産むことはその生態と良く合っています。大きな産出卵は、孵化仔魚を大きくさせることができます。その後、わずかな体長の増加だけで、鰭条形成を完了させ、成魚期の形態を獲得することができます。鰭条の完了や成魚の形態獲得は、遊泳能力の向上に直結し、捕食される危険が少な

深海魚の抱卵数

深海魚の再生産については、中深層性のヨコエソ科オニハダカ属の仲間を除いて断片的にしか知られていません。

オニハダカ属の仲間は既知の種ではいずれも卵径約0.5mmの小さな卵を産みます。抱卵数や産卵回数は生息深度が深くなるにつれて、どちらも多くなることが知られています。

生息深度300-500mのユキオニハダカの最大抱卵数は500で、早熟で一生のうち1回しか産卵しません。

生息深度400-700mのハイイロオニハダカは1000-1500で、多数回産卵します。

生息深度500-1000mのオニハダカやウスハダカなどは3000-4500で、晩熟で多数回産卵します。

一方、沿岸浅海性のマダイは卵径1.2mm前後の分離浮性卵を産みます。抱卵数は、全長40-45cmで30万-40万、60-70cmで100万前後です。1回当たりの産卵数は15万-20万、春から夏にかけての産卵期に5-10回程度産卵することが知られています（マダイは、産卵期間中に新しい卵母細胞が供給され続けますので、抱卵数よりも1産卵期中の産卵総数のほうが多くなります）。

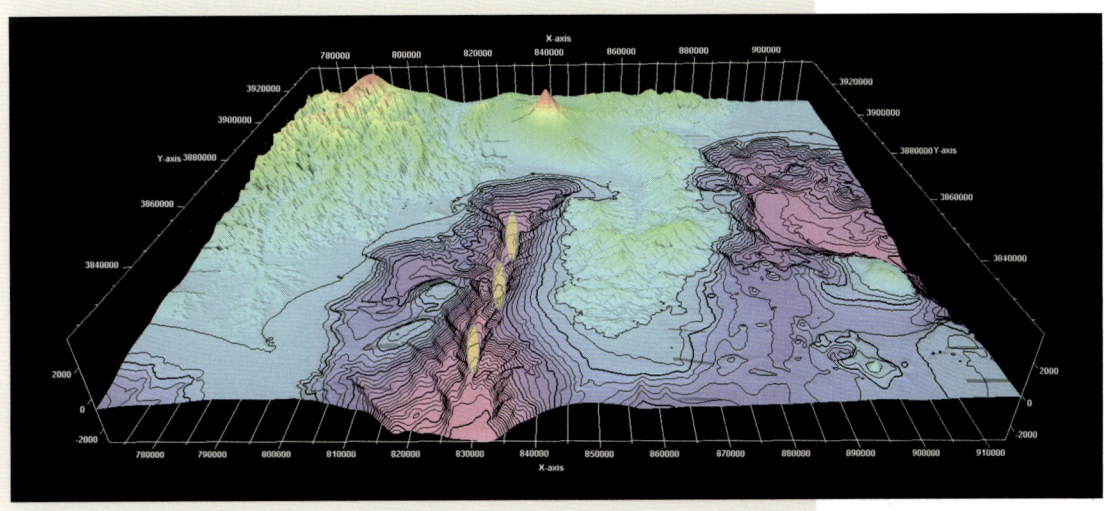

▲図 3-2-37　駿河トラフ深海近底層調査　🟡は調査地点を指す。　図　坂本 泉氏　提供

くなります。したがって、少数の卵しか生まなくても、孵化後の生き残る確率が高くなるような戦略をとっているのです。

今後の展望

深海魚といっても、成魚の形態は多様です。さらに、生まれてから死ぬまでの生活史は、成魚の形態以上に、さまざまです。日本一深い湾である駿河湾には、まだ日本で発見されていない種や新種がいることは間違いありません。これから調査・研究が進むにつれ、そのような報告が増えていくはずです。発育過程や生態が解明されれば、私たちの自然への理解はさらに深まります。それぞれの種の深海魚の生活史の多様性が"駿河湾の恵み"であることは間違いありません。

私たちは、現在、調査を拡大し、湾中央にある駿河トラフの水深1000～2150mで近底層調査を始めました（図3-2-37）。採集ネットも口径も1.6mと大きくし、俵型レッドは350kgと一段と重くなりました。採集には一段と苦労が増してきました。しかし、これからどんな深海魚に出会えるか、楽しみです。

（福井　篤　ふくい あつし）

寄港地 南伊豆町の妻良にて、北斗

うねりの中、曳網

採集された深海魚

▲図3-2-37　駿河トラフ深海近底調査

第三章　駿河湾に生きるサメたち

サメという名を聞くと、"人を襲う魚"といったイメージを思い浮かべることが多いかもしれません。確かにサメの被害は毎年のように報告がありますが、「サメの種は500以上あっても、人を襲う種を数えるなら五指で足りる」といわれるほど少数種に限られています。多くのサメはごく普通の生物で、生息域に人間がいたからといって、むやみに咬みつくようなことはしません。

当然ながら、サメによる被害より交通事故による死者のほうがよほど多いですし、専門家たちは「雷にうたれたり、ハチに刺されたり、蛇毒によって死ぬ確率のほうが圧倒的に高い」と口をそろえて言うことでしょう。

実際、最も危険なサメとされるホホジロザメ（*Carcharodon carcharias*）による事故は2013年にたった1件のみでした。これは日本だけの記録ではなく、全世界で1件という意味です。1990年以降、最も多い年でも11件。致命的な事故になると0〜4件にすぎなかったのです（国際シャークアタックファイル）。

少ないからといってサメによる被害を軽視してよいことにはなりませんが、ここからは「人食いザメ」というイメージを少しだけ忘れて、サメの本当の姿を追っていくことにします。

静岡県の東部に広がる駿河湾は日本一深い湾です。500m以深の部分が48パーセントほどを占め、最も深いところでは2500mに達します。急峻で複雑な海底地形をもつこともあって、「海の幸の宝庫」といわれるほど多種類の魚たちが生息しており、黒潮に乗ってやってくる回遊魚なども含めればおよそ1200種におよびます。

魚類というのは、一般的には、「水中生活をして鰓で呼吸をし、運動や平衡維持に鰭を用いる脊椎動物のグループ」を指しており、その体は水の抵抗を軽減するため紡錘形か扁平な形をとることが多く、表面を鱗で保護しているのが普通です。そして、私たちが日常的に目にする機会の多いアジやマグロといった魚たちの多くは、硬い骨をもつ硬骨魚類といわれる仲間たちです。

一方、本項の主役であるサメ類は軟骨魚類といわれる仲間です。アジやマグロと同じような形状の体を持ち、鰓で呼吸して鰭で泳ぎ、鱗も持ちますが、体の骨が軟骨で形成されている点が大きく異なります。分類学的には軟骨魚綱板鰓亜綱に属し、2012年の報告（Naylor et al.）によると世界で540以上の種が知られています。ちなみにエイ類も同じく板鰓亜綱に属していますから、体の形は大きく違っていても、アジやマグロよりずっとサメ類に近い仲間ということになります。

本章にはあまり知られていないサメの不思議な特徴や生活の様子、さらに驚くほど巧妙な生存のための工夫などが続々と登場します。しかし、現在でも彼らのすべてがわかっているわけではありません。とくに深海に生息するサメには未だ多くの謎が秘められ、世界中の研究者たちがその解明に挑んでいるのです。

国際シャークアタックファイル

第二次大戦中、アメリカ海軍はサメによる攻撃の国際的な調査を開始し、モート海洋研究所によってデータが収集・解析されました。1988年にはフロリダ自然史博物館がこの統計調査を引き継ぎ、年間の集計結果を国際シャークアタックファイル（International shark attack file）として一般に公開しています。

世界のサメと日本で見られるサメたち

　前述した2012年の報告によると、日本の領海では126種にのぼるサメが確認されており、そのうち深海に生きるものが72種います（図3-3-1）。世界に540以上が確認されている種のうち、およそ23パーセントが日本列島の周辺にいることになります。ただ、これは日本にはサメ類を研究する学者がそろっており、かなり詳細な調査がなされている結果ともいえるのです。特に駿河湾は沿岸に住むサメはもちろん、深海ザメについても調査しやすい環境です。その好条件もあって多様なサメたちの分布がわかっているほか、新種や日本初記録種も発見されてきました。

　また、サメ類には大きさや体形はもちろん、食性、繁殖にいたるまで多様な種がみられるため、分類学的に近縁とされるグループ（"目〈Order〉"）ごとに比較されるのが一般的です。サメが属している板鰓亜綱の仲間はエイ類を除いて以下のように8つの"目"に分けられています（図3-3-1）。つまり、"サメ類"と表現する場合、これら8つの目をまとめて表現していることになります。

　以下に挙げる"目"に属するサメたちは、より細かく"科（Family）"という近縁のグループに分けられ、科はさらに"属（Genus）"に細分化されます。そして、分類の最終項目である"種（Species）"はこの"属"の下に配置されるのです。

　たとえば、映画『ジョーズ』で有名になったホホジロザメという種について"目"以下の分類名を付け加えてみると「ネズミザメ目ネズミザメ科ホホジロザメ属ホホジロザメ」となります。

　ただ、種類数や分類は世界の研究成果とともに刻々と変わっており、近年ではツノザメ目からキクザメ目（*Echinorhiniformes*）を独立させ、"目"を9つに分ける研究者もいます（図3-3-2）。

▼図3-3-1　サメの種数

分類群	世界★	深海★★	日本	深海	駿河湾	深海
カグラザメ目	6	5	5	4	4	3
ツノザメ目	132	117	42	41	26	26
カスザメ目	23	9	3	3	2	2
ノコギリザメ目	9	4	1	1	1	1
ネコザメ目	9	1	2	0	1	0
テンジクザメ目	42	2	9	2	2	0
ネズミザメ目	15	6	13	6	8	3
メジロザメ目	305	114	51	15	18	8
計	541	258	126	72	62	43

★Naylor et al.(2012)、★★Kyne & Simpfendorfer(2010)、中坊(2013)改変。

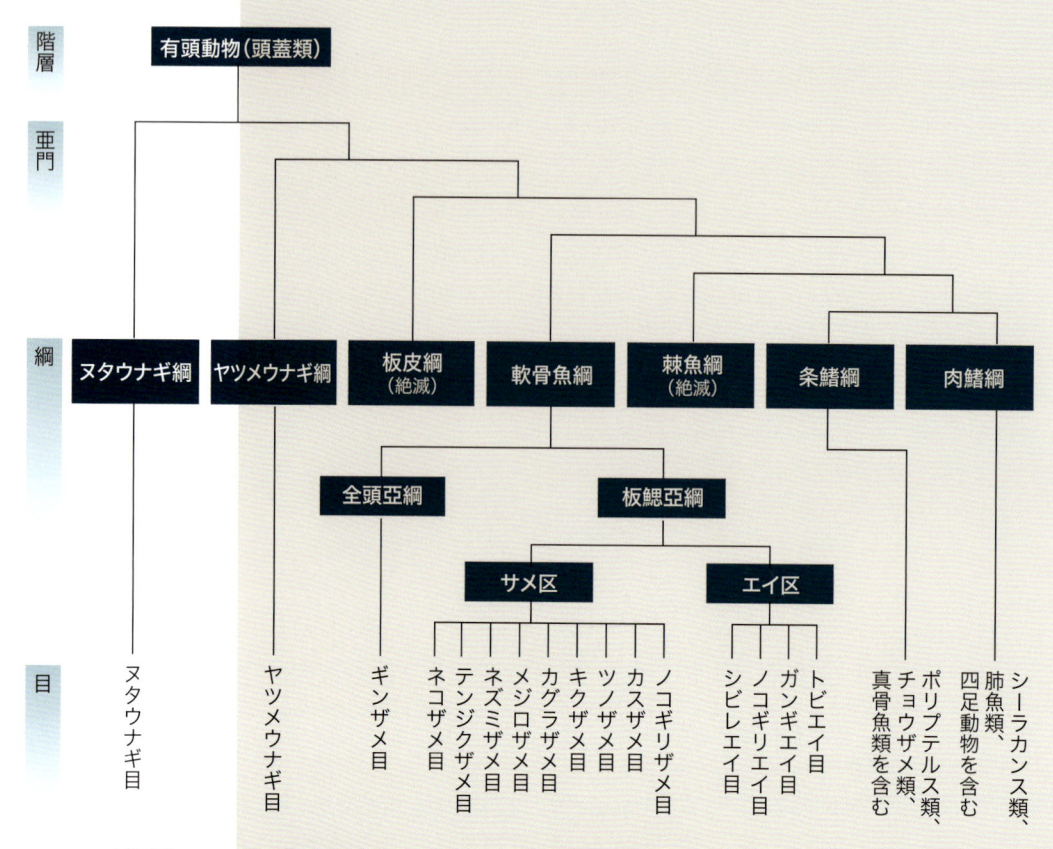

▲図3-3-2 脊椎動物におけるサメ類の位置づけ
サメ類は軟骨魚綱板鰓亞綱に含まれ、この分類体系ではキクザメ目が独立している。(Nelson, 2006を一部改変)。

① **ネコザメ目**（*Heterodontiformes*）
1m数十cmほどに成長し、背鰭前縁（せびれぜんえん）に棘（きょく）をもちます。大きなずんぐりした頭部が特徴的で、温暖な沿岸域の浅い海底に住み、板状の歯でサザエなど殻の硬い貝類やウニ、カニなどを食べます。

② **テンジクザメ目**（*Orectolobiformes*）
温暖な海の浅い海底に多く分布し、カニやエビ、貝類などを食べます（ジンベエザメを除く）。多くの種は丸みを帯びた鼻先と、円筒形かそれよりやや扁平な体幹をもちます。ジンベエザメ（*Rhincodon typus*）を除き、鼻孔に触鬚があります。

③ **メジロザメ目**（*Carcharhiniformes*）
ヨシキリザメ（*Prionace glauca*）やトラザメ（*Scyliorhinus torazame*）などサメ類の半分以上の種を有するグループ。典型的なサメの形態をもち、多くは沿岸性で魚類やエビ、カニなどを食べます。眼に白い瞬膜があることから、この名があります。

④ **ネズミザメ目**（*Lamniformes*）
典型的なサメの形態をし、アオザメ（*Isurus oxyrinchus*）やウバザメ（*Cetorhinus maximus*）をはじめとして大型種よりなります。主な分布域は外洋の浅層、あるいはやや深いところで、日本の近海や沿岸域にも多く現れます。

触鬚（しょくしゅ）
魚類の口周辺にあるひげ状突起物で味受容器などを有することがある。

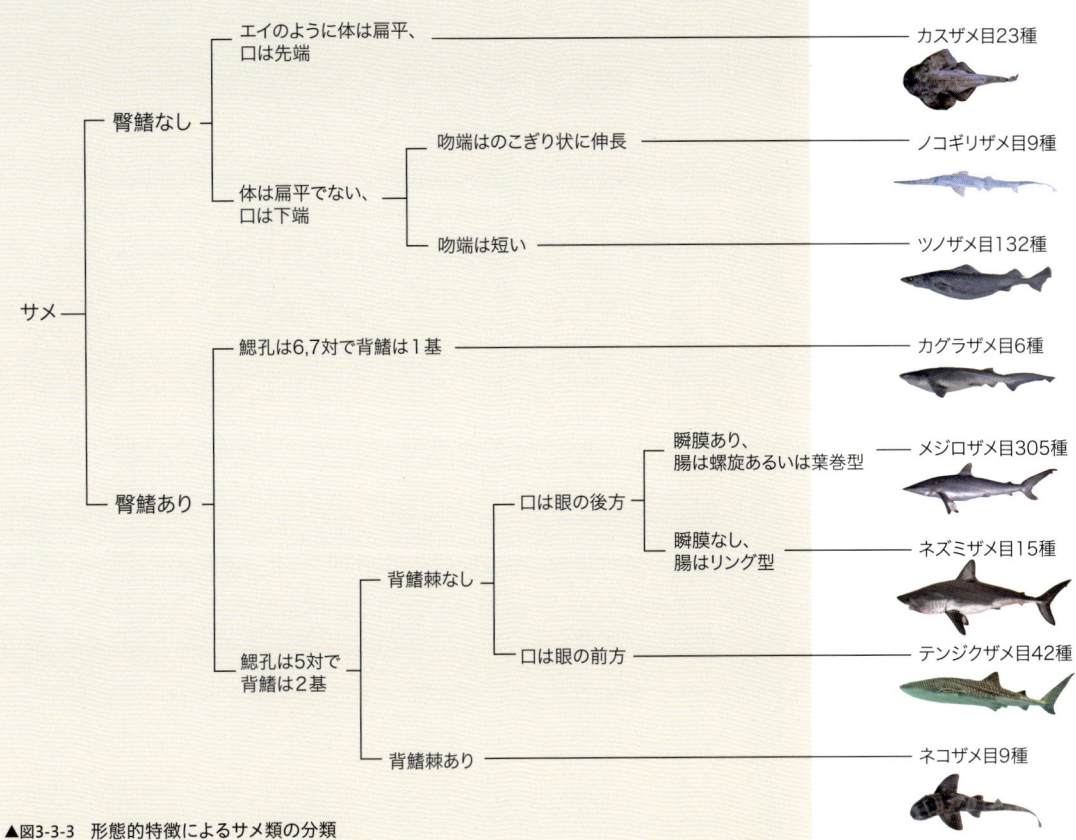

```
                                                                          ── カスザメ目23種
              ┌─ エイのように体は扁平、口は先端 ──────────
              │
    ┌─ 臀鰭なし ─┤
    │         │                      ┌─ 吻端はのこぎり状に伸長 ── ノコギリザメ目9種
    │         └─ 体は扁平でない、口は下端 ─┤
    │                                └─ 吻端は短い ─────── ツノザメ目132種
サメ ─┤
    │         ┌─ 鰓孔は6,7対で背鰭は1基 ─────────────── カグラザメ目6種
    │         │
    │         │                              ┌─ 瞬膜あり、腸は螺旋あるいは葉巻型 ── メジロザメ目305種
    └─ 臀鰭あり ─┤         ┌─ 背鰭棘なし ─┬─ 口は眼の後方 ─┤
              │         │           │              └─ 瞬膜なし、腸はリング型 ─── ネズミザメ目15種
              └─ 鰓孔は5対で ─┤           │
                背鰭は2基   │           └─ 口は眼の前方 ─────────────── テンジクザメ目42種
                        │
                        └─ 背鰭棘あり ───────────────────────── ネコザメ目9種
```

▲図3-3-3　形態的特徴によるサメ類の分類

⑤ カグラザメ目 (Hexanchiformes)

「生きた化石」といわれるラブカ科とカグラザメ科が知られています。前者は1属2種で、近年南アフリカのラブカ (*Chlamydoselachus africana*) が別種とされました。日本の深海潜水艇では水深900m前後で遊泳しているのが観察されています。後者は主に水深200〜1000mの海底や大陸斜面に住みます。

⑥ ツノザメ目 (Squaliformes)

多くの種は背鰭前縁に棘を持っていますが、ヨロイザメ (*Dalatias licha*) やダルマザメ (*Isistius brasiliensis*) など棘を持たない種もいます。棘の有無にかかわらず臀鰭がないことは共通しています。

非常に多様な属・種が含まれていますが、多くは水深200〜1500mの大陸斜面などに住む深海ザメです。

⑦ カスザメ目 (Squatiniformes)

日本には1属3種が生息し、水深100〜300mの海底や泥中に住みます。体長1.6mほどで扁平な体をしており、見かけはエイに似ますが、実際にはそれほどの共通点はありません。

⑧ ノコギリザメ目 (Pristiophoriformes)

日本では1種ノコギリザメ (*Pristiophorus japonicus*) が関東以南の太平洋側に見られ、水深200mほどの底層で小動物を餌にしています。

▲図3-3-4　古生代（上：クラドセラケ）と中生代（下：ヒボドゥス）のサメ
中生代のヒボドゥスの背鰭前縁には現生のネコザメのように棘があり、棘は古生代、
中生代のサメ類から引き継がれた形質である。

体長は約1.5m、吻先に特徴的なノコギリ様構造と1対のヒゲをもちます。

これら"目"の間には、体の形や構造に一定した差異があり、これを模式的にまとめたものが図3-3-3です。これを左からたどることで、名前のわからないサメや新種のサメを発見した場合でも、どの"目"に分類されるべき種なのかがわかるというわけです。

サメ類の出現と系統類縁

無脊椎動物から脊椎動物への進化が語られるとき、頻繁に登場する生物にナメクジウオの仲間がいます。脊索をもつ彼らは、無脊椎動物から脊椎動物への中間型といわれているからです。

このような例を見ると、軟骨魚類が進化して硬骨魚類になったように感じられるかもしれません。確かにそう考えられたこともあったのですが、系統発生学的な研究の結果、軟骨魚類と硬骨魚類は太古に枝分かれし、現在まで並んで進化してきたことがわかっています。軟骨魚類は古く、硬骨魚類のほうが新しいというわけではなかったのです。

共通の祖先から両者が枝分かれした正確な時期はわかっていませんが、板皮類と呼ばれる古代魚がその祖先と考えられています。板皮類とは、古生代のシルル紀後半からデボン紀に繁栄した有顎類です。硬い装甲で体を覆っていたこともあり、世界各地で良好な化石が発見されています。（図3-3-2）

一方、骨格化石の発見されているなかで最古といわれているサメにドリオダス（*Doliodus problematicus*）があります。サメ類はシルル紀に現れたと考える研究者もいますが、このドリオダスはおよそ4億年あまり前のデボン紀前期に生きていたと考えられています。しかし、発見された化石が頭と胸鰭の部分であったので、全身の復元には成功していません。なお、ほぼ同じ時代とされる中国雲南省の地層からはシーラカンス類の最古の化石が発見されています。

そして今から3億8000万年ほど前、デボン紀後期になるとサメ類の種

脊索
すべての脊索動物の個体発生のある時期に空胞化した細胞の集合により形成され、ナメクジウオや脊椎動物では体の正中背側に弾力性のある棒状組織として中軸支持器官となる。

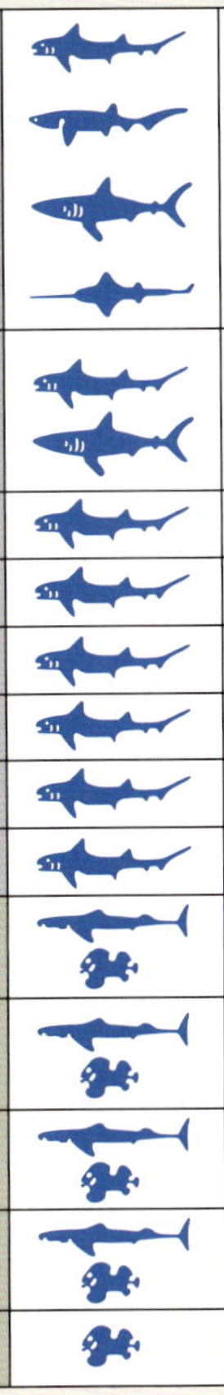

代	紀			分類
中生代	白亜紀	後期		ヒボドゥス類、プチコダス類、ラブカ類、カグラザメ類、エビスザメ類、ネコザメ類、オルタコドゥス類、オオワニザメ類、ミツクリザメ類、クレトキシリナ類、オナガザメ類、アナコラックス類、パラエオスピナックス類、ツノザメ類、ノコギリザメ類、スクレロリンクス類（エイ類）
		前期		ヒボドゥス類、プチコダス類、カグラザメ類、ネコザメ類、オオワニザメ類、ミツクリザメ類、クレトキシリナ類
	ジュラ紀	後期		ヒボドゥス類
		中期		ヒボドゥス類
		前期		アクロドゥス類
	三畳紀	後期		ヒボドゥス類、アクロドゥス類
		中期		ヒボドゥス類、アクロドゥス類、ポリアクロドゥス類、シネコドゥス類
		前期		ヒボドゥス類、アクロドゥス類、シネコドゥス類
古生代	ペルム紀	後期		クテナカンタス類、クセナカンタス類、カグラザメ類、アガシゾドゥス類、エデスドゥス類、ペタロドゥス類
		中期		シムモリウム類、アクロドゥス類、アガシゾドゥス類、エデスドゥス類、ペタロドゥス類
		前期		クテナカンタス類、シムモリウム類、アクロダス類、ポリアクロドゥス類、ペタロドゥス類
	石炭紀	後期		クテナカンタス類、エウゲネオドゥス類、オロドゥス類、ペタロドゥス類
		前期		ペタロドゥス類

Ma(百万年): 66, 100, 145, 201, 252, 299, 359

▲図3-3-5　日本から出土した古生代・中生代の軟骨魚類化石の地質年代的分布　（後藤、2009より改変）。右には現在からさかのぼった年（百万年）を示す。

は増え、クラドセラケ（*Cladoselache fyleri*）と名づけられた原始的なサメが繁栄したと見られています。原始的とはいえ、復元されたクラドセラケの姿は現代のサメとほぼ同型でした。私たち人類の歴史は旧人を含めても数十万年にすぎませんが、サメ類の進化の物語は約4億年も前に幕を開けていたのです（図3-3-4）。

太古のサメ類はこのクラドセラケを出発点にさまざまな環境条件に適応しながら進化し、幾度かの多様な分化（適応放散）を経験したと考えられています。その結果、古生代や中生代には図3-3-5のようにいくつかの系統に分かれ、多種多様なサメたちが出現しました。

たとえばファルカタス属（*Falcatus*）のオスの頭部には平らな剣に似た棘があり、生殖行動の際に役立っていたと推測されていますし、スクアティナクティス属（*Squatinactis*）は現代のカスザメのように扁平な体をもっていました。クセナカントゥス属（*Xenacanthus*）の第1背鰭は棘のように変化しており、ヒボドゥス属（*Hybodus*）の2つの背鰭の前には現代のネコザメ目を連想させるような棘が備わっていたのです。

図3-3-5は以上のサメの出現を地層年代的に示したものです。古代ザメのクラドセラケは適応放散を繰り返し、

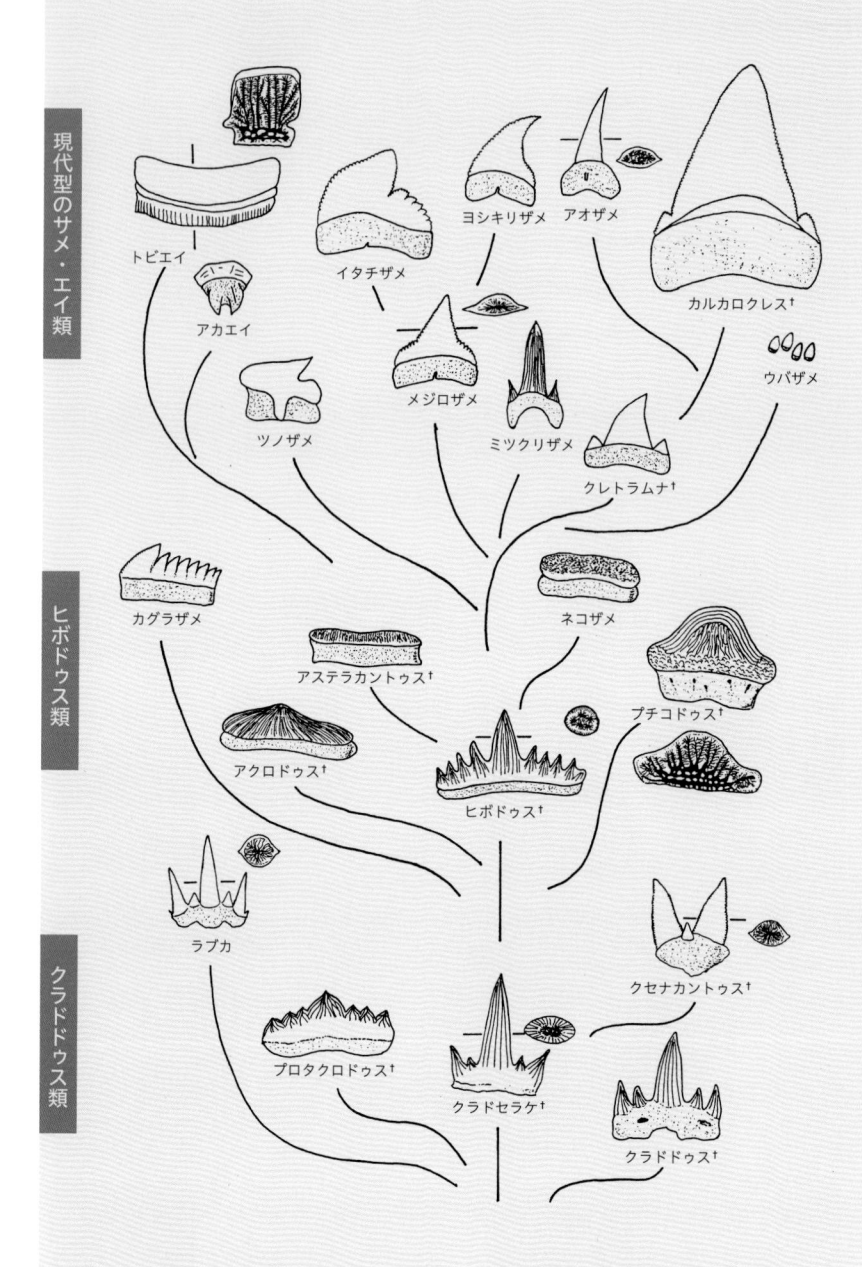

▲図3-3-6 現代まで出現したサメ類における歯の形態による類縁関係の一仮説。(後藤、2009より改変)。†は絶滅した種を示す。

やがてヒボドゥス型といわれる新たな段階のサメを生み出したことがわかります。やがてその一部が現代型のサメへと進化していくのです。現代型のサメの直接的な祖先が出現したのは中生代のジュラ紀から白亜紀といわれ、現在見られるサメの仲間たちがほぼ出揃うのは、新生代の第三紀になってからでした。新生代といっても約6600万年から259万年も昔のことですから、駿河湾が形成されるよりずっと以前です。

次に、図3-3-6では、以上の類縁関係を歯の形態変化と関連づけて表しています。冒頭でも触れたようにサメ類は軟骨魚類ですので、化石として残るものの多くが歯です。この図によれば、初期段階では多くの尖った部分をもつ歯（多咬頭歯）がほとんどですが、ヒボドゥス段階に進むと板状やノコギリ状など、多様な形態に分かれています。しかし、私たちが"サメの歯"と聞いて直感的に思い浮かべる三角形の尖った歯は、現代型になるまで登場しなかったことがわかります。

さて、現代に生きている多様なサメたちを近縁種ごとに分類するとき、同一の祖先から分れたかどうかが重要になってきます。ここまでサメたちの出現について簡単に見てきましたが、実際はそれほど詳しく彼らの類縁関係がわかっているわけではありません。その手がかりとなるのは化石による歯や体の構造などが一般的で、これまでの研究者たちは古生物学的・比較解剖学的な研究によって系統関係を導いてきました。歯の形を比較するだけでも、類縁関係をある程度推定できるからです。それぞれの歯がどの時代の地層から得られたかがわかれば、いつごろ、どのように系統が分かれたかの手がかりになります（図3-3-7）。

ただ、化石のあった時代にその種が生きていたことはわかっても、それ以前のどの時代に"出現したか"を知ることは困難です。それでも多くの研究

▲図3-3-7　サメの体と歯の化石
写真提供：東海大学自然史博物館
A,B: モロッコの5000万年前の地層より出土した棘状の歯の化石
C: 中生代白亜紀後期の地層より出土したサメの全体骨格化石
D: 約600万年前の地層より出土したカルカロクレス　メガロドン
(Carcharocles megalodon)の歯

者たちがサメ類の分類体系について発表してきました。

その結果によれば、現代に生きているサメたちのなかでも、カグラザメ目の仲間がいちばん古い時代の特徴を受け継いでいると推測されています。同様な特徴をもつ歯の化石が1億8000万年前の地層から見つかっているからです。この時代の地層からはネコザメ目の歯やカスザメ目の椎体の化石も出現していますので、ネコザメ（*Heterodontus japonicus*）やカスザメ（*Squatina japonica*）も中生代のサメの形質を現代に伝えているともいわれているのです。

近年、化石などによる研究を補う新たな手段として、ＤＮＡ配列やアミノ酸配列の解析によって系統樹を作成する方法が注目されています。これを分子系統解析といい、特定の種がどのように枝分かれしたかを遺伝学的および統計学的に推定するのです。現在ではＤＮＡシークエンスから系統樹を作成するソフトウエアなども開発され、多くの研究者が板鰓類を含むあらゆる生物の系統樹を作成しています（図3-3-8）。これらの結果、これまでの研究者たちが化石を調べて導き出してきた系統関係の多くが、分子系統解析による推定とほぼ一致することがわかってきたのです。

これからいっそう研究が進めば、それぞれの研究者の成果がひとつの巨大な系統樹に統合され、サメ類はもちろん、すべての生物の始まりから現代までの系統類縁関係が明らかになる日がくるかもしれません。

サメたちの分布と生息環境

サメ類は約4億年前に出現したといわれますが、その当時と現在では地球環境はまったく異なっていました。陸地の位置や大きさも違っていましたし、海面水準も大きく変動したはずです。特に何度か迎えたとされる氷河期をはさみ、海面水準は100m以上変動したこともあったのです。

このように環境が変化するなか、サメたちの生息域の水深も変わったことでしょう。太古には浅い沿岸の海だったところが、現在では"深海の比較的浅いところ"になっているかもしれません。深海ザメはもともと浅い海を好んでいたのかもしれないのです。サメたちは数千万年という長い年月をかけて現在の生活環境に適応し、分布するようになったのです。

21世紀の現在、世界で540以上の種が認められているサメ類ですが、そのうち480種あまりについてはその生息域がほぼわかっています。

■ 浅海のサメ類

まず、ドチザメ（*Triakis scyllium*）やシロワニ（*Carcharias taurus*）など、沿岸域に生きる浅海性の種は全体の約47パーセントを占めています。他の生物と同様にサメ類もその多くが暖かい海域を好み、温暖な沿岸域には種数も個体数も多いのです。また、現代に生きるサメはいずれも海水魚ですが、なかには淡水域に住めるサメもいて、これもこのグループに含まれています。しかしながら、それらは全体の1パーセントほどにすぎません。

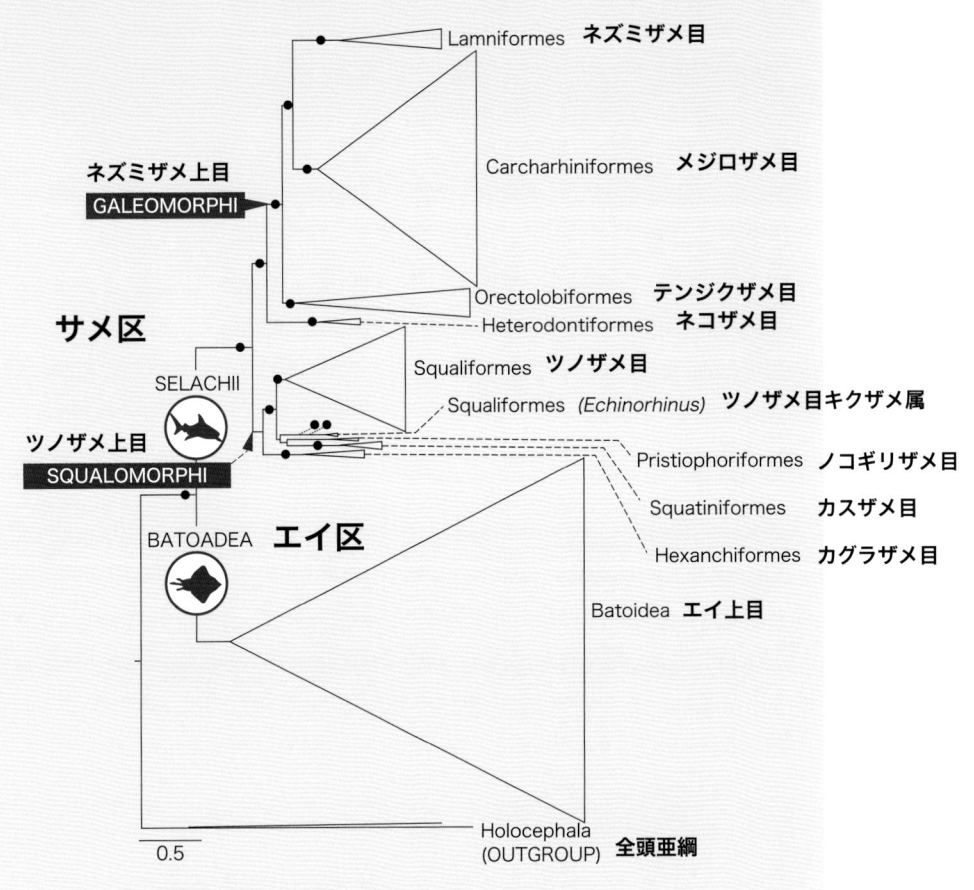

```
                           Lamniformes    ネズミザメ目
              ┌─────┤
              │     └─── Carcharhiniformes メジロザメ目
ネズミザメ上目 │
GALEOMORPHI  │
              │     ┌─── Orectolobiformes  テンジクザメ目
              └─────┤
                    └─── Heterodontiformes ネコザメ目

サメ区
                    ┌─── Squaliformes     ツノザメ目
SELACHII            │
                    ├─── Squaliformes (Echinorhinus) ツノザメ目キクザメ属
ツノザメ上目        │
SQUALOMORPHI        ├─── Pristiophoriformes ノコギリザメ目
                    ├─── Squatiniformes   カスザメ目
                    └─── Hexanchiformes   カグラザメ目

BATOADEA  エイ区
                         Batoidea  エイ上目

                         Holocephala  全頭亜綱
0.5                      (OUTGROUP)
```

▲図3-3-8　最近の遺伝子解析による板鰓類の類縁関係
ギンザメ類よりなる全頭亜綱を外集団としてサメ類各目とエイ類の595種の遺伝子（NADH2）配列より求めた系統関係を示している。三角形の大きさは調査した種数を示している。(Naylor et al. 2012)

　一般に海の魚類が移動する際、障壁になるのが海水温です。暖かいところを好む種は深海や北方の冷たい海には行こうとしません。そのため、温かい沿岸を生息域とするサメたちは各海域ごとに適応した固有種が多くなる傾向にあり、限られた範囲に定住するサメが多いのです。

■ 深海のサメ類

　カグラザメ目など200mより深いところに生息する深海ザメは48パーセントくらいといわれています。これまで知られているサメ類のなかで、最も深いところに生息していたのはマルバラユメザメ（*Centroscymnus coelolepis*）で、3600m以上の深海に暮らしていました。

　表層と異なり、深海はどこも低温ですから、障壁になる温度差がありません。そのせいか、深海に住む種は地理的に分布域が広くなる傾向にあり、実際に移動も見られます。低緯度の海へ移動するとより深いほうで生息しますし、高緯度に行くと表層水温が低いため、比較的浅いところまで浮上してくることもあります。

　たとえばツノザメ目に属する大型深海ザメの一種オンデンザメ（*Somniosus pacificus*）は北の海で

は表層まで浮上し、アザラシなどを捕食することもあります。つまり、深海ザメの分布をみるときには、鉛直分布と水平分布をともに考慮しなければなりません。

また、同種においても発育段階や性別により生息水深が異なることがあります。駿河湾のユメザメ（*Centroscymnus owstoni*）やマルバラユメザメでは妊娠魚は他の発育段階の同種のサメに比べ浅い所に出現します（図3-3-9）。これは出産した幼魚が同種のサメに捕食されないように出産域を異にしていると考えられています。この両種は近縁な種ですが、マルバラユメザメがより深いところに生息し、わずかながらでも生息水深を変え競争を回避していることがうかがえます。

分布域が広いといっても、深海ザメにおける種の多様性はそれほど大きくありません。これには海域全体の生物生産量が関与しているものと考えられます。やはり太陽光のある温暖な沿岸域のほうが、圧倒的に生物生産量は多いのです。

もちろん、冷たい海にもまったく生産がないわけではありません。たとえば極地に近い北の海域では冬場の低気圧の関係で海底の栄養塩が表層に上がってきて、春先に爆発的にプランクトンが増えます。これをスプリング・ブルームといい、大量のプランクトンを求めてイワシやニシンなどの小魚の群が集まり、さらに大型の海洋動物がそれらを餌に集まってきます。

ここで死んだ生物や大量の排泄物が海底に沈み、深海生物の栄養源となるというサイクルがあるのですが、これも年に一度きりのことで、限られた少数の種の間で成り立っているにすぎないのです。

■ 外洋のサメ類

全体の種に占める割合は3パーセントと少なめですが、ネズミザメ目のアオザメやメジロザメ目のなかで最も繁栄しているヨシキリザメがこのグループの仲間です。海水中を高速に移動するタイプで、一般に私たちがサメと聞いてイメージするような典型的な形、つまりすらりとした流線型の体形と尖った精悍な顔、三角形の背鰭などをもっています。彼らの胸鰭はグライダーの翼のように横に延び、比較的かたく固定されています。速く泳ぐのには適していますが小回りがきかず、急に向きを変えるような動作は不得意といわれます。

■ 混合海域のサメ類

アブラツノザメ（*Squalus suckleyi*）やイコクエイラクブカ（*Galeorhinus gakus*）などがこのグループです。沿岸から外洋のさまざまな海域に姿を見せるサメたちですが、こちらも全体の2パーセントほどと種の数は多くありません。ただ、近年の研究によってサメ類の生態が明らかになるにしたがい、こちらの比率が高くなる傾向にあるといわれています。

すでに述べたように、海水温は魚たちが移動する際の障壁となるはずですが、必ずしも障壁としないサメもいます。たとえば、極地に近い北の海域に前述したスプリング・ブルームがやってくる季節、アブラツノザメや深海性のウバザメ、外洋性のネズミザメ（*Lamna ditropis*）などが移動してき

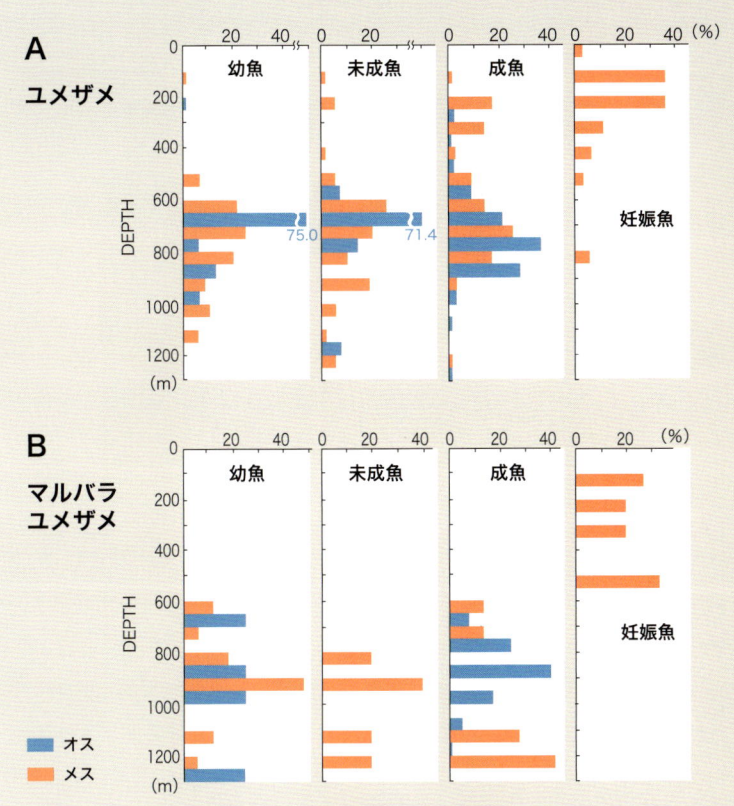

▲図3-3-9　ユメザメとマルバラユメザメの発育段階別の生息水深
ユメザメはマルバラユメザメよりわずかに浅い水深に生息している。多くの妊娠魚は水深500m以浅に生息している。

ます。ウバザメはプランクトンを食べますし、Salmon Sharkともいわれるネズミザメはサケも食べます。おそらく、彼らはそれらを効率的に食べられるタイミングも知っているのでしょう。低い海水温など、ものともせずに泳いでいくのです。

これを可能にしているのは一般の魚類にないある特徴のためです。後で触れますが、その特徴のため海水温の低さをある程度克服し、運動性をも高めているのです。

サメの行動――繰り返される鉛直行動の不思議

動物は自ら栄養やエネルギーをつくり出せる植物と異なり、それらを得るために行動する必要があります。つまり捕食のために海中を探索し、ときには敵から逃げるために移動することもあるでしょう。また、種の保存のため繁殖しなければなりませんから、パートナーを見つけるためにも行動が必要です。

サメには多様な種があり、行動様式もさまざまです。高速で直線的な泳ぎを得意とするタイプもいれば、プランクトンを食べるため口を開けてゆっくり泳ぐジンベエザメのようなタイプもいます。ゆっくりとはいっても、ジンベエザメなどは1日に40キロも移動することがあります。その一方でこのタイプのサメは意外に小回りがきき、プランクトンの集まったところに機敏に向き直ることもできるのです。

また、流線型のスマートな体幹をまっ

▲図3-3-10
ヨシキリザメに装着された衛星標識（ポップアップ標識）と通常標識（スパゲティ標識）
写真提供：国立研究開発法人水産総合研究センター国際水産資源研究所

すぐにして泳ぐサメでも、威嚇時には通常の遊泳では見られない姿勢をとります。交尾の際にはオスがメスに咬みついたり絡みついたりすることもあるため、メスにとっては命がけの繁殖行動になることなどもわかっています。ただ、多くのサメの行動に関しては、今でもよくわかっていないことのほうが多く、特に深海ザメについては多くの謎が解明されていません。

近年は生きたサメに発信器をとりつけ、その行動範囲を実測するといった調査がなされています（図3-3-10）。このような研究により、サメの回遊サイクルや移動距離、ルートなどが少しずつわかってきています。たとえばホホジロザメはほとんどが単独行動をとりますが、カリフォルニア沖とハワイとの間にあるカフェ（Café）と呼ばれる海域に行くことがわかり、そこには多数のホホジロザメが訪れていることも調査されたのです。

また、主な生息域が表層や中深層のサメだとしても、必ずしもそこだけにとどまっているわけではありませんでした。種によっては、浅層と数百m以上の深海を往復（鉛直移動）する不思議な行動をとることもわかったのです。

1976年に新種として発見されたメガマウスザメ（*Megachasma pelagios*）は昼は180mほどの深さにいますが、夜になると水深20mくらいの浅いところにやってきてプランクトンを食べます。このメガマウスザメの日周鉛直移動は摂餌との関連が深く、昼と夜といった比較的長い時間を区切って鉛直移動をしていますが、外洋を移動するサメたちのなかには、短時間のうちに何度も鉛直移動を繰り返すものがいます。そして、この行動をとる本当の理由は完全には解明されていないのです。

（図3-3-11）はヨシキリザメの鉛直移動についてまとめたものです。深さにばらつきはありますが、ほぼ1日中、鉛直移動を繰り返していることがわかります。しかも、6時から18時までの間は深さ400m前後の深海まで4〜5往復もしており、なかには800mまで潜るものさえいるのです。

図を見ると、昼と夜とでは移動のパ

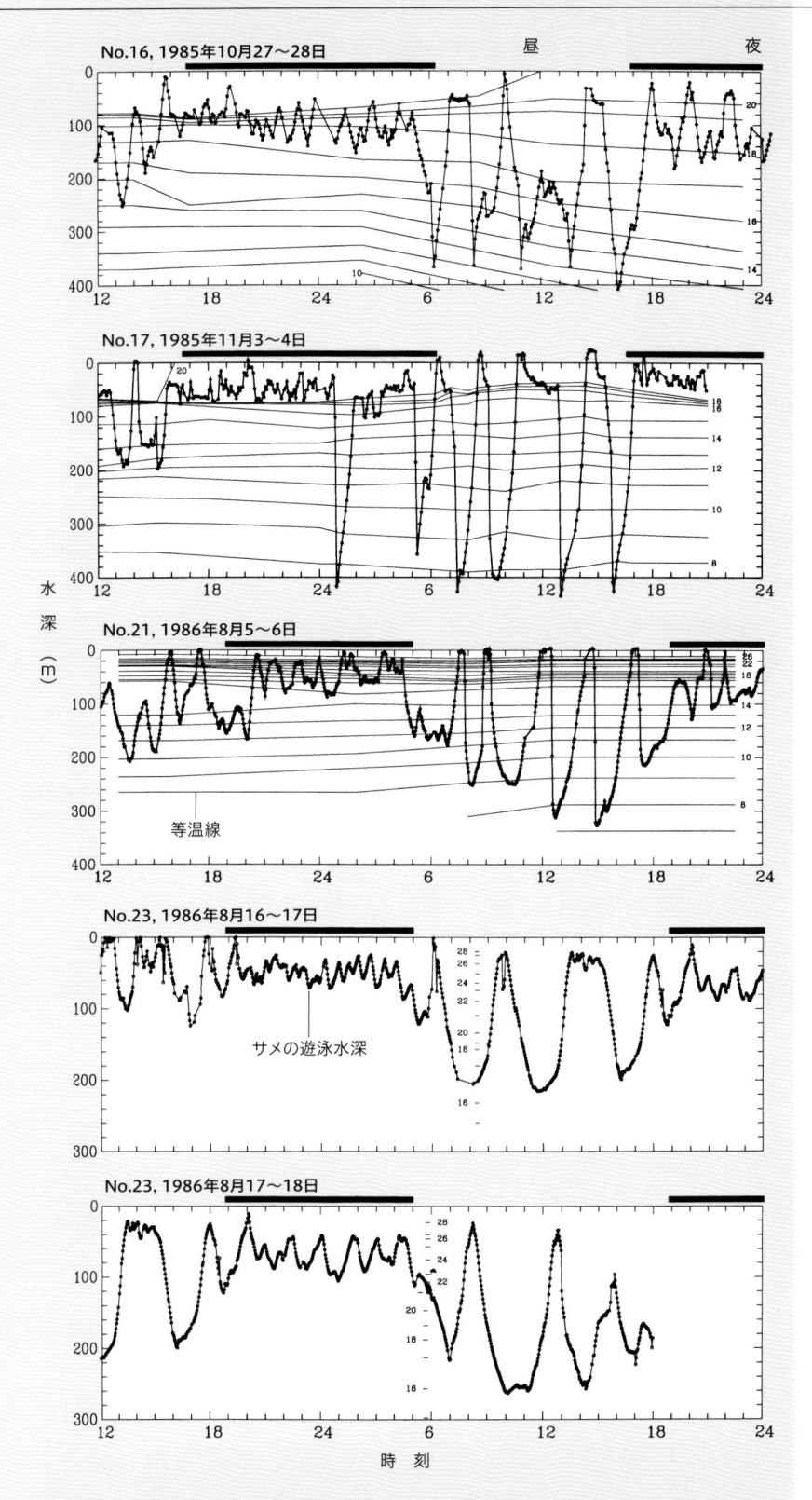

▲図3-3-11　ヨシキリザメの鉛直遊泳行動　(Carey & Scharold, 1990より)。
昼夜により遊泳水深が異なり、昼間は水深400mまで大きく上下移動している。夜間は水温躍層付近を遊泳している。
F.G.Carey and J.V.Scharold : Marine Biology106 /1990: Movements of blue sharks(Prionace glauca)in depth and course:fig1, P331: Springer:With kind permission from Springer Science and Business Medeia

ターンに差異があり、昼間の鉛直移動のほうがより顕著であることがわかります。実は、夜になると水温躍層にプランクトンが集まることが知られています。これを食べようと小魚やイカが来ますから、夜間、サメたちはそれらを捕食しに来ているのだろうと考えられます。しかし、昼間になると、どうしてこれほどの鉛直移動を繰り返す必要があるのでしょう。

海には深度によっていくつもの層ができています。このことから、サメたちは匂いによる餌の探索行動をしながら層の間を移動しているのではないかと考える研究者もいます。餌の匂いは層のなかで水平に移動していくため、別の層からではわかりません。そのため、深く潜りながら各層の匂いを確かめ、餌のある水塊を探している可能性があるというわけです。

こういった鉛直移動はもうひとつのメリットをサメにもたらすかもしれません。なぜなら、匂いを受け取る感覚器官は同じ匂い物質を受け取り続けていると慣れてしまい、だんだん匂いがあるのかどうかわかりづらくなってくるからです。しかし、層を変えれば異なる匂い物質を受け取ることになり、嗅覚をリセットできるでしょう。つまり、受容器をリフレッシュし、常に鋭敏な嗅覚を維持することに繋がります。

実際、母川回帰をするサケにそんな行動が見られます。サケたちは匂いによって自分の故郷の川を見分けますが、母川に近づくとその河川水の匂いを受け取り続け、やがて匂いの存在がわからなくなってしまいます。そんなとき、彼らはいったん深い層に潜って嗅覚をリセットし、再び河川水の匂いのある表層に上がってくるのです。

しかしながら、サメの見せる鉛直行動の本当の理由は、餌の探索行動だけではないのかもしれません。それは今後の研究によって明らかにされるはずですが、いずれにせよヨシキリザメがするような激しい移動を可能にしているのは鰾を持たないことなのです。

もし、彼らが鰾で浮力調節をしていたら、短時間で深く潜ると水圧の影響を急速に受けることになります。鰾の中にそれほど素早く空気を補充することはできませんから、水圧の急速な高まりとともに鰾の容積はゼロに近づき、ほぼ完全に浮力をなくしてしまいます。するとその個体は浮力を喪失した分、沈降に逆らい遊泳しなければなりません。

しかし、サメ類は多くの脂質を含む肝臓によって浮力を得ています。これなら水圧がかかっても潰れることはありません。つまり、どこにいても水中重量がほぼ変わらないため、水深の急激な変化への対応力に優れているのです。そして深海ザメはさらに巨大な肝臓をもち、蓄えられている脂肪の割合も驚くほど高くなっています。

見方によっては硬骨魚類より原始的に感じられるサメ類ですが、実は生き残るため、驚くほど合理的で機能的な特徴を数多く備えているのです。

サメ類の生き残り戦略

"生き残り戦略"という言葉には、異なる2つの意味が含まれます。1つは個体の生存。つまり個々のサメ自身が生き残るための戦略・工夫です。そして、2つめは種の存続。すなわち子孫が繁栄するための戦略・工夫というわけです。

個体の生存にもっとも大切なことは摂餌ということになるでしょう。本章では、まずサメ類の捕食戦略について紹介し、これに続けて種の存続に不可欠な繁殖戦略について見ていくことにします。

捕食戦略──
エサを食べるための工夫

"サメ類の捕食"というと、獲物を見つければ即座に襲いかかり、獰猛に餌を噛みちぎっているようなイメージが湧くかもしれません。確かにそういったタイプのサメもおり、テレビ映像などでは獲物に噛みつき、引き裂く姿を紹介していることがあります。ただ、人間がサメを誘引する場合はエサを使うため、そこに集まるサメは空腹を抱えた個体ばかりということにもなるわけです。

また、"サメは血の匂いに反応する"とよくいわれますが、これも根拠はあやふやです。彼らは水中にあるアミノ酸や無機塩類、胆汁酸、ステロイドなどを匂い物質として感じていますが、嗅覚の研究者によると、これらに対するサメの応答は硬骨魚類などと大きく異なることはなく、血液由来の匂い物質に対してサメが特に敏感であるとはいえないそうです。実際のところ、サ

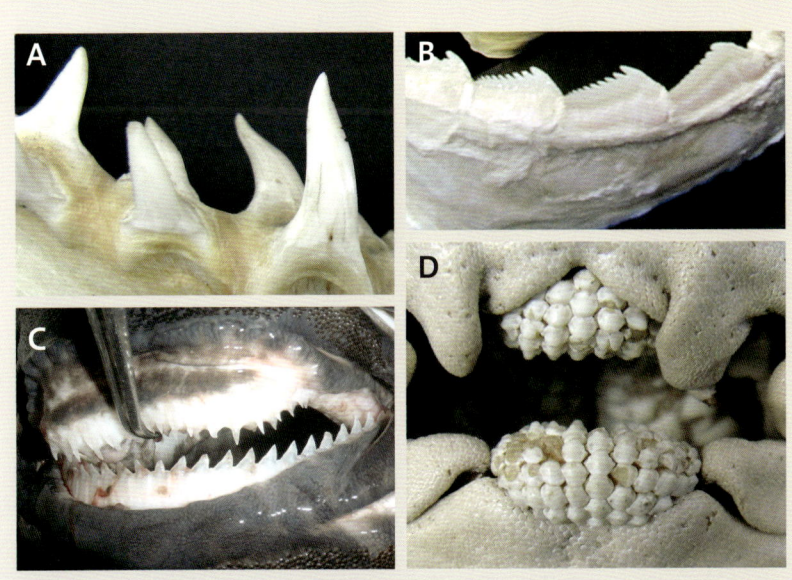

▲図3-3-12　サメ類のさまざまな歯の形態　餌生物の種類により歯の形態が異なっている。
A: アオザメの歯　B: カグラザメの歯　C: ユメザメの歯　D: ネコザメの歯

181

▲図3-3-13　ユメザメの眼

メ類には多様なタイプの種がおり、それぞれで食べる対象も摂餌のための戦略も異なっているのです。

たとえば大型のウバザメやジンベエザメなどはプランクトンを食べます。彼らは大きな口をもち、そこから大量の海水を飲み込んで鰓耙と呼ばれる器官でエサを濾過しています。また、硬い貝殻を割ってサザエなどを食べるネコザメは板状の歯をもっています（図3-3-12）。深海に生きるサメの眼球内にはタペタムという光を反射する膜があり、少ない光を増幅させて暗視能力を向上させています（図3-3-13）。

このようにサメたちは自らが生き残るため、ただ噛みちぎるだけではなく、実にさまざまな工夫をしているわけです。同時に貴重な食物から効率的に栄養を吸収できるような、そして長期にわたる空腹にも耐えられるような体ももっています。本項では一般の硬骨魚類とは異なる、サメならではの生き残り戦略をいくつか紹介します。

■ 第六感

本書の読者のなかには〝ロレンチニ氏瓶〟という名前に聞きおぼえのある方がいるかもしれません。サメ類の頭部皮下にはそう呼ばれるゼリー状の器官があり、他の生物の発する電気、あるいは生息場の磁場を知覚する感覚器官（磁覚器官）といわれています（図3-3-14）。

一般にサメ類が獲物を探すとき、遠くを探知するためもっとも役立つのが聴覚とされ、数キロm先の音を聞きとれるといわれています。その次に有効な感覚は嗅覚で、数百mの距離から

鰓耙（さいは）
鰓を支える骨の内側（口腔側）にクシ状に並んだ突起で、プランクトンなどを餌にする魚類ではそれらを濾しとるために密生している。

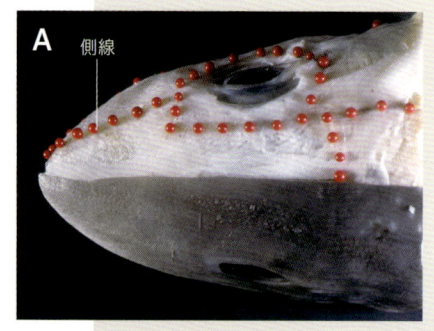

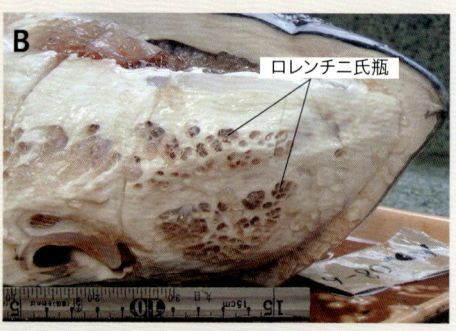

▲図3-3-14　サメ類の頭部における側線とロレンチニ氏瓶の分布
A: ホシザメの頭部、赤玉は側線部位を示す　B: ホホジロザメの吻部側面、透明なゼリー状物質を含む穴がロレンチニ氏瓶の一部を示す

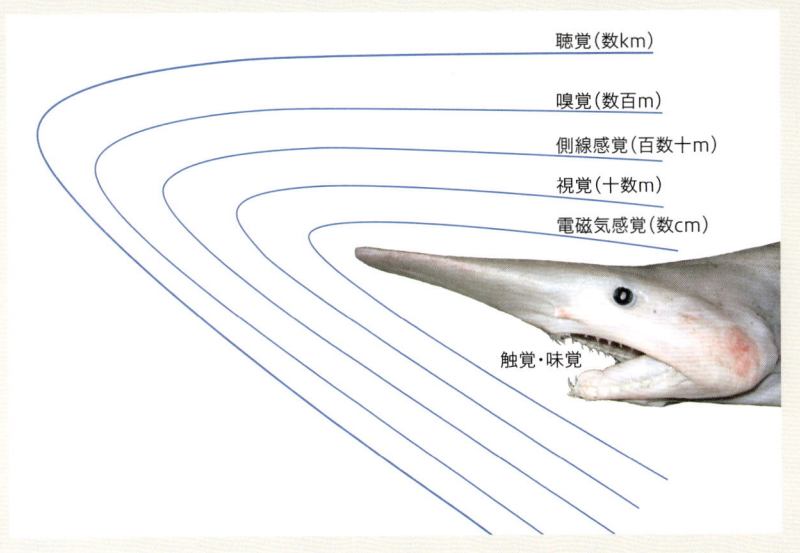

▲図3-3-15　サメの感覚器官における刺激に対する感度　サメの可聴域は10〜800Hzの低周波域である。

匂いをかぎ分けます。100mほどに近づくと獲物の動きによる低振動を感じとれるようになり、10mにまで接近すると視覚が主役になります。そして、1m以内の近距離ではロレンチニ氏瓶によって生物の発するわずかな電気を探知するというのです（図3-3-15）。

生物は常に微弱な電位を持っており、鰓を動かしたり、鰭を揺らめかせたり、筋肉の活動があるときに電気を発しています。中枢から発せられた「鰭を動かせ」という命令は電気的インパルスとして末梢神経に伝達され、鰭の筋肉に到達すると筋収縮を引き起こします。このような活動の際に発生する電気を活動電位といいます。

ロレンチニ氏瓶はこのわずかな電気や磁場の変化をキャッチするというのですから、いわゆる五感以外の〝第六感〟ということになるでしょう。海底の泥中に隠れ潜む魚でも、第六感をもつサメなら容易に発見できるのかもしれません。

実際、これを確かめるため、図3-3-16のようにハナカケトラザメ（*Scyliorhinus canicula*）のカレイに対する摂餌反応を見る実験が行われました。

海底に生きた獲物（カレイ）がいると、もちろんハナカケトラザメはその方向に行きますが、覆いで見えなくしてもカレイのほうに向かいます。つまり、視覚以外の何らかの方法でカレイの存在を知ったことになります。しかし、同じ条件で覆いを絶縁シールドにすると気づかなくなったのです。

次に、死んだ魚の切り身を用いると、覆いに隠された切り身には気づかず、臭いの出ている所に向かいます。切り身に電気も磁場もありませんから、これは嗅覚のみによる行動といえるでしょう。

そこで、エサをまったく使わず、電極だけを置いてみたところ、サメは見事にそこに向かいました。しかも、その手前に切り身を置いても電極を優先したのです。

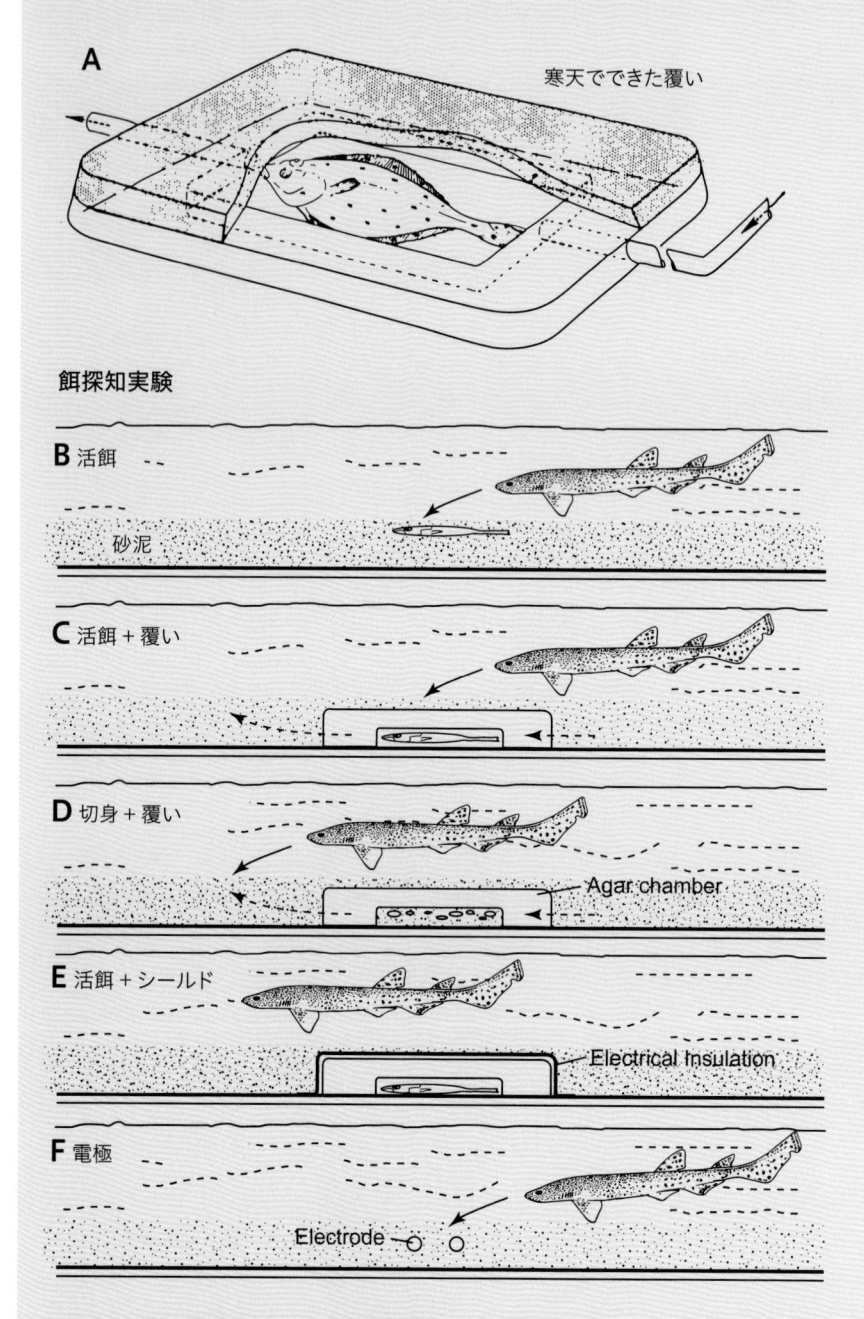

▲図3-3-16 サメの餌探索における電気感覚実験
ハナカケトラザメによるカレイ、切り身、電極に対する反応実験。(Kalmijn2013より)
A.J.Kalmijn:A.P.Kimley, The Biology of Sharks and Rays 2013: Sense of Electromagnetic Fields: fig9.5, P.223: The University of Chicago Press.

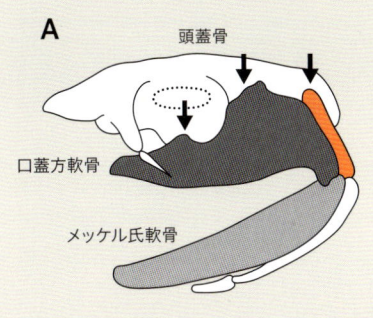

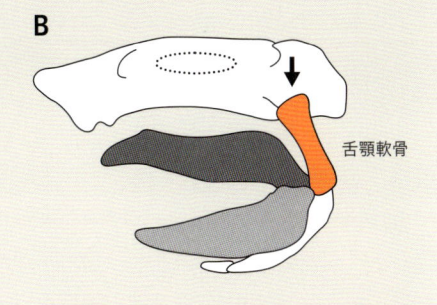

▲図3-3-17　サメにおける頭骨と顎との接続構造　A: 両接型　B: 舌接型　（後藤2008より）

▲図3-3-18　ミツクリザメのおける顎の突出　A: 正常時　B: 突出時

■ 出るアゴと生え換わる歯

　現代に生きるほとんどのサメのアゴは、口を開くと前に出るような構造になっています。これは上顎の大部分が頭蓋骨から分離しているため、代わりに下顎の骨（メッケル氏軟骨）を舌顎軟骨という顎とは別の骨が支えているのです（図3-3-17）。かつて原始の海に生きていた古代ザメの多くは上顎と頭蓋骨がぴったりと接していたため、顎の構造は進化過程を反映する指標の一つとされてきました。研究者によっては原始的なほうを「両接型」、進化した顎の出るタイプを「舌接型」と呼んでおり、本書でもそれにならうことにします。

　原始的な両接型の場合、口の開閉の際に自由度が低く、主に下顎の開閉に依存しています。しかし、舌接型の顎を獲得することで機能性が上がり、獲物のとり方や食べ方における自由度が増大したといわれます。図3-3-18はミツクリザメ（*Mitsukurina owstoni*）ですが、口を開くと顎が突出する様子がよくわかります。ちなみに同じ板鰓亜綱に分類されるエイ類の顎も同様で、上顎と頭蓋骨とが分離しています。

　また、飛び出す顎に備わる歯も戦略的かつ特徴的です。というのも、サメの歯はいわゆる永久歯ではありません。たとえ獲物と格闘した際に抜けたり折れたりしても、代わりの新しい歯がすぐに置き代わります。

　図3-3-19はクロトガリザメ（*Carcharhinus falciformis*）の上顎を内側から撮影した写真です。下向きに立っている一列の歯が使用されている歯（機能歯）ですが、その手前に何層にも重なった歯が反対向きにずらりと並んでいます。これらはいわばスペアの歯で、機能歯が失われるとすぐに起き上がり、不足部分をすばやく補填します。これだけでもサメたちが機

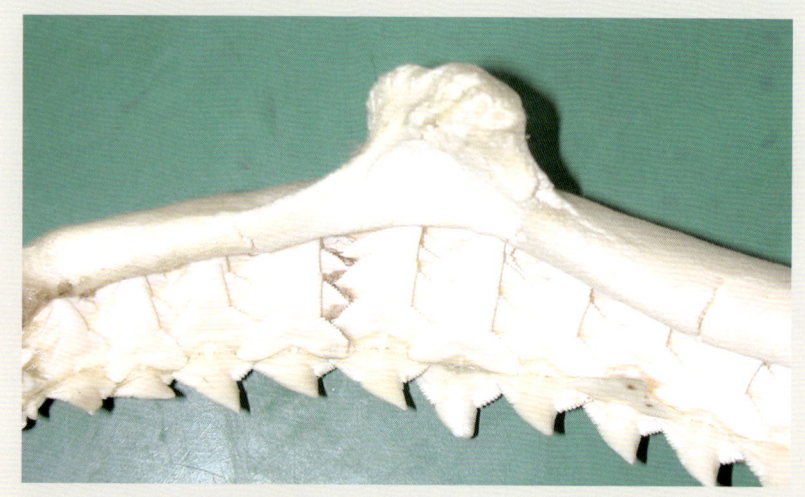

▲図3-3-19　クロトガリザメの上顎内面

能的で合理的な武器を備えたハンターだということがわかります。

また、サメ類は軟骨魚類ですが、もちろんこれらの歯は軟らかくありません。しっかりと石灰化している、硬い歯なのです。サメたちの全身をつくる軟骨がカルシウムを多く必要としない分、捕食のために重要な歯にカルシウムを集中できるというわけです。

■ 高い体温

体温が高いというと、まるで恒温動物のように聞こえますが、一般に魚類は変温動物であり、環境水温と体温がほぼ同じ温度になっているのがふつうです。ところが、広範囲に生息するサメたちの中には海水温より高い体温を保ち、通常の魚にとって障壁となるはずの低い海水温を苦にしない能力を獲得したサメもいます。もちろん、温かい体をもつことで、遊泳能力も高まっているでしょう。

ホホジロザメやネズミザメ、アオザメなどネズミザメ目ネズミザメ科のサメたちは魚類のなかでもっとも進化しているといわれ、血管に奇網といわれる熱循環システムをもちます。すなわち、動脈と静脈が絡み合うように近接することで、静脈の熱を動脈に伝えているのです。

サメの体内で温度が高くなるのは、運動によって熱を発生している筋肉組織です。運動している分、酸素も多く必要になりますから、鰓で酸素と結合した多量の動脈血が筋肉に送り込まれます。この血液はガス交換によって二酸化炭素を受け取り、静脈血となって再び心臓・鰓に向かいます。つまり、静脈血は筋肉組織内で温められているわけです。一般の魚類は鰓の部分で熱を失ってしまいますが、サメは奇網によって鰓で冷やされた動脈血を温めているというわけです。

図3-3-20はアオザメの腹部断面で、部位による体温の変化を表しています。中央にあるのが脊椎骨、つまり体のほぼ中心部です。また、体の外には21.2℃の海水があります。

皮膚に近い部分は22℃と水温とそれほど変わりませんが、体の中心に向かうにつれて体温が上がり、もっとも高い部分では27.2℃に達しています。

体表温度
21.2℃
（環境水温）

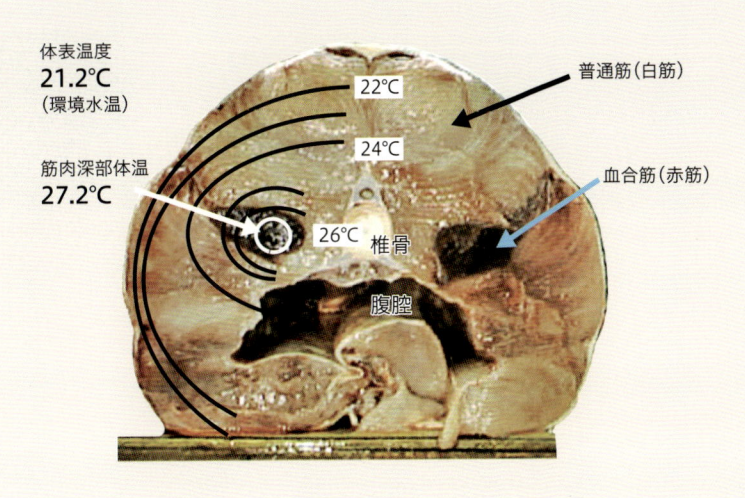

22℃
24℃

筋肉深部体温
27.2℃

26℃　椎骨
腹腔

普通筋（白筋）
血合筋（赤筋）

▲図3-3-20　アオザメにおける体各部位の体温　Carey et al. 1971より改変して引用

ここには血管が密に分布する筋肉があり、私たちが"血合い"などと呼ぶ褐色の部分にあたっています。

海水温が6～28℃の範囲に生息しているネズミザメ科のサメでは低水温に出現したサメほど高い体温を保持していました。海水温が16℃以下では体温が最高12度も海水温より高く、25℃の海水温に出現したサメでは体温が2℃程度しか高くありません。すなわち体温に上限があり、奇網での熱交換と鰓での冷却とで制御されていることが分かります。外洋域の海水温は高くても30℃までです。そのため魚の体温も高くても30℃までということになります。体温がそれ以上高くなるということは逆に生命維持に支障をきたすことになるでしょう。高水温の海域で激しく遊泳すると体温が高くなりすぎるためにサメ類の鉛直移動に見られるように水温が低い中深層に潜っているのかもしれません。恒温動物の哺乳類のように体温を一定に維持する機能を持っているわけではなく、環境に依存して制御しているようです。

この奇網という血管構造は同じネズミザメ目に分類されるオナガザメ科のサメの頭部にもみられ、脳の機能や視力の向上に役立っているといわれます。また、マグロをはじめとする一部の硬骨魚類にも同様なシステムがあることから、それらを合わせてウォームボディ・フィッシュ（Warm body fish）などと呼ぶこともあります。

■ 短い腸

腸とは、胃の出口（幽門）の下から肛門に至るまでの消化器官をいい、たとえば私たち人類は十二指腸、空腸、回腸（ここまで小腸）、盲腸、結腸、直腸と長く曲がりくねった腸を腹腔内にもっています。これほど腸が長くなっているのは、栄養の吸収を効率よくするため表面積を広くしようとしているからです。消化しにくい植物を食物にする動物の腸はいっそう長いことが知られています。これは一般の硬骨魚類でも同じことで、やはり食物に接する腸内部の表面積を広くするため長く曲がりくねった腸をもっているのです。

ところが、サメ類の腸はほぼ真っ直ぐで太く、短いのです。これでは腸の

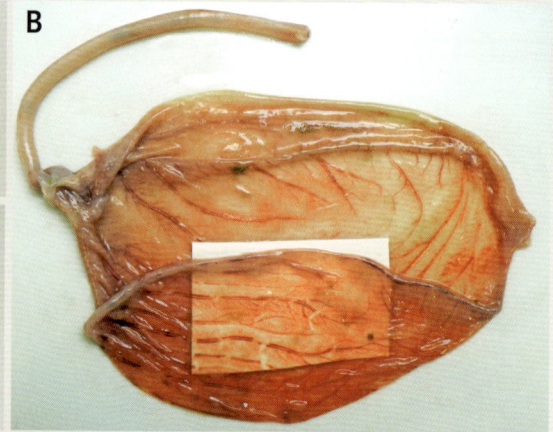

▲図3-3-21 サメ類の腸の構造
A: シロシュモクザメの腸
B: シロシュモクザメの腸(A)を解剖(葉巻型)
C: エイラクブカの腸の解剖(螺旋型)
D: ネズミザメの腸の解剖(リング型)

あるべき姿と対極の形態をしているようにも見えますが、実際はサメたちの消化吸収は私たちと同じか、むしろ、より効率的に行われています。その秘密は見かけ上の形や長さではなく、内部構造にあるのです。

サメの腸内部の構造は大まかに3つのタイプに分けられます（図3-3-21）。まず、シロシュモクザメ（*Sphyrna zygaena*）などの腸に見られる「葉巻型」。腸内部に一枚の葉を巻いたような重層構造があり、幾重にも重ねられた腸粘膜の間を食物が通過していきます。もちろん、腸内壁の表面積は腸の外見からは想像のつかないほど広くなっています。

次に、エイラクブカ（*Hemitriakis japanica*）などに特徴的な「螺旋型」の腸。内部にはくるくると螺旋状に巻いた構造を持ち、その中を食物がゆっ くり巡っていくようになっています。こちらも螺旋構造をもつことで、腸粘膜の表面積を飛躍的に拡大しているのです。

3番目はネズミザメなどの腸に見られる「リング型」です。内部にはリング状の層構造が縦にずらりと並び、腸粘膜と食物との広い接触面積を確保しています。

いずれも見かけ上は短い直線状の腸ですが、腸壁には更に突出した絨毛を密生させることにより表面積を拡げ、栄養吸収効率を高めることで、長い腸を狭い腹腔の中に詰めこまなくてもよくなっています。

また、ある研究者はサメたちが食物の消化にどのくらいの時間をかけているのかを調べるため、レモンザメ（*Negaprion acutidens*）にバリウムを飲ませて実験を行っています。その

結果、バリウムが排泄されるまで、約3日もかかったことがわかりました。つまり、サメ類は3タイプの工夫を凝らした腸のなかで、72時間以上もかけて十分に栄養を吸収しているというわけです。水温の低い深海ではさらに長くなり、5日以上かける深海ザメもいます。これでは未消化で排泄してしまう食物などほとんどないでしょう。

サメは一般に想像されているほど、多量のエサを食べるわけではありません。外洋を高速で遊泳する体重69キロのアオザメが食べる餌は1日あたり体重の3.1パーセントにすぎません。年間でも体重の11.3倍ほどしか食べないのです。しかも、水温が低い海域に住む大西洋のアブラツノザメ（*Squalus acanthias*）などになると、年間に食べる餌はわずかに体重の1.5倍といわれます。

彼らは貴重な食物を無駄にせず、可能な限りの栄養を吸収し尽くすため、時間をかけた消化機能や腸の内部構造などを発達させているのです。

■ 尿の不思議

私たち陸上に住む生物は尿中に尿素（種によっては尿酸）を含みます。栄養素であるアミノ酸を分解すると体内では毒素といってもいいアンモニアが老廃物としてできるのですが、これをなるべく無害な物質に作りかえて排泄しているのです。もし、すべての生物がアンモニアをそのまま尿として排泄したら、山や森林、草原、土中さえアンモニアに汚染されてしまうことでしょう。

一方、大量の海水中に生活する魚類にはアンモニア汚染の危険などありません。ですから、一般の魚たちは尿素・尿酸をつくり出す無駄を省き、アンモニアのまま排泄しています。

ところが、サメ類は違います。海水中に生息している魚類でありながら、わざわざ尿素を合成するのです。しかも、つくり出した尿素を体液中に保持し、浸透圧を海水とほぼ等張にし、生理的障害を軽減しています。彼らは本来なら捨てるはずの老廃物を無毒化し、生存のために役立てるリサイクルシステムをもっているというわけです。

私たちはサメの肉も食用にしていますが、やや古くなった肉から立ち上るアンモニア臭に気づくことがあるでしょう。これはサメの体液中に含まれる尿素が死後の時間経過とともに分解されたためなのです。

■ 楯鱗（じゅんりん）

静岡名産の生ワサビをすりおろすとき、私たちはサメ皮を使います。このサメ皮とは文字通りサメの皮膚なのですが、ほかの魚類に見られる鱗（うろこ）がないように見えます。しかし、ザラザラと硬い皮の表面はサメ類独特の鱗に覆われているのです。

図3-3-22はアオザメの皮を撮った写真です。これならなんとか鱗のように見えますが、実はアオザメの鱗の大きさはわずか200〜300ミクロン（0.2〜0.3mm）ほどにすぎません。この写真は走査型電子顕微鏡によって拡大・撮影されたものです。

アオザメの鱗には直線状の畝のような構造があり、その間に波形模様に見える微細な溝があります。アオザメは水中を高速で泳ぐのですが、これらの微細構造が水の抵抗や乱流を軽

浸透圧

細胞内と海水の物質濃度差により、選択透過性を持つ細胞膜に生じる圧。たとえば濃度の異なる食塩水どうしを水だけ通す膜（半透膜）で隔てると浸透圧が生じ、低濃度側の水が濃いほうに移動して同一の濃度になろうとします。低濃度側を生体、高濃度側を海水とすれば、浸透圧により生体内の水が失われ、脱水状態が引き起こされることになります

▲図3-3-22　アオザメの楯鱗（じゅんりん）　スケールは100μm。

▲図3-3-23　ユメザメの楯鱗　スケールは500μm。

　減させるといわれています。
　また、アオザメの鱗には、いわゆる年輪がありません。硬骨魚類の鱗は成長とともに大きくなるため年輪ができるのですが、サメ類の鱗は頻繁に抜け替わることが知られています。これではまるでサメの歯のようですが、実際に彼らの鱗の構造は歯と同じで、〝皮歯（ひし）〟とさえ呼ばれます。ですから、小さな歯が体表を覆っているようなもので、ユメザメのように深海をゆったりと泳ぐ種にとっては敵から身を守る鎧や楯のような役割を果たすのです。そのため、サメの鱗を楯鱗と呼んでいます。図3-3-23はユメザメの鱗ですが、アオザメのそれよりかなり大きく、1.5～2.5mmほどあります。もし私たちがこの皮を逆なでしようものなら、すぐに肌を傷つけてしまいます。また、鱗の大きさはサメが成長しても変わりませんから、体が大きくなるにつれてその数が増えていくことになります。実は繁殖行動の際、オスがメスの体に咬みつくこともありますので、メスにとっては敵ばかりかパートナーの牙から身を守る楯ということになるのです。

繁殖戦略——
子孫を残すための工夫

　毎年、豊平川をはじめとする北海道の川では、故郷に戻ってきたサケが遡上します。自らが生まれた地を目指し、本能にしたがって泳ぎ続けます。やがてメスが河床に卵を産みつけ、オスがそれに精液をふりかけます。一連の繁殖行動を終えたサケの親たちは力尽き、生き延びるであろう何割かの子孫たちに次世代を託して命を落とします。

　つまり、一般的な魚類の多くは体外受精をし、産み落とした卵を放置することもしばしばです。

　しかし、サメ類の繁殖はこれと大きく異なります。4億年におよぶ歴史をもつ彼らですが、その当初から体内受精という繁殖様式を獲得していました。すなわち、オスとメスが交尾することで確実な受精を果たすのです。そして、たとえ子どもの数は少なくても、その生存確率をよりいっそう高めようとする戦略をとりました。この体内受精の実現こそ、現代のサメたちに見られる多彩な繁殖様式を生みだす出発点となったに違いありません。

■ 交尾と受精

　サメ類のオスには左右の腹鰭骨格（軟骨）の一部が変形した1対の交接器があり、哺乳類における外部生殖器、つまりペニスの役割を果たします。この交接器は軸軟骨と呼ばれる軟骨とその付属器官からなり、軸軟骨には長軸に沿った溝があります。これが交尾の際、泌尿生殖洞から放出された精液の通り道となります（図3-3-24）。

　また、交接器の形態は種によって異なるため、系統類縁関係の研究にも役立っています。その先端には付属軟骨があり、こちらも尖ったものやカギ状になっているものなどさまざまです。交尾は雌雄の体を支持するもののない水中で行われますので、交接器の先端部分が開いて広がり、抜けにくく

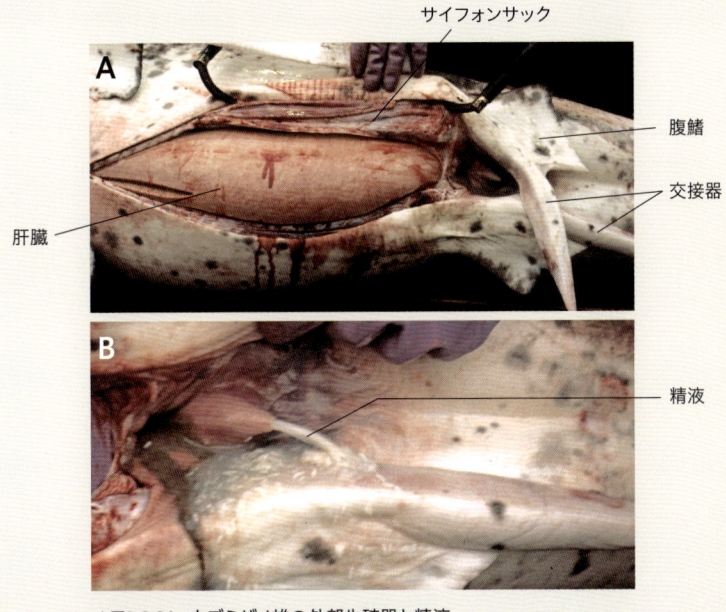

▲図3-3-24　ネズミザメ雄の外部生殖器と精液
A:サイフォンサックと交接器　B:泌尿生殖洞から押し出された精液。

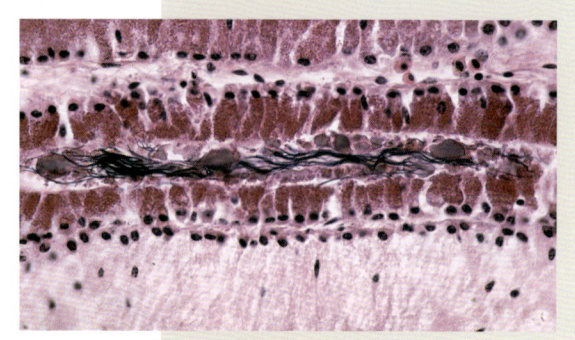

▲図3-3-25 ラブカ雌の卵殻腺内に貯蔵された精子
中央に見られる紫色のひも状の塊が精子。

スの体内に送り込む役割を果たしているのです。

サメ類に代表される高次捕食者の場合、生息域における個体数密度がそれほど高いというわけではありません。ですから、このような体内受精は数少ない交尾の機会に子孫を確実に残すことに役立つでしょう。そして深海ではさらに雌雄の出会いの回数は少なくなります。このため、偶然に出会ったときに交尾をし、排卵が起き、受精可能時期が来るまで精子を保持するような繁殖戦略をとっている種もあります。

ある水族館でメスのトラザメを飼育したところ、オスがいなかったにもかかわらず受精卵を年余にわたって産出

工夫しているものもいます。

交接器の付属器官として交接器嚢、またはサイフォン・サック（siphon sac）があり、中には海水か分泌された体液が貯留されています。交尾の際に精液が交接器の溝に入り込むと、それらが勢いよく噴出され、精液をメ

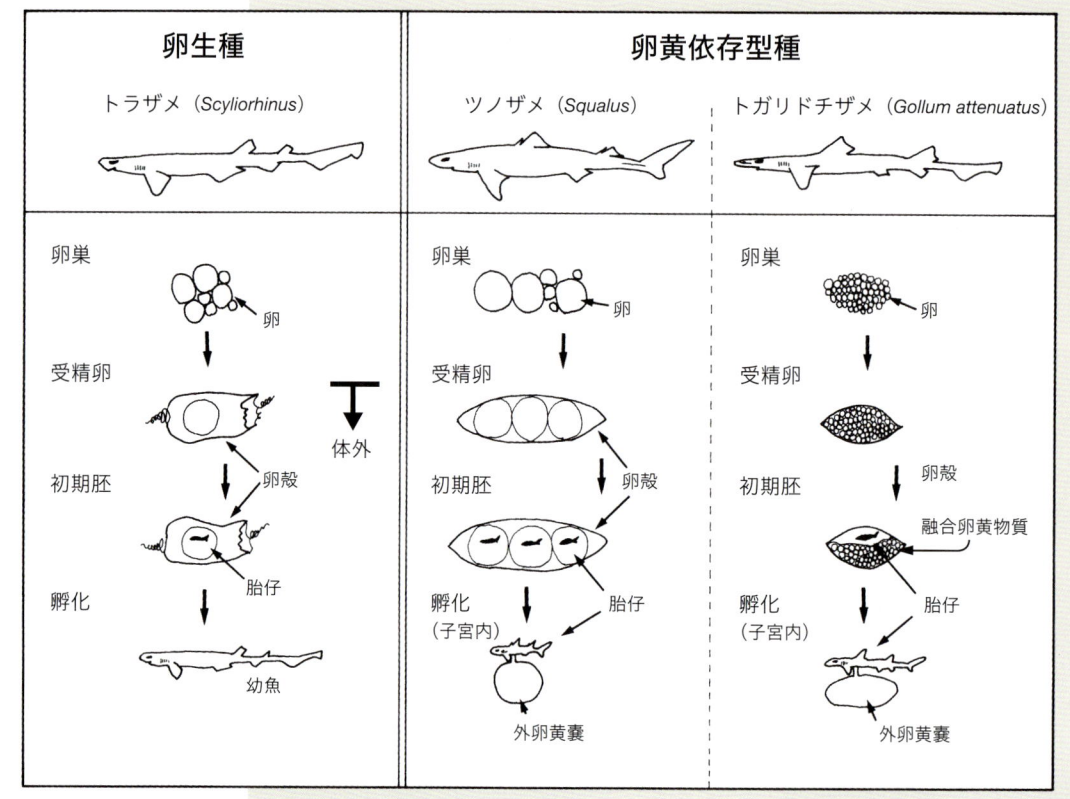

卵生種	卵黄依存型種	
トラザメ（*Scyliorhinus*）	ツノザメ（*Squalus*）	トガリドチザメ（*Gollum attenuatus*）

▲図3-3-26 サメ類における卵生と卵黄依存型の発生過程（Yano 1993より）
トガリドチザメでは個々の卵が卵殻内で融合して1個体の胎仔の栄養源となっている。
Kazunari Yano: Eivironmental biology of Fishes 38 1993 : Reproductive biology of the slender smoothhound, *Gollum attenuatus*, collected from New Zealand waters: fig10, p68: Springer.

したという報告もあるのです。

図3-3-25はラブカ(chlamydoselachus anguineus)の卵殻腺で、プレパラートにした組織標本を顕微鏡で拡大して見ています。紫色の小さな点は細胞の核、濃い赤色に染まっているのが腺組織の細胞です。写真のほぼ中央で腺細胞に囲まれている紫の部分が保持されている精子です。つまり、排卵が起き、受精に適した卵細胞が出現するのを、おそらくは腺腔内で待っているというわけです。

このような精子が単一のオスに由来するのか、あるいは複数のオスの精子が同時に保持されているのかまではわかっていません。ただ、近年、メジロザメ目のヤジブカ(*Carcharhinus plumbeus*)で同腹仔の遺伝的な検査が行われ、20個体のメスのうち8個体が複数のオスと交尾をしていたことが報告されています。当然のことですが、複数のオス由来の精子を保持していたほうが、遺伝的な多様性を高めることにつながるでしょう。

■ 卵生と胎生

メスの卵巣に成熟した卵細胞ができると腹腔内に排卵されます。この卵は受卵孔から卵管（輸卵管）に入り、その1cmほどの細い管を通り抜けて総排泄孔へと向かいます。実際の受精はこの過程でなされると考えられ、組織中に精子を保持することから卵殻腺が関与するともいわれます。

このあとのプロセスはいくつかの様式に分かれ、卵殻に包まれた卵を体外に産むもの、ある程度まで成長した胎仔を出産するものなどがいます。一般に前者を卵生、後者を胎生と呼んでいますが、実際はそれほど単純ではありません。それぞれの様式をとるもののなかにも異なるタイプが複数あり、さらにそれらの中間型もいるからです。

たとえば胎生タイプのなかには母体内に保持された卵が孵化してその卵黄のみで成長し、出生するものもあれば、胎盤を有するといった、まるで哺乳類のような様式をとるものまでいます。なお、前者は卵胎生とも呼ばれますが、現在は胎生の一形式とみなされる傾向にあります（図3-3-26）。

① 卵生

サメ類のうち、43パーセントが卵生といわれます。受精卵が卵殻に包まれ、それ以後は胎仔と母体との関係が断

卵殻腺

卵白やコラーゲン質の卵殻など、受精卵の表面を覆う物質を分泌する腺。種によってはコラーゲン以外のタンパク質で胎仔膜も形成します

肝臓

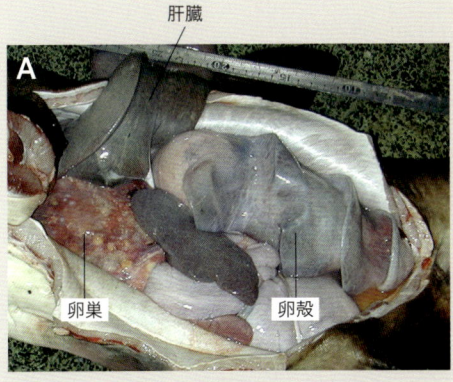

▲図3-3-27　ネコザメの腹腔内に保持された卵殻
A: 腹腔を切開し、輸卵管に観察された卵殻　B: 輸卵管から摘出した受精卵を保持した卵殻。

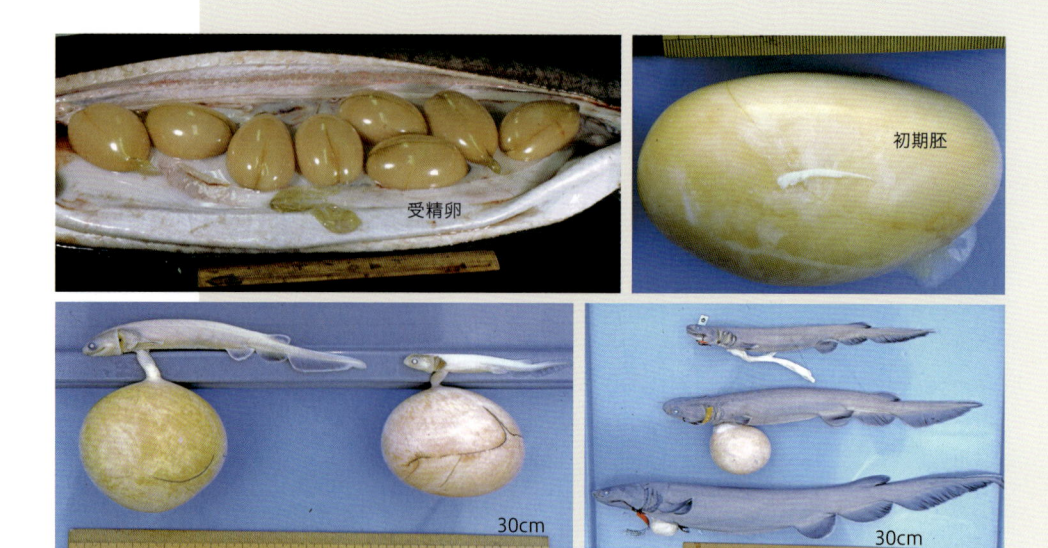

▲図3-3-28　卵黄依存型胎生のラブカの各発達段階の胎仔

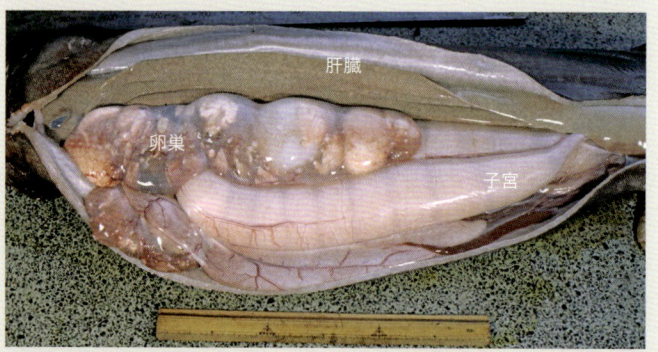

▲図3-3-29　卵黄依存型胎生のサガミザメにおける排卵途上にある卵巣と子宮内卵

たれる繁殖様式をいい、その後の経過によって、（A）体外産出型と（B）体内保持型とに大別されます。

(A) 体外産出型

受精卵が卵殻に包まれた後、数日以内に産卵されるタイプです。図3-3-27はネコザメの卵です。このほか、テンジクザメ科（*Hemiscyllidae*）やトラザメ科（*Scyliorhinidae*）などの種もこのタイプです。

(B) 体内保持型

受精卵は卵殻に包まれた状態で数カ月にわたって母体内にあり、個体発生がある程度進んでから卵殻に包まれた状態で産卵されます。ナガサキトラザメ（*Halaelurus buergeri*）などがこのタイプです。

②胎生

サメ類のうち57パーセントが胎生といわれます。（C）卵黄依存型（卵黄囊型）、（D）卵食・共食い型、（E）胎盤形成型、（F)子宮分泌型に分けられますが、それらの中間型を示す種もいます。いずれも母体内で胎仔を成長させるため、10か月から3年半と妊娠期間が長くなります。

(C) 卵黄依存型（卵黄囊型）

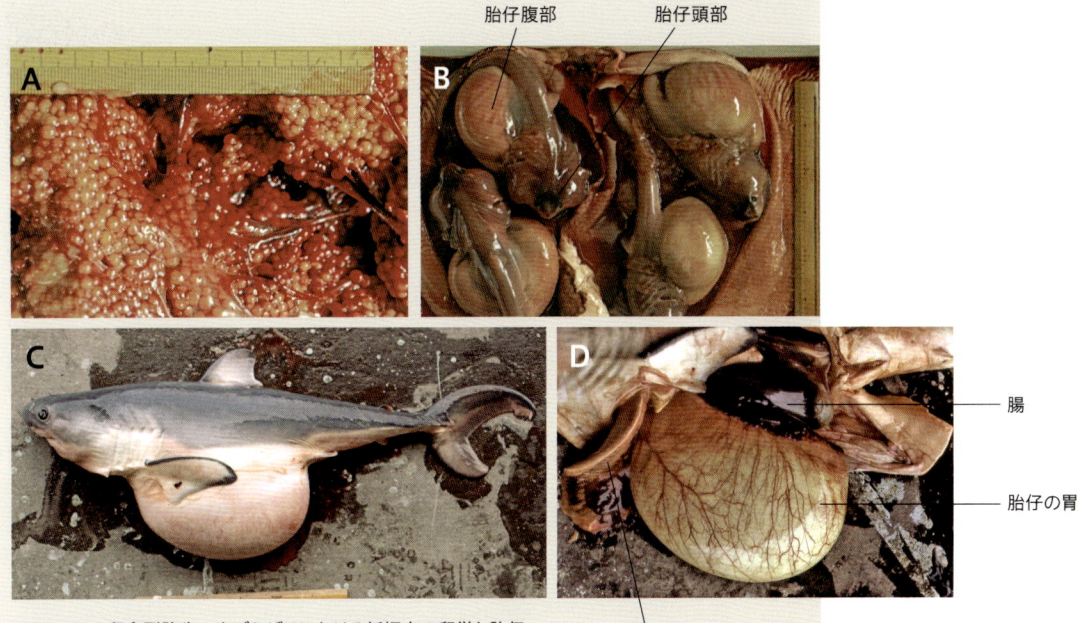

▲図3-3-30　卵食型胎生のネズミザメにおける妊娠中の卵巣と胎仔
A: 胎仔が摂食する卵巣卵　B: 発育中期の子宮内の胎仔
C: 発育後期の腹部が膨らんだ胎仔　D: Cの腹部を切開し観察された卵黄に満ちた胃。

卵生の体内保持型に似たタイプで、いわゆる卵胎生といわれる方式です。受精卵は卵殻が形成されると母体との関係を断たれますが、母体内に保持される期間はより長くなり、最終的には卵殻から出て子どものサメとして出産されます。たとえばラブカの場合、胎仔がおよそ10cmを超えると子宮内において卵殻から出て、55cmくらいまで卵黄の栄養のみで成長します。冷水域にすむアブラツノザメの場合、胎仔が25cmほどになるまで2年ほどかかるといわれますから、55cmに成長するには3年以上かかると推測されています（図3-3-28）。

また、ツノザメ目の多くの種では薄い卵殻や粘膜によって受精卵が包まれています。それぞれが発生を開始し、やがて卵殻を出て卵黄の栄養で成長するのです。なかにはトガリドチザメ（*Gollum attenuatus*）のように30から80個の受精卵が卵殻内で融合し、たった一体の胎仔になるといった奇妙なタイプも知られています。これは卵殻内融合型などとも呼ばれます。一方、サガミザメのように初めから卵殻を形成しない種もおり、子宮内では分泌された子宮内液の中に受精卵が整然と並んでいるのが観察されます（図3-3-29）。

(D) 卵食・共食い型

胎仔があとから排出されてくる卵細胞や他の受精卵や胎仔を食べ、栄養源とするタイプです。A～Cタイプまでの胎仔は母体内にあっても自らの卵黄によって主に成長していましたが、この卵食・共食い型では排卵という形で母体から栄養を供給されています。このタイプの繁殖が見られるのは主にネズミザメ目の仲間です（図3-3-30）。ある程度成長するまでは卵殻に包まれていることや、子宮内の胎仔の胃内に

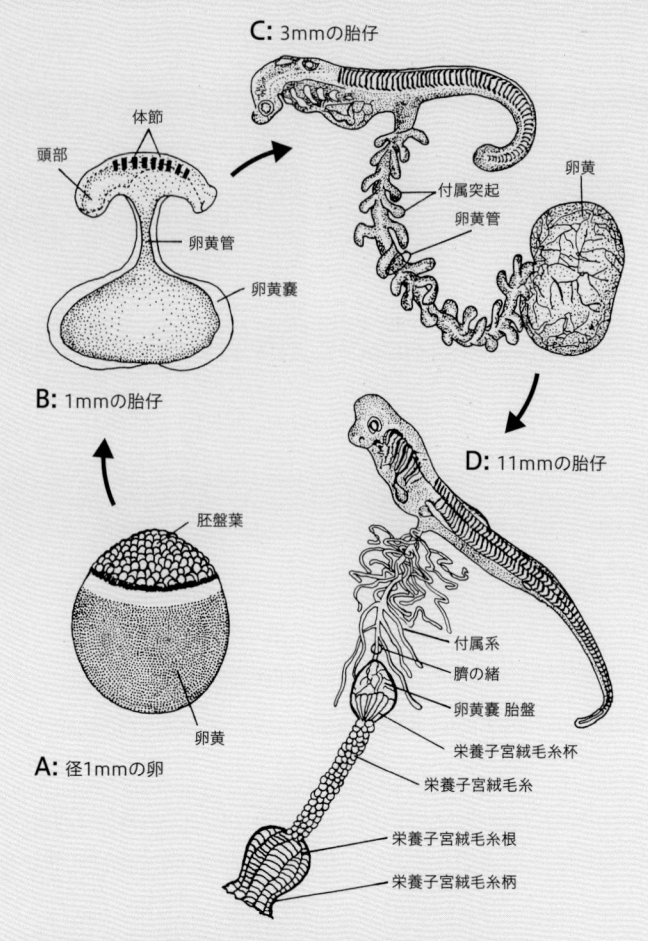

▲図3-3-31　胎盤型胎生のトガリアンコウザメの胎仔の発育
A: 分割中の卵　B: 発生初期の胚　C: 卵黄嚢と付属突起を持つ胎仔
D: 卵黄嚢が胎盤となり母体と接続した胎仔。(Wourms 1993より)

John P.Wourms: Environmental Biology of Fishes 38 1993: Maximization of evolutionary trends for placental viviparity in the spadenose shark, *Scoliodon laticaudus*: fig 8, P286: Springer.

は多くの卵黄物質が蓄えられていることがわかっていますが、受精卵の初期発生についてはよくわかっていません。シロワニなどのいくつかの種では胎仔が成長すると、子宮内にいる複数の胎仔が共食いをすることも知られています。"より大きく強い胎仔を産むため"といった見方もできるかもしれませんが、胎仔の段階から生存競争があるのですから厳しい繁殖様式といえるでしょう。

また、卵黄物質を胃に飲み込むのではなく、自らの卵黄嚢に取り込む特殊なタイプもいて、たとえばチヒロザメ(*Pseudotriakis microdon*)がこれに該当します。この場合、成長するため卵黄を消費しているにもかかわらず、だんだん卵黄嚢が大きくなっていきます。ただ、どのように他の卵黄物質を自らの卵黄嚢に供給しているかはわかっていません。

どちらにしてもこのタイプの母ザメは胎仔を育てるため、排卵し続けていることになります。妊娠中の継続的な排卵など、一般的な哺乳類ではあり得ないことですから、驚くべき繁殖戦略といえるでしょう。

(E) 胎盤形成型

まるで哺乳類のように、胎盤を通して母体から胎仔に栄養を供給するタイプです。ただし、哺乳類の胎盤が一般に子宮壁からできる母性胎盤であるのに対し、サメの場合は発生初期に胎仔のもつ卵黄嚢が変化し、胎仔性胎盤を形成します。いずれにせよ、一般の魚類の繁殖様式からは大きくかけ離れている繁殖方法というべきでしょう。メジロザメ目のトガリアンコウザメ（*Scoliodon laticaudus*）などがこのタイプです（図3-3-31）。

中間型として、妊娠中期になってから胎盤を形成するタイプがあります。初期発生の段階では自らもつ卵黄の栄養に頼っているため、「卵黄・胎盤型」などと呼ばれます（図3-3-32）。ヨシキリザメやハナザメ（*Carcharhinus brevipinna*）の仲間がこのタイプです（図3-3-33）が、これらの種の中には胎仔のサイズが60cm以上にもなる種がおり、臍帯が絡んだり、共食いが起きないよう子宮隔壁という壁を形成し、胎仔の生存率を高めている種もいます（図3-3-34）。

(F) 子宮分泌型

サメではこれまであまり注目されてきませんでしたが、子宮内壁から分泌される物質を摂取し、胎仔が成長するタイプです。胎生のどのタイプも発生初期の胎仔では器官形成が十分になされておりません。そのため、発生初期

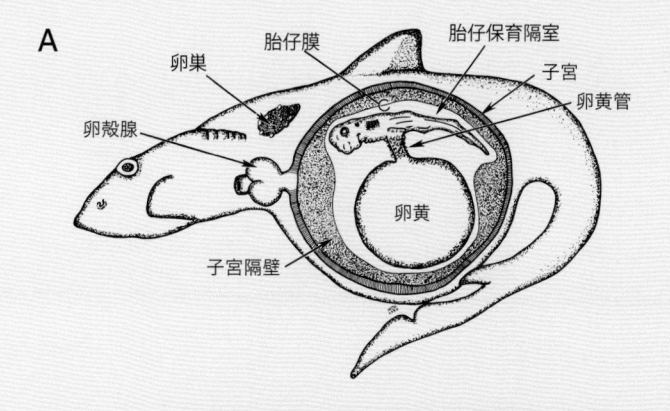

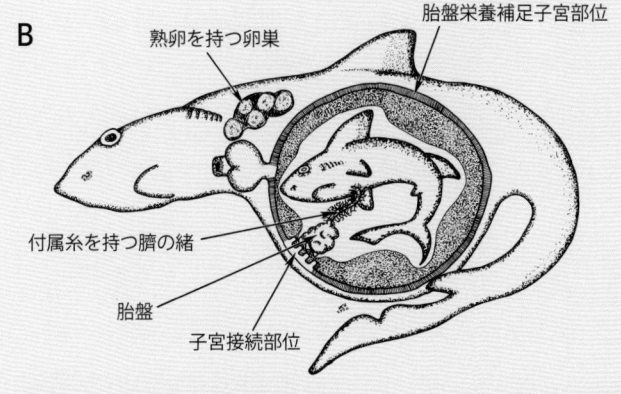

▲図3-3-32　卵黄・胎盤型胎生の胎盤形成
A: 卵黄による胎仔の発育　B: 胎盤形成後の胎仔。(Hamlett 1993より)

Hamlett, William C.,ed..Sharks,Skates,and Rays: The Biolory of Elasmobranch Fishes 1993: fig15-13,P424 : John Hopkins University Press, Reprinted with permission of John Hopkins University Press.

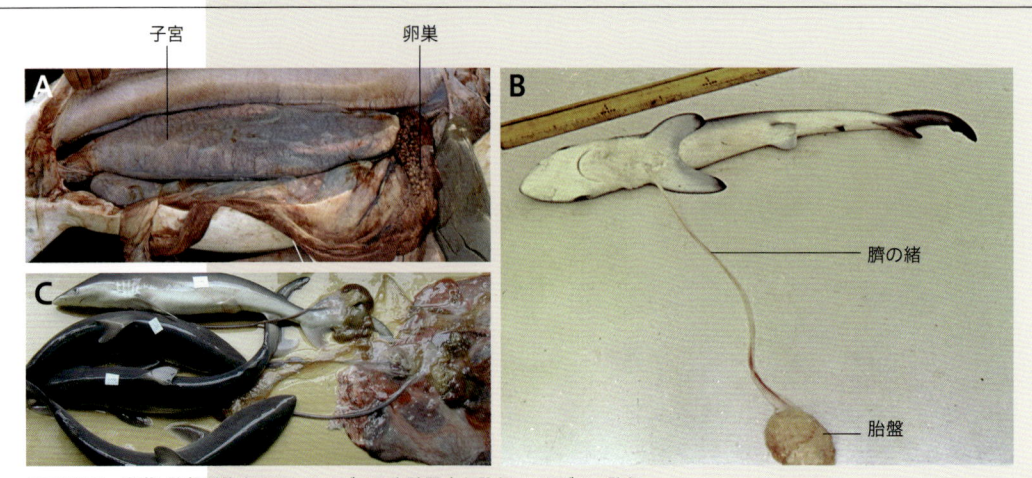

▲図3-3-33　卵黄・胎盤型胎生のヨシキリザメの生殖器官と胎仔、ハナザメの胎仔
A: ヨシキリザメの腹腔内に見られる胎仔を保持した子宮と卵巣　B: 胎盤を持つヨシキリザメ胎仔　C: 臍の緒で子宮と結び付いたハナザメの胎仔.

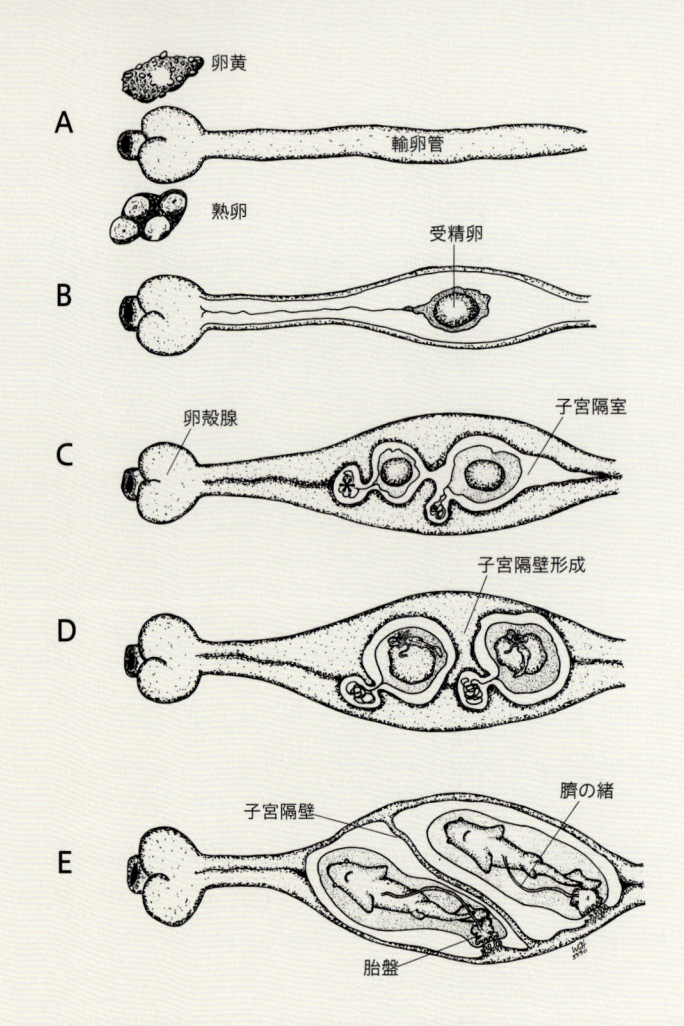

▲図3-3-34　子宮隔壁を形成する卵黄・胎盤型胎生の発育過程
A: 排卵前の卵殻腺・子宮の状態　B: 排卵された卵が卵殻腺で形成された膜で包まれ子宮に到達した状態
C: 次の卵が子宮に到達した状態　D: 子宮隔壁が形成された状態　E: 胎仔が発育し胎盤を形成した状態。
(Hamlett 1993より)

Hamlett, William C.,ed..Sharks,Skates,and Rays: The Biolory of Elasmobranch Fishes 1993: fig 15-12,P423 : John Hopkins University Press, Reprinted with permission of John Hopkins University Press.

栄養子宮絨毛糸

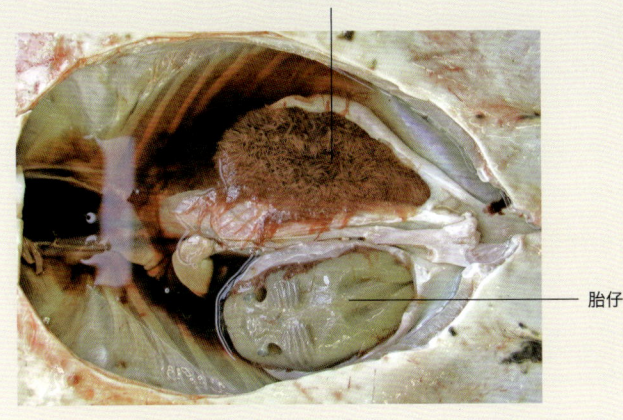

胎仔

▲図3-3-35　アカエイにおける子宮分泌型胎生

は子宮壁から分泌された分子量が低い物質を摂取し、成長し、器官形成が進んだ段階で卵黄物質を摂取しています。それを消費した後、ホシザメ（*Mustelus manazo*）などのドチザメ科のサメ類では、再度、子宮壁から分泌される粘液性の物質を摂取しています。一方、アカエイ（*Dasyatis akajei*）やトビエイ（*Myliobatis tobijei*）などのエイの仲間では、子宮上皮が絨毛状に変化し、そこから脂質を多量に含んだミルク状物質が分泌され、それが栄養源として利用されています（図3-3-35）。

■ 進化型はどれなのか？

ここまでサメ類の多様な繁殖形式の違いを見てきました。直感的には卵生からいわゆる卵胎生に進化し、数億年をかけて哺乳類のような胎盤による確実な出産様式を身につけたように感じられるかもしれません。

しかし、最近の研究成果によると、「太古に現れた古代ザメはすでに胎生であり、もっとも原始的なタイプは卵胎生だった」という説が有力視されています（図3-3-36）。

サメ類の祖先が出現した古生代中期の時代は無脊椎動物が繁栄し、沈殿したものを摂食していたことでしょうから、無防備な卵や仔魚を海中に放置するより、なるべく大きく強い子どもを産んだほうが種族維持に都合がよかったのでしょう。サメ類は当初から胎生であり、成長した子ザメを産むようにできていたわけです。そして、さまざまな種が長い時間をかけてそれぞれの生息環境に適応し、胎生より産卵するほうが都合のよい場合は卵生へと進化し、胎生を進化させたグループは妊娠中の排卵や胎盤の形成などといった能力を獲得していきました。

つまり、サメ類の繁殖は卵生から始まる一直線の長い進化の道をたどったのではありませんでした。卵胎生という中間タイプを出発点とすることで、卵生と胎生という2方向への比較的短い道をたどれるようになっていたわけです。サメたちの繁殖戦略は原始の時代からすでに合理的かつ発展的であり、多様化への扉を開いていたといえるのです。

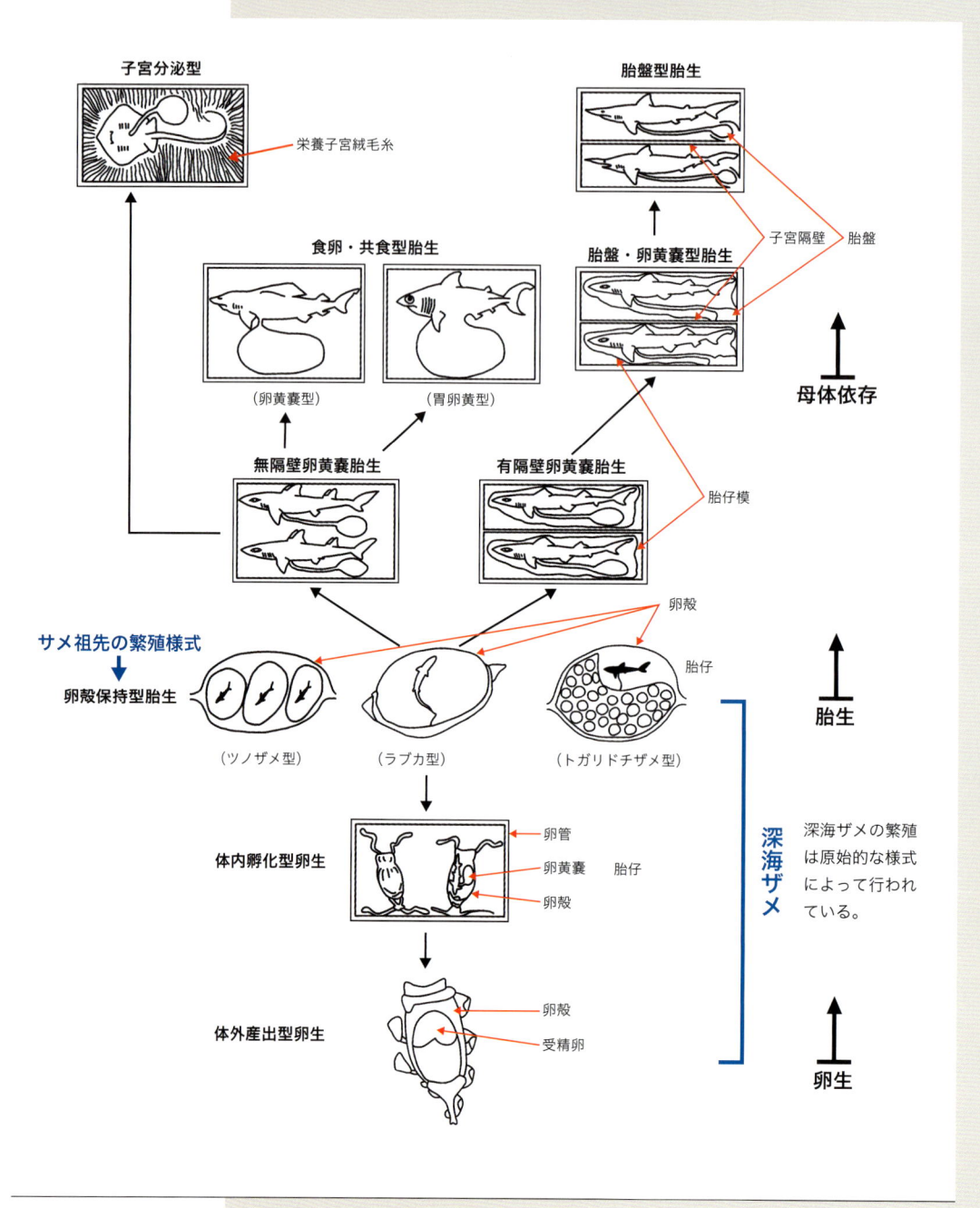

▲図3-3-36　板鰓類の繁殖様式の進化仮説　（谷内1991を改変）

駿河湾の深海ザメたち

魚類の生態を考えるとき、海洋を水深で区分けをすると、①表層、②中深層、③漸深海層、④深海層に大別されます。①は200mまでの陸棚や水柱、②は陸棚斜面上部などの1000mまでの弱光層、③は陸棚斜面下部などの3000mまで、④3000m以深、といった区分となり、③と④には光が届かないため、無光層といわれます。一般に200m以深を主な生息域とする魚を深海魚といい、同様な生息域をもつサメ類を深海ザメと呼んでいます。

静岡県の中部〜東部の南に広がる駿河湾は日本一深い湾ですが、比較的陸地の近くから深海域があることで深海の調査をしやすい環境となっています。そんな好条件もあり、深海ザメの調査・研究も意欲的に進められ、これまで多くの種が確認されてきました。平成24（2012）年の報告によれば、6目43種にのぼる深海ザメが認められています（図3-4-37）。

もちろん、それらのなかには、駿河湾で初めて発見された新種も含まれています。すなわち、アイザメ（*Centrophorus atromarginatus*）、マンザイザメ（*Deania rostrata*）、ユメザメ、イチハラビロウドザメ（*Scymnodon ichiharai*）、オロシザメ（*Oxynotus japonicus*）、ハダカカスミザメ（*Centroscyllium kamoharai*）の6種

カグラザメ目	ツノザメ目		カスザメ目	メジロザメ目
エドアブラザメ	タロウザメ	ヨロイザメ	カスザメ	ヘラザメ
カグラザメ	アイザメ	トガリツノザメ	コロザメ	ナヌカザメ
ラブカ	モミジザメ	フトツノザメ		イモリザメ
	ゲンロクザメ	ツマリツノザメ	ノコギリザメ目	ヤモリザメ
	マンザイザメ	ヒゲツノザメ	ノコギリザメ	ニホンヤモリザメ
	サガミザメ	オロシザメ		トラザメ
	ユメザメ	フジクジラ	ネズミザメ目	イズハナトラザメ
	マルバラユメザメ	ホソフジクジラ	オオワニザメ	チヒロザメ
	ビロウドザメ	ヒレタカフジクジラ	ミツクリザメ	
	イチハラビロウドザメ	カラスザメ	ウバザメ	
	オンデンザメ	ニセカラスザメ		
	カエルザメ	ハダカカスミザメ		
	オオメコビトザメ	ワイグチツノザメ		

▲図3-3-37　駿河湾で採集された深海ザメ（6目43種）
43種のうち、6種が駿河湾から、13種が相模湾から新種として報告された。
ヘラツノザメはマンザイザメとして新種登録された。

▲図3-3-38　ツノザメ目に属するフトツノザメ（*Squalus mitsukurii*）　背鰭の前縁に棘が見られる

▲図3-3-39　ツノザメ目に属するヨロイザメ（*Dalatias licha*）　背鰭の前縁に棘はない。

で、いずれもツノザメ目の仲間でした。このうち、マンザイザメはヘラツノザメ（*Deania calcea*）の同種異名とされていますが、現在再検討されています。また、伊豆半島東部が接している相模湾でも同様に、ツノザメ目のゲンロクザメ（*Centrophorus tessellatus*）やサガミザメ（*Deania hystricosa*）、ビロウドザメ（*Zameus squamulosus*）など、13にのぼる新種が発見されています。

　この章では駿河湾に生息するこれら深海ザメのなかから、優占種や生きた化石種、かつては浅い海にいたと推定されるミツクリザメなど、興味深い特徴をもつサメたちを見ていくことにします。

ツノザメ目─深海を優占するサメグループ

　すべてのサメ類を分ける8つの"目"のうち、もっとも多くの種数を誇るグループはメジロザメ目（305種）です。これに次ぐのが深海ザメを多く含むツノザメ目で、132種が知られています。この132種のうち日本近海に42種が生息しており、その半数以上にあたる26種が駿河湾でも認められています（図3-3-1）。深海域の広い同湾ではツノザメ類の種数が最も多く、深海域を優占しているグループなのです。その次に種数の多いグループがメジロザメ目で、これにネズミザメ目、カグラザメ目などが続きます。

　ただ、ツノザメ目が深海を優占したグループといっても、この分類群には多様な特徴をもつ種が含まれるため、「ツノザメ類には複数の系統が含まれている」と考える研究者もおり、近年ではキクザメ科の仲間をキクザメ目（1属2種）として独立させる傾向もあります。

■ ツノザメ目の特徴

　ツノザメ類は一般に背鰭の前縁に

棘をもち、これが名の由来になったといわれます（図3-3-38）。しかし、ヨロイザメ科のツラナガコビトザメ属を除く種ではこれがありませんし、種によっては皮下に隠されて見えないこともあります（図3-3-9）。さらにネコザメ類などの背鰭にも棘があることから、棘の有無だけでツノザメ目と他のグループを区別することはできません。

逆にツノザメの仲間のすべてに共通している特徴といえば、臀鰭を持たないことです。ただし、ノコギリザメやカスザメの仲間も臀鰭をもちませんから、ツノザメ類には臀鰭がなく、ノコギリ様の吻がないこと、体型が扁平ではないことが分類上の指標とされているのです。

ツノザメ類の多くは短い吻部をもち、サメ類に典型的な流線型な体型を有しています。ネズミザメ目やメジロザメ目の仲間にも似た体型をもつ種がありますが、それらには臀鰭があるため容易に区別をつけられます。

また、体長は概して50〜150cm程度とやや小さめです。ただ、なかにはオオメコビトザメ（*Squaliolus laticaudus*）のように最大で25cmほどという非常に小型の種や、7mほどにまで成長するオンデンザメも見られます。

体色は深海ザメらしく黒ずんでいることが多く、ツノザメ類を広く"黒子ザメ"と呼ぶこともあるほどです。また、深海に住む硬骨魚類がしばしば発光器をもつように、ツノザメ類の鰭の基部や腹部にもメラトニンやプロラクチンなどのホルモンによって制御された発光器が見られます。サメ類のうち発光器をもつのはツノザメ類だけで、仲間どうしのコミュニケーションや擬態、カモフラージュに役立っていると考えられています。ツノザメ類が餌にする生物は主に魚類やイカなどといわれています（図3-3-40）。

肝臓は肥大し、体重の20％以上を占め、巨大です。深海ザメの肝臓には浮力獲得やエネルギー貯蔵のため多量の脂肪が蓄えられており、スクアレン含有率の高い種が多いことが知られています。特に商業的価値の高いものとして、アイザメ属、ヘラツノザメ属、ユメザメ属、ヨロイザメ属などが挙げられます。

また、ツノザメ類の繁殖様式は卵

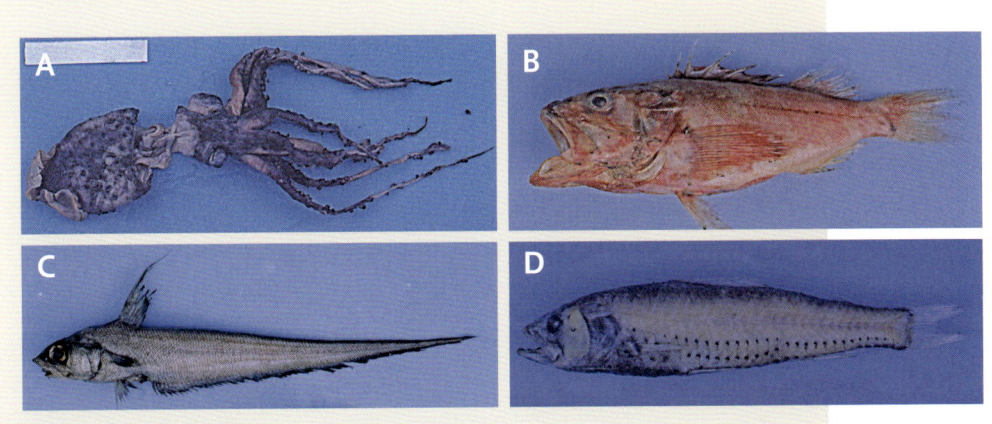

▲図3-3-40 深海ザメの餌生物
A: シラタマイカ　B: アカカサゴ　C: ヘリダラ　D: ソトオリイワシ

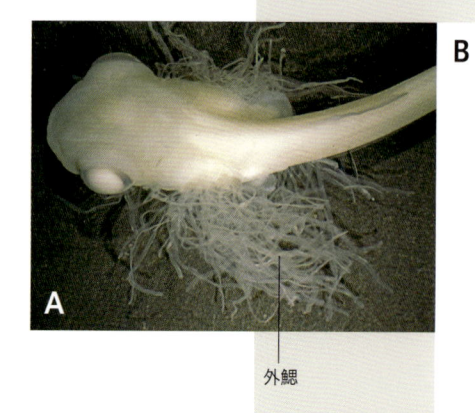

▶図3-3-41　卵黄依存型胎生のサガミザメの胎仔の発育に伴う子宮内液の変化
A: サガミザメの胎仔の外鰓
B: 発育段階の異なる胎仔をもつ妊娠魚各々の子宮内液の電気泳動像。110mm以上の胎仔を持つ母体の子宮内液からは分子量60Kdの物質が確認されなくなっている。

子宮内液（各番号の胎仔の大きさ）
1. 受精卵
2. 胎仔全長　10mm
3. 胎仔全長　25mm
4. 胎仔全長　30mm
5. 胎仔全長　35mm
6. 胎仔全長　50mm
7. 胎仔全長　60mm
8. 胎仔全長　70mm
9. 胎仔全長　105mm
10. 胎仔全長　110mm
11. 胎仔全長　120mm
12. 胎仔全長　185mm
13. 胎仔全長　190mm
14. 胎仔全長　235mm

外鰓
体外に出された水中呼吸をするための鰓。両生類や一部の魚類の幼生に見られます

胎生と呼ばれる卵黄依存型卵生です。もっとも原始的とされるタイプですが、近年の研究によれば、母体（子宮壁）から栄養物質が分泌され、胎仔に与えている可能性があるともいわれています。

図3-3-41は子宮内液（哺乳類の羊水に相当します）に存在する物質の変化を電気泳動法によって調べた結果を示したもので、実験対象とされたのはツノザメ目アイザメ科のサガミザメでした。

胎仔のサイズを追って分析した結果、胎仔が110mmに満たない発生初期にだけ、子宮内液中に50〜60Kdの質量をもつ高分子物質（おそらくはタンパク質）が認められたのです。ところが、胎仔が自らの卵黄を利用できるまでに成長すると消失してしまったのです。

もし、これが発生初期の胎仔に与える栄養物質だとすれば、胎仔はこれをどこからか吸収していることになります。そして、当然ながらその吸収している部位に栄養物質が存在しているはずです。

ヒラガシラ属のサメの1種で、同様な研究をした報告では西洋ワサビペルオキシターゼをタンパク質吸収マーカーとして用いて反応生成物の所在を調べたところ、胎仔の外鰓に反応が現れました。つまり、発生初期の胎仔は口や消化管ではなく、鰓から栄養物質を吸収しているらしいことがわかったのです。ただ、これが古代ザメや他のグループのサメでも同様な現象が見られるのかどうかはわかっていません。

■ **分布・生息域**

ツノザメ類の分布域は種ごとに異なり、特定海域や共通の地理的特徴を挙げることはできません。たとえばアイザメ属は銚子沖以西の太平洋側か

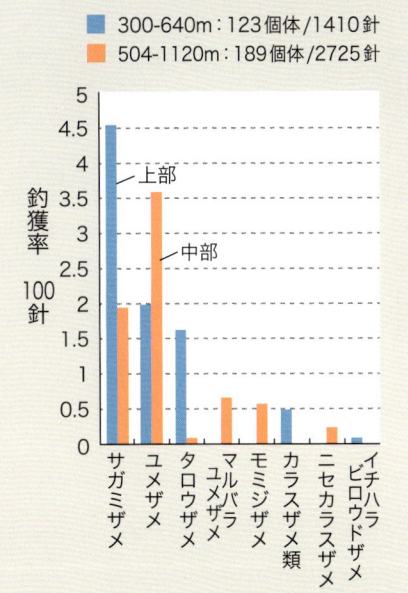

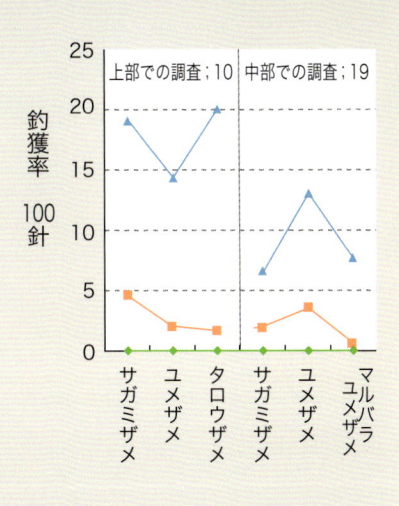

▲図3-3-42　駿河湾の陸棚の上部と中部における深海ザメの釣獲率
釣獲率は釣り針100本当たりの漁獲尾数。左の図は各層におけるサメ類の大まかな分布密度を示す。右の図は各層で優占する種の一度に採集された釣獲率の範囲を示す。

ら東シナ海にかけて見られますが、アブラツノザメは反対に関東から北日本にかけての太平洋側と日本海側のほぼ全域に分布しているといった具合なのです。

ただ、比較的浅い深海に住むサメという点では概ね共通しており、多くが水深200mほどの陸棚斜面上部から1000mくらいの深海に住みます。なかには3000m以深に見られる種や夜間に表層近くまで浮上するものもいて、未だ生態のはっきりわかっていないものも含まれます。

駿河湾では延縄漁や底曳網漁などで深海ザメが捕獲されることも多く、陸棚斜面の上部（水深300〜640m）と中部（水深504〜1120m）における釣獲率をグラフにすると図3-3-42のようになります。

陸棚斜面上部ではサガミザメがもっとも多く、ユメザメとタロウザメ（Centrophorus acus）がこれに続きます。斜面中部になるとユメザメが多く、これにサガミザメ、マルバラユメザメ、モミジザメ（Centrophorus squamosus）が続きます。つまり、ツノザメ類のなかでも、比較的浅い深海ではこれら5種が主たる棲息水深を変えて分布しているというわけです。また、斜面上部では一度の採集でタロウザメやサガミザメは20個体近く捕獲されることもあり、集群性を持っていることも考えられます。

■ 種多様性の不思議

釣獲率の結果を見ると、大陸斜面上部と中部といった比較的水深の近いところに同じ属に分類される近縁のサメが複数生息していることがわかります。まず、タロウザメとモミジザメですが、これらはいずれもアイザメ科アイザメ属です。釣獲率の上位にはありませんが、駿河湾にはアイザメやゲンロクザメといった同じ属の種も

205

▲図3-3-43　カグラザメ目に属する鰓孔が7対のエドアブラザメ（*Heptranchias perlo*）

生息しています。また、ユメザメとマルバラユメザメはいずれもオンデンザメ科ユメザメ属の種です。他にも外部形態が酷似したヒレタカフジクジラ（*Etmopterus molleri*）とホソフジクジラ（*Etmopterus brachyurus*）というカラスザメ科カラスザメ属の2種も時として底曳網で同所的に採集されることがあります。

このような場合、普通は激しい生存競争が起きてもおかしくありません。にもかかわらず、駿河湾ではこのような分布が現実に成り立っているわけです。また、海外ではメジロザメ属の近縁種どうしでF1（いわゆる一代雑種）、そしてF1との交雑種が発見されたことが報告されていますが、同湾では今のところそういった例も見られていません。

カグラザメ目・カスザメ目―現代まで残存した生きた化石種

駿河湾の深海ザメには"生きた化石"といわれるサメの仲間が生息しています。外見や体の構造が古代ザメと類似しているほか、ほぼ同じ特徴をもつ歯などの化石が古い地層から見つかっているからです。本節ではそんなサメ類のなかからカグラザメ目とカスザメ目について見ていくことにします。

■ カグラザメ目

日本近海に2科4属5種のカグラザメ類が認められています（世界では6種）。エビスザメ（*Notorynchus cepedianus*）は浅い海を生息域としていますから、深海ザメはラブカ、エドアブラザメ（*Heptranchias perlo*）、カグラザメ（*Hexanchus griseus*）、シロカグラ（*Hexanchus nakamurai*）の4種で、駿河湾にはシロカグラ以外の3種が発見されています。

ラブカを除く、これらカグラザメ類と同様な特徴をもつサメの化石が中生代ジュラ紀の地層から発見されているため、カグラザメ類は中生代に繁栄した代表的なサメ類の生き残りと考えられてきました。つまり、"生きた化石"あるいは"残存種"といわれてきたのです。これらサメに関わる伝統的な系統樹でもカグラザメ目はもっとも下に描かれていることがわかります。

カグラザメ類に共通する形態的特徴として、まず背鰭が1つのみで、体の後ろのほうに位置していることが挙げられます。通常、このような特徴はラブカを含むカグラザメ類にしか見られませんから、これだけで他の"目"

のサメ類との区別をつけられます。

次に挙げられる特徴は他のサメよりも多い6～7対の鰓孔、そして一般的なサメ類にはない歯の構造などです。他のサメよりカグラザメ類の鰓孔が多い理由ははっきりしていませんが、鰓を支持する骨格の形成過程や鰓そのものの機能とのかかわりなどを遺伝子レベルで研究することにより解明されてくるでしょう。

ただし、近年の研究により、これまで"生きた化石"といわれてきたサメたちに対する解釈は変わってきており、「いずれが古く、あるいは新しいグループか」という考え方より、「どのように系統が分かれたか」という見方をするようになっています。そのため、原始性を残すといわれるカグラザメ類についても、"生きた化石"というより"古代型のサメ"といった表現のほうが妥当だとする研究者もいるのです。

①エドアブラザメ・カグラザメ

どちらもカグラザメ科の仲間ですが、エドアブラザメはエドアブラザメ属に分類されるただ1つの種で、カグラザメはシロカグラとともにカグラザメ属を構成しています。

前者は7対の鰓孔と細長い体型が特徴で、大陸棚から大陸斜面に生息し、最大でも1.5mにはなりません（図3-3-43）。後者は6対の鰓孔をもち、大陸斜面の水深200～1000mで主に見られます。最大で5mほどになり、成長したカグラザメは2000m以深にも広く分布するといわれます。

体の大きさは異なりますが、いずれも活発な捕食者として知られ、イカなどの頭足類や魚類を餌にしています。相模湾で鯨の死骸を沈めた後の顛末を観察する実験では5m近くのカグラザメがその鯨にかみついている様子が観察されました。

繁殖様式は両種とも原始的とされる卵黄依存型卵生、いわゆる卵胎生です。具体的な出産の時期や場所については不明な点が多く残されていますが、カグラザメの場合は同腹の子の数が多く、100個体以上の子ザメを出産する場合もあるようです。

また、エドアブラザメは食用資源として価値が高いとはいえませんが、カグラザメはその大きさゆえに漁業を営む開発途上国では食肉として、あるいは肝臓から抽出される脂肪が肝油として利用されています。

②ラブカ

原始的といわれるカグラザメ目のなかでも、特に異彩を放っているのがこのラブカです。ラブカは頭部や歯の形態がカグラザメ類と大きく異なるため、独立した"目"に置かれることもあります。

ラブカ科ラブカ属に分類される種で、明治17（1884）年に日本で採取された個体が新種として登録されました。当時、その特異な外見から"生き残った古代ザメ""珍奇なサメ"などと記録され、注目されてきました。ところが2009年に南アフリカ近海に生息するラブカの骨格を詳しく調べてみたところ、これまで報告されているラブカと異なることが分かり、南アフリカラブカとして報告され、本属には2種のラブカが含まれることになりました。日本では駿河湾のサクラエビ漁や底刺網漁で混獲されることも多く、日本の研究者が中心となってその生態を解明

▲図3-3-44　カグラザメ目に属する鰓孔が6対のラブカ(Chlamydoselachus anguineus)

▲図3-3-45　古生代のサメ・クラドセラケと
類似した歯や歯列を持つラブカの口

しつつあります。

　ラブカはカグラザメ属と同じく6対の鰓孔をもちますが、他のカグラザメ類と異なり赤い鰓（鰓弁）が外部からもよく観察されます（図3-3-44）。このほか、目を引く形態的な特徴として、左右にやや扁平な円筒形の体型をしていることや、3本のトゲ（咬頭）をもつ独特の歯が1列に並んでいること、さらに、その歯が上顎と下顎でまったく同形で、しかも同配列になっていることなどが挙げられるでしょう（図3-3-45）。

　それぞれの歯に備わるトゲの先端は口腔の奥を向いており、とらえた獲物を逃さず、飲み込みやすい構造になっています。これに対し、ラブカ以外のカグラザメ類の歯は上顎と下顎で形状が異なり、そのどちらもラブカのそれと違う構造をもっているのです（図3-3-12B）。

　また、一般にサメ類の口は吻先より下にあるのですが、ラブカでは頭部の先端に口があります。加えてラブカの顎は現代に生きるサメには珍しく、原始的な両接型の構造をしており、前に飛び出しません。これは古生代のデボン紀に繁栄したといわれるクラドセラケがもつ特徴と一致しています。さらにこの古代ザメとは、歯の形状や配列、溝状で体表に露出する側線、明確な椎骨をもたずに脊索が残存することなど、多くの点でも類似していて、ラブカは古代ザメの形質を今に残している種といえるのです。

　ラブカは駿河湾と銚子以西の太平洋沿岸、東シナ海に分布し、ヨーロッパやアフリカ大西洋沿岸、太平洋の南北アメリカ沿岸、ニュージーランドなどでも生息が確認されていますが、実際に見られる海域は限定的といわれます。新種として発見された当時から日本近海、特に東京湾や相模湾で多く採集されたという記録が残されており、現在でも多く採集されている海

域といえば日本近海なのです。

　今日では特に駿河湾で多く捕獲されており、湾奥の蒲原、清水、焼津沖における夜間の中層曳網（サクラエビ漁）やタイ・ムツ・ヒラメなどを目的とした底刺網などでも混獲されています。実はこの中層曳網が曳かれるのは水深60〜150mで、底刺網でも80〜250mですから、一般にラブカが生息しているとされる水深よりかなり浅いところにいたことになります。このため、「ラブカは日周鉛直移動を行っており、夜になると海底直上から浮上してくるのではないか」と考える研究者もいます。

　一方、駿河湾で見られるラブカはほとんどが成熟個体で、11月〜7月に排卵直前の卵か受精卵をもったメスが見られます。つまり、ラブカには特定の排卵時期というものがなく、5月には体内にさまざまな大きさの胎仔が見られます。

　これまでの調査の結果、ラブカの繁殖様式は他のカグラザメ類と同様に卵黄依存型胎生（卵胎生）であること、55cm以上の胎仔で卵黄をほとんど吸収していることがわかっています（図3-3-28）。さらに採集された子ザメの最少の個体が60cmほどだったことで、母体が胎仔を55〜60cmまでに成長させた後に出産することが推定されたのです。このことから、3年以上の妊娠期間を過ごすことが予想されました。

　一般のサメ類の繁殖周期が1年弱であることを考えると、かなり長いことがわかります。実は妊娠期間が最も長い生物として、ラブカはギネスブックに掲載されたこともあるのです。

■ **カスザメ目**

　平たい頭胸部に大きく横へ広がる胸鰭と腹鰭、尾柄部などからエイに似た外見をもち、サメ類とエイ類の中間に見える仲間です。ただ頭部が胸鰭と分離し、その頭部の側面に鰓孔があることでエイとは異なります。英名でもエンジェル・シャーク（angel shark）と、サメの名がつけられています。一方、同じような形態をしているサカタザメ（*Rhinobatos schlegelii*）は頭部と胸鰭が融合し鰓孔が腹面にあることで、サメという名前がついていますがエイの仲間になります。

　日本近海にはカスザメ、コロザメ

▲図3-3-46　体が縦平したカスザメ（*Squatina japonica*）　頭部と胸鰭とが分離している

209

（*Squatina nebulosa*）、タイワンコロザメ（*Squatina formosa*）というカスザメ科カスザメ属の3種（世界で23種）が生息しており、駿河湾にはタイワンコロザメ以外の2種が認められています（図3-3-46）。

これらカスザメ類も"生きた化石"といわれる仲間です。現代型のサメの直接的な祖先は中生代のジュラ紀から白亜紀に出現したといわれますが、ジュラ紀の地層から発見されたカスザメ目の骨格構造は現代のカスザメ類のそれとほぼ同じだったのです。現在のカスザメ類は中生代からその姿を変えないまま今に生きているのです。

駿河湾に生息する2種は体長1.5mから2mほどに成長します。エイに似た外見上の特徴は冒頭で触れたとおりで、さらに臀鰭をもたないことも特徴のひとつです。両種とも外見が似通っていて区別しづらいのですが、胸鰭の外側端の角度が直角に近いほうがカスザメ、一方、コロザメでは同部位の角度が120度ほどとやや鈍角になっています。

どちらも、日本の沿岸に広く分布しますが、北日本ではあまり見られません。一般に深海性とされており、底曳網漁で採集されますが、下田のほうでは伊勢海老の刺網漁で混獲されることもあり、かなり行動範囲が広いことがわかります。

ただ、浅いところに移動してくるのは表層の海水温が冷たい時期に限られ、一般的な魚とは逆に高めの温度が障壁になっていることが予想されます。普段は海底の泥中に潜んでじっと獲物を待ち、カレイやカサゴなど底生性の魚類や甲殻類、頭足類（タコ・イカなど）を餌にしています。小さいながら鋭利で尖った歯をもち、獲物に襲いかかるときには顎がすばやく突出します。

繁殖様式はツノザメ類やカグラザメ類と同様に原始的な卵黄依存型胎生（卵胎生）です。ツノザメ目のサガミザメでは、発生初期の胎仔に卵黄以外の栄養物質が与えられている可能性が報告されていますが、カスザメ類の発生初期にも同様なことが起きているのかもしれません。出生直近の胎仔を持つ母体を解剖した際に、子宮内にいる胎仔に多くの寄生虫が付着しているのが観察されました。この寄生虫はカイアシ類の仲間で、総排泄腔を通り外部から子宮に侵入してきたようです。カスザメの子宮は構造的に前部と後部に分かれ、後部は外界との繋がりも緩やかで、他のサメ類と異なり出生前にすでに外環境に適応できる仕組みになっているようです。

ミツクリザメ——浅海から移住した古代ザメか？

深海ザメのなかには、もとは浅い海を主な生息域にしていたと考えられる種がいます。たとえばチヒロザメは沿岸の浅い海に多いメジロザメ目の仲間で、しかも3mほどになる大きな種です。一般的に考えれば、温かい表層の近くに住んでいても不思議ではありません。それにもかかわらず、なぜか深海を生息域としているのです。

同様に、本節の主人公であるミツクリザメ（*Mitsukurina owstoni*）も、浅い海が本当の故郷だったのではないかと思われる種です。成長するとチ

ヒロザメ以上の体長になりますし、温暖な沿岸域を好むシロワニに近縁といわれてもいます。そもそも深海ザメは黒ずんだ体色をしていますが、ミツクリザメの体色は白に近いのです（図3-3-47）。

■ 古代型のサメ

ミツクリザメはネズミザメ目に分類される深海ザメで、この1種のみでミツクリザメ科ミツクリザメ属を構成します。現代に生きるほとんどのサメは飛び出す顎をもちますが、ミツクリザメの顎は特に大きく突出し、顔立ちを"異形"といえるほどに変えてしまいます（図3-3-18）。このため、欧米ではゴブリンシャーク（Goblin shark）の名で呼ばれています。

前節で古代型といわれるラブカやカグラザメ類、カスザメ類を紹介しましたが、実はこのミツクリザメも"生きた化石"といわれるサメです。

1889年、英国の学者ウッドワードが中生代白亜紀の地層から発見した古代ザメにスカパノリンカス（Scapanorhynchus）という属名をつけました。日本でミツクリザメが捕獲されたのが、その8年ほどあとのことです。当時、この新種を新たな科のサメとして分類したのは、米国スタンフォード大学の魚類学者ジョルダンでした。彼は日本の動物学者である箕作佳吉の名にちなんで属名をMitsukurinaとし、Mitsukurina owstoniという学名をつけています。

ところが、このミツクリザメはスカパノリンカスにそっくりであることがわかりました。実は北海道でもミツクリザメの歯の化石が見つかっており、それも白亜紀の地層からだったのです。このため、ミツクリザメは少なくとも6600万年以上にわたり、古代の形質を保ち続けてきたのだろうと考えられました。そして、学名もScapanorhynchus owstoniとされた時期もあったのです。

■ ミツクリザメの特徴

いちばん目立つ特徴といえば、やはり長く扁平な吻をもっていることでしょう。まるで頭の先端にヘラをつけているように見えます。また、比較的小さな目と細長いトゲ状の歯をもっています。2つの背鰭と腹鰭はほぼ同じ大きさで、尾鰭の下側はあまり発達しません。

日本近海では千葉県銚子から九州南岸にかけての太平洋沿岸に分布します。成長すると5m以上になるといわれる大型種ですが、大陸棚の縁から水深1300mほどの大陸斜面に生息します。ふだんは海底直上にいて底

ゴブリン

欧米の伝承文学などに登場する醜い小鬼を指し、コボルトやエルフ、グノームなどとともに妖精として知られています。これら妖精たちは気まぐれで、時には人間に対していたずらをしかけるともいわれます

▲図3-3-47　ネズミザメ目に属する体色が灰白色のミツクリザメ（Mitsukurina owstoni）

▲図3-3-48 ネズミザメ目に属する表層域に生息するシロワニ（*Carcharias taurus*）

生性魚類などを食べるほか、イカ・タコといった頭足類も餌にしていると考えられています。過去に海底ケーブルに刺さっていたミツクリザメの歯が見つかったことがありますが、おそらくは吻先に密生したロレンチニ氏瓶によって微弱な電気（あるいは磁場）をキャッチし、底生生物と間違えたのではないかと推定されています。

ミツクリザメの歯は細く鋭くとがった歯冠を有する点など、表層に生息するシロワニに近い形態を示しています。古生代や中生代のサメたちと異なり、現代のサメ類は食性が多様化し、種によって歯の形もさまざまに分化していることから、類縁関係の大きな手がかりとなります。かつてはミツクリザメをシロワニの仲間に分類した学者もいたほどなのです。

この深海ザメがもつこういった歯の特徴に加え、体色が白いこと、さらには浅海性の種が多いネズミザメ目に分類されることから、もともとミツクリザメは浅い海に住んでいたのではないかと考える研究者もいます。ただ、いつ頃、どのような理由で深海に移ってきたのかはわかっていないのです。彼らが生きてきた数千万年の間には海面水準が何度となく変化してきました。現在より200m以上海水面が高かった時代もあり、その海面水準の移行に伴い、浅海域の生息場が他のサメ類に奪われ、徐々に深海へと移動してきたのかもしれません。

また、浅い海に住んでいた可能性と関連するのかどうかは不明ですが、駿河湾では比較的浅い水深にある漁網にミツクリザメがかかることがあります。平成26年12月には水深80mほどの網にかかり、死亡した個体を含めて一度に8匹も捕獲されています。このときは生きていた3匹があわしまマリンパーク（沼津市）で公開されました。これらのサメはすべて未成熟な個体であり、本種がどのように繁殖しているのかはいまだ不明です。生まれたてと思われる1m前後の幼魚も採集されることから、日本近海でも繁殖活動を行っていることと思われます。彼らもまた他のネズミザメ目のサメ類同様に卵食性の繁殖様式をとっているのか解明が待たれています。

（田中　彰　たなかしょう）

深海ザメと化学物質汚染

現代に生きる私たちにとって、自然環境の保護は大きな関心事のひとつであり、これに背を向けて生態系を語ることはできません。これまでサメをはじめとする駿河湾の生き物たちの魅力を紹介してきましたが、最後の章では環境問題と真摯に向き合い、彼らと私たちの身近に存在する汚染物質について最新の研究成果とともにお伝えすることにします。

本章に登場するのは、本来、自然環境中には存在しないPCB（ポリ塩化ビフェニール）やDDT（ジクロロジフェニルトリクロロエタン）という有機塩素化合物です。前者は工業材料として、後者は農薬（殺虫剤）として優れた特性を持ち、かつては大量に製造され、使用されていました。しかし、いずれも強い毒性と残留性のあることがわかり、わが国では昭和40年代に生産が中止されています。現在ではPOPsに分類され、平成16（2004）年に発効した「残留性有機汚染物質に関するストックホルム条約」によって国際的な規制を受けています。

生産が中止されてから長い時間が経つにもかかわらず、未だに環境への重大な影響をおよぼし続けているこれら人工の化合物。作られた目的は異なっても、化学構造（分子量）や特性が類似しているため海洋環境中で似た挙動をし、片方が増えていると他方も高い傾向、つまり正の相関関係が見られます。そして、かつて環境中に放散されたこれら汚染物質が、私たち人間やサメなどの体内でひそかに濃度を高めつつあると懸念されているのです。

POPs【ポップス】

Persistent Organic Pollutants（残留性有機汚染物質）。難分解性、高蓄積性、長距離移動性、有害性（人の健康・生態系）を持つ物質を指します。

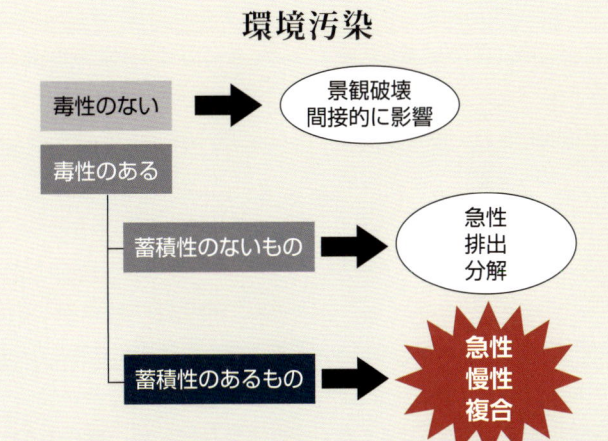

▲図3-3-49　環境汚染の分類

1)除草剤			4)殺線虫剤		
	2,4-ジクロロフェノキシ酢酸	①		アルディカーブ	④
	アミトロール	②		ジクロモクロロプロパンDBCP	④
	アトラジン	③	5)一般工業化学物質		
	メトリブジン	④		ビスフェノールA	①
2)抗真菌剤				フェノール類	①
	ベノミル	④		PCBs(ポリ塩化ビフェニール)	①
	エチレンジチオカルバメート	②		PCDF(フラン)	①
	ヘキサクロロベンゼン	②		PCP	④
	トリブチルスズ化合物	②		ジブロモ酢酸	③
3)殺虫剤				フタル酸類	①
	ジコホル	③	6)非意図的生成物		
	メトキシクロル	①		PCDD(ダイオキシン)	①
	リンデン	③			
	β-HCH	①			
	DDT(DDE DDD)	①			
	シクロダイン類	①			
	トキサフェン	④			

①エストロゲン（女性ホルモン）作用やそれに起因する毒性が確認されているもの
②エストロゲン以外の他のホルモンの分泌異常により毒性を誘発する物質
③ホルモンが明らかにかく乱された結果、毒性を発現する物質
④明らかなホルモンのかく乱は不明であるが、生殖毒性や発ガン性等が見られる物質

▲図3-3-50　ホルモンに関わる影響を引き起こすとされる化学物質の一例

異性体
分子式は共通でも、化学構造が異なっている一群の化合物を指します。一般に異性体ごとの性質には違いがあります。

PCDD
ダイオキシン。人工生成物では最も強い毒性をもち、青酸カリより強いとさえいわれます。発がん性や催奇形性が認められています。

環境汚染と毒性

ひとくちに環境汚染といっても、原因物質のもつ毒性によってその影響は異なります。また、生物への直接的な毒性がなくても、自然環境や景観を破壊することによって間接的な影響をおよぼすような要因も環境汚染の範疇に入るのです。これには振動や騒音なども含まれます（図3-3-49）。

ただ、私たちが直感的に考える環境汚染とは、やはり人工的な毒性物質が環境中に放出された場合を指すでしょう。これまで人類は多くの汚染物質をつくり出し、その代表例を挙げただけでも図3-3-50のようなものがあるのです。

ひとたび汚染が発生すれば、私たちは自然環境を巡る汚染物質を飲食物とともに摂取したり、呼吸によって吸い込んだりする危険に曝されることになります。なかには触れるだけで皮膚から浸透するものや、単独では毒性を現さなくても、他の物質の毒性を発現させたり強めたりするものも知られています。そして、本章の悪役であるPCBやDDTは、数ある汚染物質のなかでも警戒すべき物質といえます。

急性毒性

人間を含む生物たちが毒性のある汚染物質に曝露されたとき、短期間のうちに現れる毒性のことを指します。汚染物質がごく微量なら影響はありませんが、ある一定の量を超えると毒性に応じた症状が現れ、さらに多くなると生命に関わることもあります。あとで触れますが、この境界になる量や濃度は汚染物質によって異なるため、毒性の強さの指標になります。また、特定の生物種のみで強い毒性が見られる場合などには、種による感受性の差の指標ともなるのです。

■ 慢性毒性

生体内に取り込まれた汚染物質が蓄積性のないものなら、時間とともに分解、あるいは排泄されて減少していくのが普通です。しかし、PCBやDDTのように蓄積性のある物質の場合は多くが体内に留まるため、その濃度が高まったり、長く存在したりすることで生体に影響をおよぼすようになります。このような物質は長期にわたる慢性的な症状を発現させ、なかには生殖毒性や発生毒性、催奇形性といった世代を超える毒性を有するものもあります。

■ 環境ホルモン

近年、PCBやDDTは環境ホルモンとして知られるようになりました。これは微量でも生体内のホルモン（内分泌）バランスに障害をもたらす物質のことをいいます。私たちの体はさまざまなホルモンを分泌し、それらによる絶妙なコントロールのもとで恒常的に正常状態を維持していますが、環境ホルモンはその恒常性をかく乱してしまうのです。

たとえばPCBの異性体のなかには抗エストロゲン作用（女性ホルモンの一種の働きを阻害する性質）をもつものや逆にエストロゲン作用をもつものが知られています。また、DDTの代謝物（生体の代謝によりDDTから生成された物質）で残留性のあるDDEは体内でアンドロゲン（男性ホルモン）になりすまし、オス（男性）の成熟を遅らせるなどの抗アンドロゲン作用を示すことが知られています。

昭和43年、PCBが混入した食用油により、「カネミ油症」の名で知られる事件が起きました。当時、PCBの人体への影響は十分に認識されておらず、この油症による激しい症状は社会に衝撃を与えることになりました。皮膚病様症状や深刻な手足の痺れが継続し、さらには皮膚に色素の沈着した黒い赤ちゃんが生まれるなど、世代を超えた毒性さえ認められたからです。その後の研究で、出生体重の減少や男児出生率低下などの影響も報告されました。やがて発がん性の疑いも高まり、昭和47年には生産が中止されたのです。もちろん、PCBを使用していたのは日本だけではありませんでした。

このPCBには理論上209種の異性体があり、なかでもコプラナーPCBと呼ばれる12種の異性体が特に強い毒性を示します（図3-3-51）。それらは毒性のきわめて強いダイオキシンであるポリ塩化ジベンゾパラダイオキシン（PCDD）と似た作用を示すため、平成11年7月16日に施行された「ダイオキシン類対策特別措置法」でダイオキシン類のひとつに指定されているほどです。なお、これらのほかにポリ塩化ジベンゾフラン（PCDF）も同様に分類されています。

一方、DDTは有機塩素系殺虫剤のひとつで、急性毒性に加えて白血病や肺がん、乳腺腫瘍などを誘発する疑い

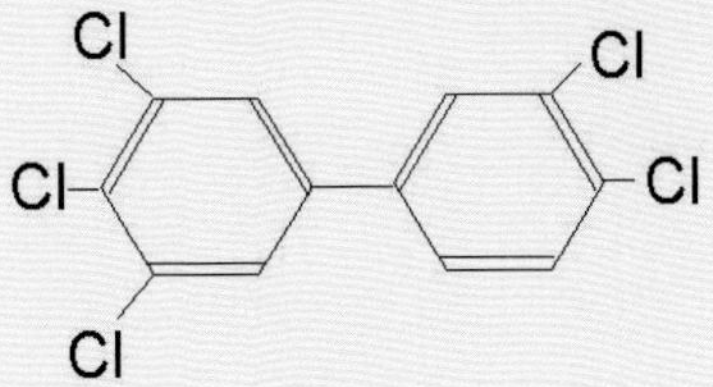

▲図3-3-51　PCBの構造
2つのベンゼン環に複数の塩素が結合し、結合する場所や数によって様々な異性体が存在し、毒性の強さも異なる。図は一番毒性の高い3,3',4,4'5-五塩化ビフェニール。

が高く、生殖毒性や発生毒性も有するといわれています（図3-3-55）。

このDDTの名が広く知られたのは昭和20年の終戦直後からでしょう。進駐軍が日本の復員兵にこの殺虫剤を頭から振りかけ、全身を真っ白にしている写真などを見たことがある人は多いと思います。外地から戻ってきた日本兵にはノミやシラミ、ナンキンムシなどが多数寄生しており、これを早急に殺すためでした。確かにノミやシラミにはとても効果的でしたが、人体への影響は把握されていませんでした。その後、強い毒性や残留性のあることがわかり、生産が中止されています。

今では「ベンゼン環に塩素が結合すると毒性が高くなりやすい」と考える有機化学の専門家も多くいますが、PCBやDDTはまさにそんな物質だったのです。

これらの物質が未だに問題視される原因のひとつは、非常に安定した化合物であることです。つまり、自然界でほとんど分解されず、毒性を保ち続けるのです。当然ながら、すでに環境中にある物質の回収は困難ですし、法的な規制はあるものの、現在でも古い工業製品に使用されているトランスやコンデンサなどからのPCB流出が懸念されています。

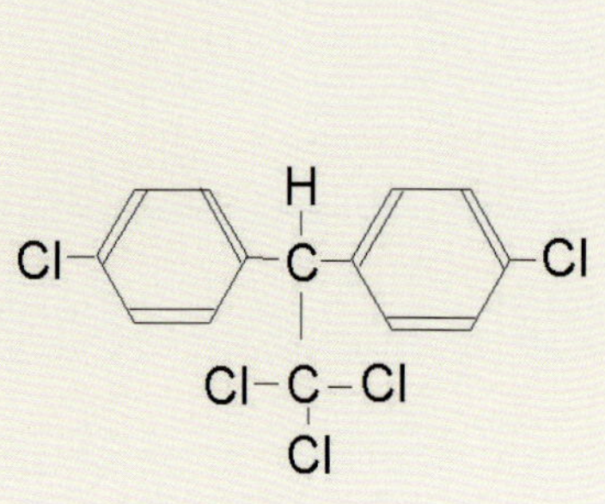

DDTも先進国では使用が禁止されていますが、マラリアに悩まされている東南アジアの発展途上国では原虫を媒介する蚊を殺すため一部で使用が継続されています（世界保健機構〈WHO〉が限定的な使用を認める）。

ちなみにきわめて毒性の高いダイオキシンは自動車の排ガスやゴミの燃焼などが発生源ですので、PCBやDDTとは違い、非意図的に生成され、環境への放出が世界的に継続している有機塩素化合物ということになります。

いずれにせよ、これら有機塩素化合物が環境中に放出されると、最終的には雨や河川の流れによって海にたどり着くといわれています。

有機塩素系化合物の生物濃縮

海に入ったPCBやDDTは浮遊している有機物やプランクトンに吸着します。これは〝水に溶けにくく、油脂に溶けやすい〟という性質のためで、結果として小魚がエサとともに食べることになります。すると体の脂肪部分に残留するため、エサを摂取するごとに濃度が高くなっていきます。この小魚をより大きな魚が食べ、汚染物質の蓄積はさらに増していきます。食物連鎖のなかでこれが繰り返され、最終的にサメやイルカなどに代表される高次捕食者、すなわち食物連鎖の頂点近くにいる生物の脂肪にたどり着き、その頃には非常に高い濃度になっているのです。このような一連の濃縮過程を生物濃縮といいます（図3-3-53）。

これらの汚染物質は人間活動のあ

▲図3-3-52　DDTの構造
2つのベンゼン環の間に3つの塩素をもつエタンがあり、ダイオキシン類と分子量や構造が似ている。

▲図3-3-53　海の生態系と生物濃縮
様々な汚染物資が、大気循環や河川の流れを通じて終局的に海に集積してしまう。

る沿岸域に溜まりやすいといわれますが、駿河湾は陸地近くから深海域となるため、深海にもPCB汚染が波及しやすくなります。死んだプランクトンや有機物がマリンスノーとなって深海に降り注ぎ、魚の死骸などもやがて海底に沈むからです。深海でもサメは高次捕食者ですから、深海ザメの肝臓に多量に含まれる脂肪にもPCBの生物濃縮が見られる傾向にあります。しかも、浅い層から深海に移動する大型のサメなどがこれを捕食すると、汚染物質が再び浅い層に戻ることになるでしょう。さらに、食物連鎖の各段階にある生物たちの一部は水産資源として水揚げされますから、それらに含まれるPCBなどは再び陸上に戻ります。

現在、日本をはじめとする世界の国々の研究者たちによってこれら汚染物質の研究と監視が継続されており、比較的汚染されにくいと考えられていた外洋の回遊魚の脂肪にも高濃度に蓄積されることがあるとわかってきました。それどころか、汚染物質の放出がなかったはずの極地のアザラシにもコプラナーPCBを含むPOPsが見出されたのでした。PCBは過去の公害物質と思われがちですが、実はその総量をあまり減らさないまま現在も環境（生態系）を循環し、食物連鎖を通して濃縮されているのです。

毒性の指標とPCB

化学物質による影響を見るためにいくつかの指標があります。LC_{50}とは同一環境中に生きる個体の半数が急性毒性によって死亡する濃度を、同様にEC_{50}は半数の個体に影響が発現する濃度を示し、それぞれ50パーセント致死濃度、50パーセント影響発現濃度といいます。また、NOECは影響をおよぼさない上限の濃度を意味し、無影響濃度といいます。LC_{50}やEC_{50}、

LC_{50}

半数致死濃度：50% Lethal Concentration。化学物質により生物の半数が試験期間内に死亡する濃度のことで、化学物質の急性毒性の強さを示す代表的な指標として利用されている。

EC_{50}

半数影響濃度：50% Effective Concentration。小型の生物など死亡の判定が困難なものは、急性毒性の指標として死亡ではなく、遊泳阻害（遊泳しなくなる）が用いられる。

NOEC

無影響濃度：No Observed Effect Concentration。化学物質を入れた実験群と入れていない実験群とで比較して、統計学的に有意な差が見られない（影響がみられない）濃度のこと。

海域	採集年	種名	個体数	脂質(%)	PCBs濃度(μg/g)	DDTs濃度(μg/g)	著者
日本							
東京湾	1972	ホシザメ	7	3.7 - 37.0	22 - 770		新間・新間, 1974
駿河湾	1995	サガミザメ	2	82.0	1	0.91	Lee et al., 1997
福島県沖	1995	フジクジラ	4	16.0	0.77	0.83	Brito et al., 2002
駿河湾	1997～1998	ヤモリザメ	11	34.0 - 56.0	0.88 - 2.0	0.32 - 0.44	堀江, 2002
		ニホンヤモリザメ	21	6.6 - 65.3	0.6 - 13	0.26 - 2.2	
		ナヌカザメ	21	6.0 - 68.0	0.55 - 78	0.23 - 34	
		ホシザメ	6	23.7 - 64.3	1.3 - 26	0.48 - 23	
		シロシュモクザメ	10	24.0 - 56.7	2.2 - 29	2.3 - 16	
		カラスザメ	4	50.7 - 56.0	2.2 - 2.5	2.0 - 3.8	
		ホソフジクジラ	5	53.2 - 68.0	0.34 - 1.0	0.19 - 0.88	
		フトツノザメ	5	55.3 - 80.0	1.9 - 4.7	1.2 - 3.9	
		コロザメ	2	37.1, 43.7	4.8, 5.3	1.1, 2.2	
		ノコギリザメ	3	35.3 - 46.3	0.82 - 1.6	0.12 - 0.26	
青森県沖	1998	トラザメ	8	10.6 - 50.2	0.49 - 1.5	0.077 - 0.82	堀江他, 2004
福島県沖	1998	トラザメ	8	25.7 - 52.0	0.41 - 1.6	0.17 - 0.63	堀江他, 2004
茨城県沖	1998	トラザメ	7	28.8 - 52.0	0.69 - 2.4	0.25 - 0.78	堀江他, 2004
対馬沖	1998	トラザメ	7	18.4 - 46.2	0.54 - 4.4	0.48 - 1.6	堀江他, 2004
宮崎県沖	1998	ヤモリザメ	4	15.8 - 53.1	0.87 - 1.6	0.20 - 0.65	堀江, 2002
鹿児島県沖	1998	ヤモリザメ	10	22.3 - 52.7	0.26 - 1.1	0.097 - 0.49	堀江, 2002
太平洋							
東シナ海	1975	フトツノザメ	1	75.6	0.37	−	高木他, 1976
南シナ海	1975	トガリメザメ	1	48.4	0.83	−	高木, 1977
カロリン水域	1975	アオザメ	1	66.9	0.40	−	高木, 1977
		ハチワレ	1	59.6	0.084	−	
		ヤジブカ	1	54	0.11	−	
		ツマジロ	1	48.5	0.10	−	
大西洋							
デービス海峡	1992	カスミザメ属の1種	−	72.0±5.0＊	0.55±0.26＊	0.96±0.64＊	Berg et al., 1997
カナリア諸島沖	1993～1994	モミジザメ	1	85.0	3.3	−	Serrano et al., 1997
		サガミザメ	1	60.0	0.038	−	
		ヘラツノザメ属の1種	1	70.0	0.56	−	
		マルバラユメザメ	9	46.0 - 67.0	0.060 - 0.49	−	
		ユメザメ	1	90.0	1.0	−	
		フトカラスザメ	2	44.0 - 54.0	0.015 - 0.87	−	
カナリア諸島沖	1994～1995	ヨロイザメ	1	78.7	2.3	−	Serrano et al., 2000
		サガミザメ	2	71.0 - 86.3	0.046 - 1.5	−	
		マルバラユメザメ	13	73.2 - 87.3	0.69 - 5.4	−	
		フトカラスザメ	3	60.9 - 62.0	0.72 - 3.8	−	
アイスランド周辺	2001～2003	ニシオンデンザメ	10	35.0 - 72.0	0.99 - 10	−	Strid et al., 2007
地中海							
南アドリア海	1999	ウロコアイザメ	25	72.0 - 83.0	1.2 - 2.6	3.3 - 6.0	Storelii and Marucotrigiano, 2001
		ヒレタカツノザメ	20	42.7 - 71.0	0.36 - 1.9	1.3 - 2.4	
南アドリア海	1999～2001	ヨシキリザメ	44	−	0.95 - 3.0	0.68 - 4.2	Storelii et al., 2005
		ヨロイザメ	64	−	1.5 - 2.4	2.7 - 6.5	

＊平均±標準偏差

▲図3-3-54　世界のサメ類の脂質重量あたりのPCBsとDDT濃度

NOECが低い値になるほど、その物質の毒性は強い、またはその生物種の物質に対する感受性が高いという指標になるわけです。

たとえば魚類のPCB毒性値を見ると、泳いでいる環境の水1ℓに0.008〜100ミリグラムのPCBが存在すると、その急性毒性によって96時間以内に半数が死んでしまうとされます（幅があるのは魚種ごとの違いによる）。同じく3.4〜78μg（0.0034〜0.078mg）でも30日以内に半数が死亡するとされます。産み落とされた卵（胚）も、ごく微量のPCBで発生阻害や成長阻害といった影響を受けるのです。

一方、体内の脂肪部分に残留した物質によって発現する慢性毒性では、繁殖阻害や腎・肝障害、ステロイド生合成異常などが認められますが、無影響濃度はいずれも体重1キロあたり1ミリグラムか、あるいはそれ未満となっており、これを超えるとそれぞれの症状を発現することになります。

同様にDDTで《魚類の96時間50パーセント致死濃度を見ると環境の水1リットルあたり1.5〜56μg（0.0015〜0.056mg）とされ、PCBとほぼ同様か、さらに強い急性毒性を有していることが窺えます。

サメ類への汚染

すでに述べたように食物連鎖の結果、最も高濃度に汚染されるのは高次捕食者たちです。そのなかにはサメ類のほかイルカ・クジラ・アザラシなどの海生哺乳動物が含まれ、日本人になじみ深いマグロ類もいます。海の食物連鎖のなかで重要な地位を占める彼らが汚染物質の影響を受けると、海洋生態系そのものが変化してしまう可能性もあります。さらに、水産資源の安全性という観点からも、汚染の実態を追跡する必要があるといえるでしょう。

駿河湾沿岸にキャンパスをもつ東海大学海洋学部でも、POPsによる生態系汚染についての本格的な追跡調査と研究が進められています。

図3-3-54は日本のサメ類の脂肪に含まれるPCB濃度を大西洋・太平洋・地中海域で調査された値と比較したものです。

まずわかるのは、程度の違いがあるものの、広く世界中のサメ類にPCB汚染が見られることです。

海域ごとに比べていくと、概して高い値が認められるのは日本近海のサメたちです。特に東京湾のホシザメ（*Mustelus manazo*）の値（770μg/g）が群を抜いて高くなっていますが、これは法的にPCBの生産が禁止された昭和47（1972）年における測定値ですから、汚染のピーク時の濃度を示しているためと思われます。

ただ、これを除いても、PCBで0.26〜78μg/g、DDTで0.077〜34μg/gと、依然として高い濃度を示しています。

一方、太平洋や大西洋のサメ類は日本近海のサメに比べれば低い値を示しています。地中海のサメ類で0.36〜3.0μg/g、カナリア諸島沖のモミジザメで認められた3.3μg/gなどがやや目立つくらいです。

DDTのほうは記録そのものが少ないのですが、地中海のサメ類で0.68〜6.5μg/gという高い値が出ています。地中海は閉鎖系の海で、沿岸では人

胚
個体発生を始めた卵細胞。産み落とされる前か孵化以前で、卵黄より養分を摂取している時期のものを含む

種名	調査個体数	全長(mm)	肝臓重量(g)	脂質含有率(%)	PCBs濃度(μg/g)	DDTs濃度(μg/g)	PCBs総量(μg)	DDTs総量(μg)
ラブカ	3	1450 – 1574	895 – 1670	58.4 – 89.6	2.5 – 4.4	0.27 – 0.34	2500 – 4300	220 – 340
カグラザメ	1	2716	23610	67.75	0.99	0.3	16000	4700
エドアブラザメ	102	278 – 1230	3.60 – 890	21.3 – 75.0	0.12 – 23	0.051 – 10	0.80 – 640	0.48 – 270
メガマウスザメ	1	4460	23800	46.7	0.24	0.011	2500	120
ヨロイザメ	10	380 – 1635	43.53 – 6145	77.4 – 91.3	0.63 – 4.1	0.059 – 0.36	69 – 16000	6.5 – 1600
ヘラツノザメ	10	331 – 1120	6.38 – 1375	50.4 – 87.1	0.32 – 1.4	0.0077 – 0.10	4.4 – 700	0.22 – 64
サガミザメ	10	356 – 1152	19.11 – 1435	55.1 – 84.7	0.52 – 1.4	0.029 – 0.17	20 – 870	2.1 – 110
マルバラユメザメ	9	746 – 1083	590 – 2245	58.0 – 92.2	0.79 – 8.2	0.10 – 0.90	670 – 6000	99 – 650
ユメザメ	7	701 – 1118	357 – 2225	59.7 – 87.3	0.55 – 1.6	0.057 – 0.25	120 – 2300	14 – 270

▲図3-3-55　駿河湾の深海性サメ類における肝臓内の脂質重量あたりのPCBsとDDT濃度及び総量

◀図3-3-56
生きた状態で採集された
メガマウスザメ
(*Megachasma pelagios*)
世界での発見例が60例を超えた程度の珍しい大型のサメ。2014年春に日本で18例目として駿河湾で採集された。本種はプランクトン食性であるため、サメ類として汚染濃度は高くない。

間活動が活発であるためこのように比較的高い濃度で蓄積してしまいます。この地中海のサメ類と比べても、最近の日本近海に住むサメたちの値の高さがわかります。しかも、78μg/g（DDTでは34μg/g）という一番高い濃度が測定されたのは1998年のナヌカザメで、その生息場所は駿河湾でした。

駿河湾のサメが高い値を示す理由としては、同湾が人間の活動の活発な地域に隣接していること、さらに陸地に比較的近いところから深海域が始まることなどが挙げられるでしょう。外洋から入ってきたサメが駿河湾の沿岸域に留まった場合、体内のPCB濃度の上昇がかなり速くなることも報告されています。特に成長速度の速いイカの肝臓や海底で死骸などを食べるカ

ニ（特にカニミソ部分）などは比較的高濃度のPCB汚染が見られますので、これらを丸ごと食べるサメなどは高い値となってしまいます。

次に図3-3-55は駿河湾で採集された深海ザメ（9種）の調査結果をまとめたものです。生息環境が深海ということもあって十分な調査個体数を得られないことも多いのですが、PCBやDDTの汚染が深海にもおよんでいることがわかります（図3-3-56）。

汚染物質の濃度は比較的低く、それぞれの間に大きな差はないようです。では駿河湾の深海ザメにはあまり汚染物質が蓄積されていないのかというと、一概にそうとはいえません。なぜなら、深海ザメの肝臓は浅海のサメよりずっと大きく、種によっては肝臓の80～90パーセントに達するほど多

キメラ

ギリシャ神話に登場する怪物で、ライオンの頭とヤギの体、ヘビの尾を持つとされます。生物学上では、異なる親に由来する複数の胚（あるいはその一部）が混ざって発生した個体をいい、結果として各組織・器官で異なる遺伝子型をもつ細胞が混在します

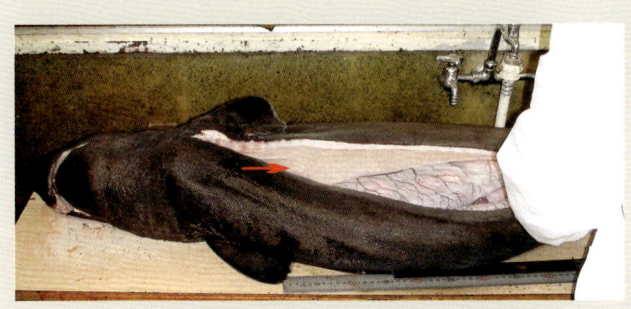

▲図3-3-57　大きな肝臓を持つ深海ザメのヨロイザメ(*Dalatias licha*)
深海性サメ類は深海で中性浮力を得るため、スクワレンなど大量の脂質を含んだ非常に大きな肝臓を持つ。この肝臓内に多くの脂溶性の汚染物質を蓄積してしまう。

▲図3-3-58　多数の雌雄同体個体が出現したニセカラスザメ(*Etmopterus unicolor*)
駿河湾やその近海では、高い割合で雌雄同体個体が出現しており、汚染物質による影響が懸念される。

くの脂肪を蓄えているからです。その結果、汚染物質の総量が多くても見かけ上の濃度が低値となりがちなのです。

同図の値で1個体あたりの総量を見ると、PCBでは1.4〜1万6000マイクログラム、DDTでも0.22〜4700マイクログラムと種によって大きな差が現れています。もちろんサメ自体の大きさも影響していますが、体長1メートル余りのヨロイザメに1万6000マイクログラム（0.016グラム）のPCBが蓄積していることになるのです（図3-3-57）。

当然、サメ自身への影響が懸念されます。実際、駿河湾やその近海の深海に生きるニセカラスザメ（*Etmopterus unicolor*）70個体を調査したところ、オスの体内に卵巣ができるなど、雌雄同体になっている個体が16も見られています（図3-3-58）。同様なことはユメザメなどでも認められており、そのほか背中が曲がっているホシザメや胸鰭の極端に小さなシロシュモクザメなど異常個体が認められています。また、メジロザメの仲間であるドタブカ（*Carcharhinus obscurus*）では体の左右が雌雄にわかれているキメラのような個体まで見られ、PCBやDDTといった環境ホルモンによる影響も可能性が疑われているのです（図3-3-59）。

ただ、汚染のないクリーンなサメが世界中に存在しなくなっているため、右記の現象が完全な自然状態でも見られるのか、汚染による奇形や生殖異常なのかを区別しにくくなっています。もちろん調査・研究は進められていますが、現時点でいえることは次のようなことのみなのです。

"サメの仲間にダイオキシン類が非常に高濃度で蓄積しており、繁殖異常を引き起こす可能性がある。そして実際に繁殖異常を呈している個体が多く

▲右にオスの交接器、左にメスの卵巣をもつユメザメ

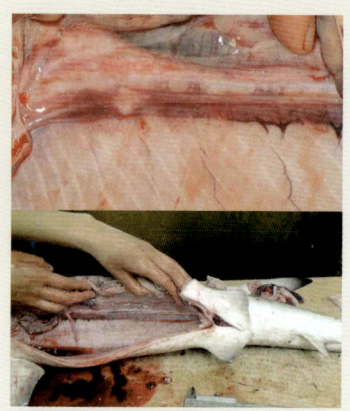

▲左にオスの交接器、右にメスの生殖器をもつドタブカ

▲背骨の曲がったホシザメ 　　▲胸鰭が小さいシロシュモクザメ

▲図3-3-59　異常が見られるサメ類　浅海から深海のサメ類で異常個体が出現している。

▲図3-3-60　駿河湾で採集したオロシザメ（*Oxynotus japonicus*）
東海大学の卒業生が新種として登録した珍しい深海性のサメである。駿河湾は世界でも類を見ないほどの深い湾であり、さまざまな深海性サメ類が生息する。深海性サメ類の汚染についてはさらなる研究が必要である。

耐容一日摂取量

人が一生涯にわたり摂取しても健康に対する有害な影響が現れないと判断される体重1キロあたりの1日摂取量をいいます

見られるが、それらと汚染とのつながりはまだわからない"

　一方、私たち人間がこのようなサメを食用にする機会は比較的少ないものの、肝脂肪由来の健康食品などによって摂取することがありますから注意が必要です。深海ザメの肝臓にはスクアレンが豊富で、ことにアイザメのそれは上質とされています。ところが、2001年の調査結果によれば、地中海産アイザメの脂質1グラムで体重50キロの人のダイオキシン類の耐容一日摂取量を超えてしまう計算になります。さらに、健康食品として知られるイタチザメ（*Galeocerdo cuvier*）の肝油でも許容量をオーバーするといわれているのです。

　もちろん、すべてのサメで同程度の汚染があるわけではありませんが、健康食品や化粧品として脂質を利用する

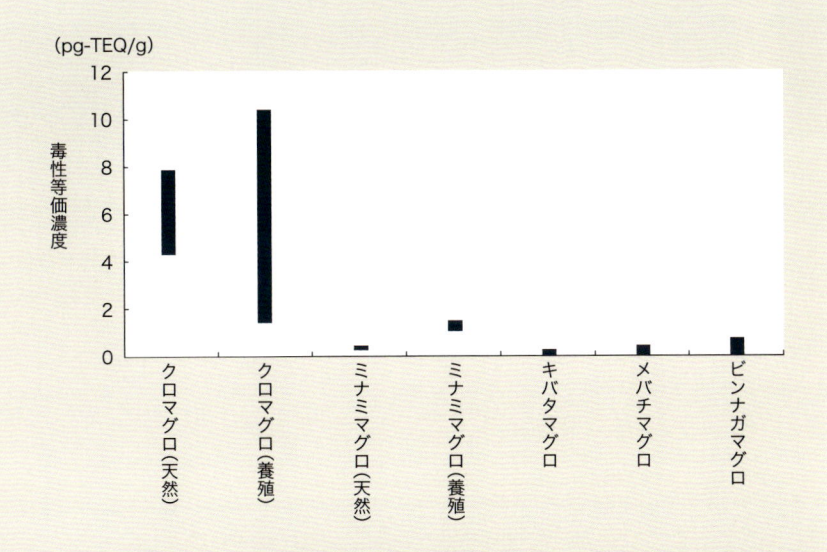

▲図3-3-61　マグロ類の毒性等価濃度（pg-TEQ /g）
クロマグロの濃度が非常に高く影響が懸念される（水産庁,2005より抜粋）

環境汚染の過去と未来

　ここまで日本近海のサメにPCBやDDTをはじめとする汚染物質が比較的高濃度に濃縮されていることを見てきました。それは私たちの身近に広がる駿河湾のサメ類も例外ではありませんでした。もちろん、サメ類以外の高次捕食者も同様なことが多く、例えば皮膚の下に厚い脂肪組織を持つイルカ類やクジラ類にも高い濃度のPOPsが検出されています。

　水産庁は平成15年度より沿岸・沖合域・遠洋域・内水面から漁獲されたものと輸入魚介類143種についてダイオキシン類の調査を行いました。その結果によれば、高次捕食者のひとつ、マグロ類で最も高濃度だったのが地中海産のクロマグロでした。そして検出されたダイオキシン類のおよそ90パーセントがコプラナーPCBだったのです。地中海はかつてPCBを使用していた先進国に囲まれており、その影響によるものと考えられます。一方でキハダマグロやメバチマグロ、ビンナガマグロなどはかなり低い値を示していました（図3-3-61）。

　赤身やトロなど、部位別のデータで最高濃度だったのは北東大西洋で漁獲された天然クロマグロで、特に脂肪の多い大トロ部分で高い値を示しています。もし体重50kgの人がこの大トロを食べるとすると、わずか8.37グラムで耐容一日摂取量に達してしまいます。というのも、ダイオキシンについてWHOが定める人間の耐容一日摂取量は体重1キロあたり1～4pg（1兆分の1～4g）にすぎません。専門家はよく〝プールの水に1滴のダイオキシン類を落とした量〟と比喩的な表現をするのですが、つまりはそれほど微量でも危険があるとされているのです。

　もちろん、この算出値には安全係

数をかけてありますから、超えたからといって必ずしもすぐに危険というわけではありません。むしろ、意図的に高濃度の部位だけを選んで食べ続けなければまず影響は出ないでしょう。前述したクロマグロの大トロ部分をはじめ、イカの肝（塩辛など）やカニミソ、アンキモなど、高濃度に濃縮される傾向にある食品ばかりを摂り続けないよう気をつければよいのです。

とりわけ注意が必要とされるのは妊娠中や授乳中の女性です。POPsは胎盤を通して胎児に移り、出産後も乳汁中に排出されることがわかっているからです。つまり、それと知らぬ間に赤ちゃんへ汚染物質を移行させることになりかねません。「カネミ油症」で新生児への影響が認められたことはすでに述べたとおりです。

健康食品や化粧品として使用されるスクワランも含め、POPsの汚染が懸念される食品を摂取するにあたってはリスクとメリットを適切に評価することが求められます。

今後、汚染物質について研究が進み、新しい知見が得られれば体内からの排除や環境中における分解など、有効な解決策が見つかるかもしれません。また、汚染物質に関する許容量の基準が改められるかもしれません。

ヒトの耐容一日摂取量にしても、体重1kgあたりの摂取量を指標にしていますが、"太っている人は痩せている人より多く摂取してもいい"と単純に判断できるのかどうか、懸念を抱く研究者も少なくないのです。

さらに、ある食品のダイオキシン類の量が許容範囲に収まっていたとしても、それはその食品からの摂取量しか計算に入っていません。ほかの食品や環境などから別に取り込まれる量については考慮されていないのです。

私たちは自らの健康を守るためにも、汚染物質の毒性やそれが放出された経緯についてもっとよく理解し、その対策と最終的な排除について追究していかなければなりません。そして、汚染物質に関わる歴史を教訓とし、これを今後に活かすべきでしょう。将来、新たな物質を使用する際には、その安全性を十分に確かめるまでは環境に放出するリスクを冒してはならないのです。

（堀江　琢　ほりえ たく）

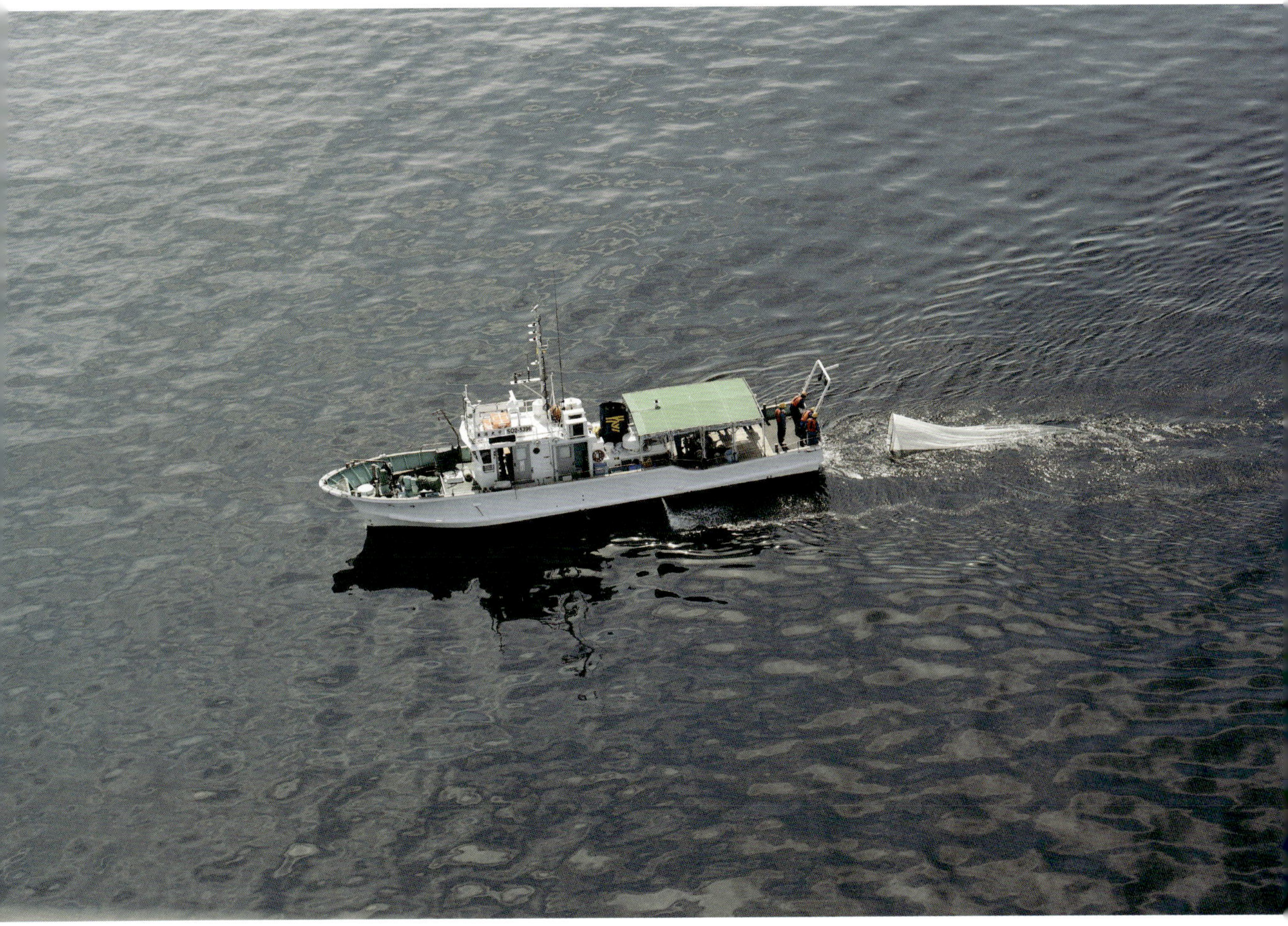

執筆者プロフィール

監修者

川﨑 一平・かわさき いっぺい

1959年、大阪生まれ。南山大学文学部卒業、同大学院文学研究科博士後期課程単位取得、文学修士。東海大学海洋学部教授。専門は文化人類学。1980年代からパプアニューギニア諸民族の資源利用に関する調査研究に従事。

根元 謙次・ねもと けんじ

1949年、福島生まれ。東海大学海洋学部卒業、同大学院海洋学研究科博士課程後期修了、理学博士。東海大学海洋学部名誉教授。専門は海洋地質学。ハワイ大学地球物理研究所、東海大学海洋学部元教授。大洋底、とくに海台の地質構造について研究、伊万里湾での中世考古学の海底探査、海底微細構造と海岸浸食についての海洋地質学的研究、北海道江差における開陽丸の探査などに従事。

加藤 義久・かとう よしひさ

1950年、名古屋生まれ。東海大学海洋学部卒業、同大学院海洋学研究科博士課程後期単位取得、理学博士。東海大学名誉教授。専門は化学海洋学。駿河湾などの沿岸域をはじめ、太平洋や南極海などの6つの大洋を対象として海水—海底間における物質循環に係わる研究に従事。

福井 篤・ふくい あつし

1957年、東京生まれ。東海大学海洋学部卒業。鹿児島大学大学院水産学研究科修了、博士（農学）（東京大学）。東海大学海洋学部教授。専門は稚魚分類学。1980年以降、外洋性仔稚魚の個体発育と分類学に関する調査研究に従事。

第一部　駿河湾のジオストーリー

藤岡 換太郎・ふじおか かんたろう
（第一章 担当）

1946年、京都生まれ。静岡大学理学部共通学科（地学）卒業、東京大学理学系大学院修士課程地質学専攻修了。理学博士（東京大学）。
海洋科学技術センター深海研究部　研究主幹、海洋研究開発機構特任上席研究員などを経て、神奈川大学、桜美林大学講師。米国など35カ国で海洋調査に従事、「しんかい6500」に51回乗船など、太平洋、大西洋、インド洋の三大洋に人類初めての潜航を行った。著書・論文多数。

坂本 泉・さかもと いずみ
（第二章 担当）

1963年、埼玉生まれ。東海大学海洋学部卒業、同大学院海洋学研究科博士課程後期修了、博士（理学）。東海大学海洋学部准教授。専門は海洋地質学。海底資源地質（熱水鉱床）・災害地質（津波堆積物）・防災地質（活断層）に関する調査研究に従事。

馬塲 久紀・ばば ひさとし
（第三章 担当）

1963年、東京生まれ。東海大学海洋学部卒業、同大学院海洋学研究科博士課程後期単位取得、博士（理学）。東海大学海洋学部准教授。専門は固体地球物理学（地震学）
海域における地震観測、地下構造探査、地震観測に従事。2011年以降は、駿河湾における定常的な海底地震観測網を展開し、観測に従事。

第二部　海のしくみ

植原 量行・うえはら かずゆき
（第一章 担当）

1967年、京都生まれ。北海道大学水産学部卒業、同大学院水産学研究科博士課程後期修了、博士（水産学、北海道大学）。東海大学海洋学部教授。専門は海洋物理学。北太平洋亜寒帯循環西岸境界流に関する観測と力学に関する研究、北太平洋中緯度における大気海洋相互作用による海洋表層水塊の形成・変質（混合層形成と再成層化）過程に関する研究に従事。

成田 尚史・なりた ひさし
（第二章 担当）

1961年、長野生まれ。北海道大学水産学部卒業、同大学院水産学研究科博士課程後期修了、水産学博士。東海大学海洋学部教授。専門は化学海洋学、生物地球化学。現在は、同位体や化学成分を用いて陸域や沿岸海洋での物質循環研究に従事。

写真提供

鉄 多加志・てつ たかし

1965年、静岡生まれ。多摩美術大学美術学部卒業、放送大学大学院文化科学研究科修士課程修了、修士（学術）。東海大学海洋学部講師。専門は潜水法および海洋スポーツ全般。水辺や水中の安全管理・危機管理、並びに撮影された画像や動画の有効利用に関する研究に従事。

第三部　深い海の生物たち

松浦 弘行・まつうら ひろゆき
（第一章 担当）

1972年、福島生まれ。東京水産大学水産学部卒業、東京大学大学院農学生命科学研究科博士課程修了、博士（農学）。東海大学海洋学部准教授。専門は浮遊生物学。海洋動物プランクトン、特に深海に生息するカイアシ類の分布や摂餌生態を専門とし、プランクトンの群集構造や種多様性に関する研究に従事。

福井 篤・ふくい あつし
（第二章 担当）

田中 彰・たなか しょう
（第三章 担当）

1952年、横浜生まれ。東海大学海洋学部卒業、東京大学大学院農学系研究科博士後期課程修了、農学博士。東海大学海洋学部教授。専門は資源保全生物学。1975年からサメ類などの高次捕食者の繁殖、年齢・成長などの生活史・生態・資源に関わる調査研究に従事。

堀江 琢・ほりえ たく
（第三章 担当）

1973年、東京生まれ。東海大学海洋学部卒業、同大学院海洋学研究科博士課程後期修了、博士（水産学）。東海大学海洋学部講師。専門は生態学および環境化学的研究。駿河湾における深海性サメ類の生態学的研究や汚染に関する研究に従事。

あとがき

　海を学び、海から学ぶことは、実に楽しいことです。海には、たくさんの感動と不思議があるからです。楽しさがあるから、感動があるから、不思議があるから、研究は進む。わたしたちは、みなさんにこうした思いを伝えていきたいと考え、この本を出版することにしました。

　みなさん、いかがでしたでしょうか。

　この本の執筆者9名は、いずれも海洋に関わる専門家です。しかし読者のみなさんは、その視点が実に多様であることに気づかれたと思います。数千万年にわたる地球の動きといったマクロな世界から、体長2mmの動物プランクトンといったミクロの世界にいたるまで、お話の内容もさまざまです。それほどまでに、さまざまな分野の研究者を魅了する。それが駿河湾の魅力なのです。

　この本を出版するために、わたしたちは、何度も集まって話し合いを持ちましたが、あることに気づきはじめました。ひとつは、「言葉」の持つ意味が研究分野によって異なるということです。例えば、「深海」という言葉。海の物理的構造を理解する海洋物理学と、生き物つまりは光が届く範囲を一つの基準とする海洋生物学者とでは意味内容が異なります。前者の専門家にとっては、深海は水深2000m以深を指します。一方、海洋生物学者にとっては、深海は太陽光が届く水深200m程度。深海といっても、対象とするものに差があるわけです。それを統一すべきか、どうか。わたしたちは、あえて、定義を統一することは避けました。海には多様な見方がある、そのことを大切にしていこうと考えたからです。

　もうひとつの気づきは、さまざまな分野でも「まだ解明されていないこと」が多いということです。駿河湾に対する外洋水の流入出プロセス、海底湧水を含む陸からの流水流入プロセスなど、いまだにわかっていません。また深海魚が鉛直方向に移動するメカニズムについてもそうです。未知なる部分が、本当に多いということでした。そこで、わかっていることだけではなく、わかっていないことも伝えよう。駿河湾に不思議があるということをみなさんに伝えようと考えました。

　この本の執筆を終えて、わたしたちは、駿河湾の魅力をあら

ためて感じています。こんなにも身近に深い海がある。こんなにも身近に地球の歴史を読み取れる湾がある。そして、今後も駿河湾の観測を続けていくことが使命だと痛感しています。これからも観測機器の開発、新たな技術の修得に切磋琢磨していかなくてはなりませんが、そのためには産業界との連携も必要です。駿河湾は、深淵なる世界、深海への挑戦の拠点として、多くの可能性を秘めた湾であると思います。また、それが駿河湾をもつ静岡の魅力でしょう。

　最後に、この本を執筆された先生方にお礼を申し上げます。特に藤岡換太郎先生には、ご多忙中にも関わらず素晴らしい原稿をお寄せいただきました。第一部第一章において駿河湾の特徴をわかりやすく紐解いていただきました。心よりお礼を申し上げます。

　静岡新聞社には、海洋学部編となる駿河湾関係書籍をこれまでも出版いただいてきましたが、特に今回は、深海をテーマとして、多くの方々に読みやすく理解しやすい内容にとリクエストをいただきました。論文指向のわたしたち研究者にとって、数式や学術用語をなるべく控えた原稿の執筆は、ある種、深海観測以上に四苦八苦した作業でしたが、従来の学術本とは一味ちがう楽しい本に仕上げていただきました。編集担当の石垣詩野さん、デザイナーの利根川初美さんには、辛抱強く、原稿作成におつきあいいただきました。またお二人には、実際に小型舟艇にも乗船していただき、わたしたちと共に駿河湾の観測に挑んでいただきました。感謝を申し上げます。

　海の魅力は、海に出て感じるところからはじまります。この本を読まれて「そうだ。駿河湾に行ってみよう」と、そのように思っていただけたら幸いです。

2015年、夏。
駿河湾を臨む東海大学海洋学部　清水キャンパスにて

　　　　　　　　　　　　　　　　　　　　　　　　川﨑 一平

THE DEEP SEA
日本一深い 駿河湾

平成27年10月1日初版第一刷発行

編著	東海大学海洋学部
企画・編集	静岡新聞社出版部
デザイン	823design　利根川 初美
表紙イラスト	塚田 雄太
協力	弘文舎出版 東海大学海洋科学博物館 東海大学清水図書館
発行者	大石 剛
発行所	静岡新聞社 〒422-8033　静岡市駿河区登呂3丁目1番1号 電話054-284-1666
印刷・製本	中部印刷

■乱丁・落丁本はお取り替えいたします
■定価はカバーに表示してあります

ISBN978-4-7838-0551-9
COO40